高等教育计算机系列教材

操作系统原理与实验教程

李尧　袁宇丽　主编

天津大学出版社
TIANJIN UNIVERSITY PRESS

内容提要

本书分为原理篇和实验篇。原理篇从操作系统概述出发,对操作系统的处理机管理、存储管理、文件管理、设备管理进行了较为全面的阐述与介绍;实验篇围绕操作系统所涉及的典型问题,选取了 10 个具有代表性的实验项目进行介绍,通过实验目的、预备知识、实验内容、实验指导、问题思考 5 个环节进行阐述。

本书既可作为高等院校计算机类专业的本科生教材,也可作为计算机爱好者的自学读物。

图书在版编目(CIP)数据

操作系统原理与实验教程 / 李尧,袁宇丽主编. --
天津: 天津大学出版社, 2021.1
高等教育计算机系列教材
ISBN 978-7-5618-6856-0

Ⅰ. ①操… Ⅱ. ①李… ②袁… Ⅲ. ①操作系统—实
验—高等学校—教材 Ⅳ. ①TP316

中国版本图书馆CIP数据核字(2020)第267452号

出版发行	天津大学出版社	
地　　址	天津市卫津路92号天津大学内(邮编:300072)	
电　　话	发行部:022-27403647	
网　　址	www.tjupress.com.cn	
印　　刷	天津泰宇印务有限公司	
经　　销	全国各地新华书店	
开　　本	185mm×260mm	
印　　张	20.25	
字　　数	506千	
版　　次	2021年1月第1版	
印　　次	2021年1月第1次	
定　　价	55.00元	

前　言

操作系统是计算机软件系统中必不可少的系统软件,它管理和控制计算机的软硬件资源,是开发和使用应用系统不可缺少的支撑环境。操作系统课程是计算机专业的一门核心课程,是计算机专业知识体系中的重要组成部分。

目前市面上的操作系统教材大多重理论轻实践,不利于教师的案例式教学和学生课后自主学习巩固。要想更好地学习和透彻理解操作系统的基本原理和其在计算机系统组成中的作用,选择一本实用的操作系统教材十分必要。

本书是根据应用型本科教育的四个突出(突出基础、突出特色、突出应用、突出技术),结合编者多年来从事操作系统课程教学的经验,着重讲解操作系统的基本原理和相关概念,力求做到概念清晰、结构合理。涉及理论、概念等一类知识内容时,注重穿插学习方法的介绍和讲解,结合学生的特点,注重知识内容的实用性和综合性,删减以往类似教材中较刻板的和过时的理论知识点;涉及实践操作时重点突出"案例+任务驱动"式教学方法和过程的展示,书中提供了经过反复实践的实际案例,让学生在实践过程中接触的项目的综合性及知识的交叉性较之以往更强,将更多的学时和内容重点放在实用新技术的原理和实践方法上。

本书分为原理篇和实验篇两大部分。原理篇共分5章,第1章为操作系统概述,简述了操作系统的形成、发展历史和操作系统的类型。第2章为处理机管理,深入阐述了进程和线程的基本概念、同步与通信、调度和死锁。第3章为存储管理,介绍了存储管理的基本功能和几种存储管理方式的工作原理。第4章为文件管理,介绍了文件的组织形式和文件系统的实现。第5章为设备管理,介绍了设备分类和相关的设备管理技术。实验篇以 Windows 为平台,提供了与原理篇各章概念紧密结合的实验,目的是通过相关的课程实验,使学生对操作系统的核心基本原理有更深入的理解。

本书原理篇的第1、5章由凌伟编写,第2章和实验篇的内容由袁宇丽编写,第3章由李尧编写,第4章由李飞编写,最后全书由李尧统稿。本书的编写得到内江师范学院教材建设基金和天津大学出版社,特别是梁金和张明硕的大力支持和帮助,在此一并表示诚挚的谢意。

限于编者水平有限,教材中难免会有错误与不妥之处,恳请读者批评指正。

编者

2020 年 8 月于内江师范学院

目　录

第1篇　原理篇

第 1 篇　原理篇

第1章　操作系统概述

操作系统（Operating System，OS）是配置在计算机硬件上的第一层软件，是对硬件系统的首次扩充，它经历了从无到有、从简单到复杂的发展历程。在一个计算机系统中，通常含有各种各样的硬件和软件资源，归纳起来可将这些资源分为处理机、存储器、设备以及信息（数据和程序）四类。相应地，操作系统的主要功能正是针对这四类资源进行有效的管理，即处理机管理，用于分配和控制处理器；存储器管理，主要负责内存的分配与回收；设备管理，负责 I/O（输入/输出）设备的分配与操纵；文件管理，负责文件的存取、共享和保护。由此可见，操作系统是计算机系统资源的管理者。

1.1　操作系统的概念与特征

1.1.1　操作系统的概念

操作系统是指为了对计算机系统的硬件资源和软件资源进行有效的控制和管理，合理组织计算机的工作流程，以提高计算机系统的工作效率并方便用户使用计算机而配置的一种系统软件。

1.1.2　操作系统在计算机系统中的地位和作用

一台完全无软件的计算机（即裸机），即使其功能再强大，也是难以使用的。如果在裸机上覆盖一层 I/O 设备管理软件，用户便可以利用它所提供的 I/O 命令来进行数据的输入和输出。此时用户所看到的将是一台比裸机功能更强、使用更方便的机器。通常把覆盖了软件的机器称为虚拟机器。如果在第一层软件上再覆盖一层文件管理软件，用户则可利用该软件提供的文件存取命令来进行文件的存取。此时，用户所看到的是功能更强的虚拟机器。如果在文件管理软件上再覆盖一层面向用户的窗口软件，用户则可以在窗口环境下方便地使用计算机。一台功能更强大的虚拟机器如图 1-1 所示。

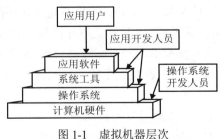

图 1-1　虚拟机器层次

操作系统在计算机系统中的作用有以下几点：①有效地控制和管理计算机系统中的各种硬件和软件资源，提高计算机系统的资源利用率；②合理地组织计算机系统的工作流程，以改善系统性能；③提供一个计算机用户与计算机硬件系统之间的接口，使计算机系统更易于使用。

1.1.3 操作系统的基本特性

操作系统的基本特性有以下几点。

1.并发性(Concurrence)

并行性和并发性是既相似又有区别的两个概念,并行性是指两个或多个事件在同一时刻发生,并发性是指两个或多个事件在同一时间间隔内发生。在多道程序环境下,并发性是指在一段时间内,宏观上有多个程序在同时执行,但在单处理机系统中,每一时刻却仅能有一道程序执行,故微观上这些程序只能是分时地交替执行。倘若在计算机系统中有多个处理机,则这些可以并发执行的程序便可被分配到多个处理机上,实现并行执行,即利用一个处理机来处理一个可并发执行的程序,这样多个程序便可同时执行。

2.共享性(Sharing)

在操作系统环境下,所谓共享是指系统中的资源可供内存中多个并发执行的进程(线程)共同使用。由于资源属性的不同,进程对资源共享的方式也不同,目前主要有以下两种资源共享方式。

（1）互斥共享方式

系统中的某些资源,如打印机、磁带机,虽然可供多个进程(线程)使用,但为使所打印或记录的结果不会造成混乱,应规定在一段时间内只允许一个进程(线程)访问该资源。为此,当一个进程 A 要访问某资源时,必须先提出请求,如果此时该资源空闲,系统便可将之分配给进程 A 使用,此后若有其他进程也要访问该资源(只要 A 未使用完毕)则必须等待。仅当进程 A 访问完并释放该资源后,才允许另一进程对该资源进行访问。我们把这种资源共享方式称为互斥共享,而把在一段时间内只允许一个进程访问的资源称为临界资源或独占资源。计算机系统中的大多数物理设备,以及某些软件中所用的栈、变量和表格,都属于临界资源,它们要求被互斥地共享。

（2）同时访问方式

系统中还有另一类资源,允许在一段时间内有多个进程"同时"对它们进行访问。这里所谓的"同时"往往是宏观上的,而在微观上,这些进程可能是交替地对该资源进行访问。典型的可供多个进程"同时"访问的资源是磁盘设备,一些用重入码编写的文件也可以被"同时"共享,即若干个用户同时访问该文件。

并发和共享是操作系统的两个最基本的特征,且彼此互为存在的条件。一方面,资源共享是以程序(进程)的并发执行为条件的,若系统不允许程序并发执行,自然不存在资源共享问题;另一方面,诸进程对共享资源访问的协调度,会影响程序并发执行的程度,若系统不能对资源共享实施有效管理,就必然会影响程序的并发执行,甚至使其根本无法并发执行。

3.虚拟性(Virtual)

操作系统中的所谓"虚拟",是指通过某种技术把一个物理实体变为若干个逻辑上的对应物。前者(物理实体)是实的,即实际存在的;而后者是虚的,是用户感觉上的东西。相应地用于实现虚拟的技术,即为虚拟技术。在 OS 中有多种虚拟技术,分别用来实现虚拟处理机、虚拟内存、虚拟外部设备和虚拟信道等。

虚拟处理机技术是通过多道程序设计技术,用让多道程序并发执行的方法,来分时使用一台处理机的。此时,虽然只有一台处理机,但它能同时为多个用户服务,使每个终端用户都认为有一个处理机在专门为它服务。因此,利用多道程序设计技术,把一台物理上的处理机虚拟为多台逻辑上的处理机,也称为虚拟处理机,我们把用户所感觉到的处理机称为虚拟处理机。

类似地,可以通过虚拟存储器技术,将一台机器的物理存储器变为虚拟存储器,以便从逻辑上来扩充存储器的容量。此时,虽然物理内存的容量可能不大(如 2 GB),但它可以运行比它大得多的用户程序(如 8 GB)。这使用户所感觉到的内存容量比实际内存容量大得多,认为该机器的内存至少有 8 GB。当然,这时用户所感觉到的内存容量是虚拟的。我们把用户所感觉到的存储器称为虚拟存储器。

我们还可以通过虚拟设备技术,将一台物理 I/O 设备虚拟为多台逻辑上的 I/O 设备,并允许每个用户占用一台逻辑上的 I/O 设备,这样便可使原来在一段时间内仅允许一个用户访问的设备(即临界资源),变为在一段时间内允许多个用户同时访问的共享设备。例如,原来的打印机属于临界资源,而通过虚拟设备技术,可以把它变为多台逻辑上的打印机,供多个用户"同时"打印。此外,也可以把一条物理信道虚拟为多条逻辑信道(虚信道)。在操作系统中,虚拟主要是通过分时使用的方法实现的。显然,如果 n 是某物理设备所对应的虚拟的逻辑设备数,则虚拟设备的平均速度必然是物理设备速度的 $1/n$。

4.异步性(Asynchronism)

在多道程序环境下,允许多个进程并发执行,但进程只有在获得所需的资源后方能执行。在单处理机环境下,由于系统中只有一个处理机,因而每次只允许一个进程执行,其余进程只能等待。当正在执行的进程提出某种资源请求时,如打印请求,而此时打印机正在被其他进程占用,由于打印机属于临界资源,因此正在执行的进程必须等待,且放弃处理机。直到打印机空闲,系统再次把处理机分配给该进程时,该进程方能继续执行。可见,由于资源等因素的限制,进程的执行通常都不是"一气呵成"的,而是以"停停走走"的方式运行的。

内存中的每个进程在何时能获得处理机,何时又因提出某种资源请求而暂停,以及进程以怎样的速度向前推进,每道程序总共需多少时间才能完成等,都是不可预知的。由于各用户程序性能的不同,如有的程序侧重于计算而较少需要 I/O,而有的程序计算少而需要 I/O 多,这样很可能是先进入内存的作业后完成,后进入内存的作业先完成。因此,进程是以人们不可预知的速度向前推进的,此即进程的异步性。尽管如此,但只要运行环境相同,作业经多次运行会获得完全相同的结果。因此,异步运行方式是允许的,是操作系统的一个重要特征。

1.2 操作系统的功能和目标

1.2.1 处理机管理功能

1.进程控制

在传统的多道程序环境下,要使作业运行,必须先为它创建一个或几个进程,并为之分配必要的资源。当进程运行结束时,立即撤销该进程,以便能及时回收该进程所占用的各类资源。进程控制的主要功能是为作业创建进程、撤销已结束的进程以及控制进程在运行过程中的状态转换。在现代 OS 中,进程控制还应具有为一个进程创建若干个线程的功能和撤销(终止)已完成任务的线程的功能。

2.进程同步

为使多个进程能够有条不紊地运行,系统中必须设置进程同步机制。进程同步的主要任务是对多个进程(线程)的运行进行协调,具体来说有以下两种协调方式。

1)进程互斥方式,指诸进程(线程)在对临界资源进行访问时,应采用互斥方式。

2)进程同步方式,指在合作完成共同任务的诸进程(线程)间,由同步机构对它们的执行次序加以协调。

为了实现进程同步,系统中必须设置进程同步机制。最简单的用于实现进程互斥的机制是为每一个临界资源配置一把锁,当锁打开时,进程(线程)可以对该临界资源进行访问;当锁关上时,禁止进程(线程)访问该临界资源。

3.进程通信

在多道程序环境下,为了加速应用程序的运行,应在系统中建立多个进程,并且为一个进程建立若干个线程,由这些进程(线程)合作完成一个共同的任务。而这些进程(线程)之间,又往往需要交换信息。例如,有三个合作的进程,它们是输入进程、计算进程和打印进程。输入进程负责将所输入的数据传送给计算进程;计算进程利用输入数据进行计算,并把计算结果传送给打印进程;最后,由打印进程把计算结果打印出来。进程通信就是用来实现合作的进程(线程)之间的信息交换的。

当合作的进程(线程)处于同一计算机系统时,通常它们之间采用的是直接通信方式,即由源进程利用发送命令直接将消息(Message)挂到目标进程的消息队列上,之后由目标进程利用接收命令从其消息队列中取出消息。

4.进程调度

在后备队列上等待的每个作业,通常都要经过调度才能执行。在传统的操作系统中,包括作业调度和进程调度两步。作业调度的基本任务是从后备队列中按照一定的算法,选择出若干个作业,为它们分配其必需的资源(首先是分配内存),在将它们调入内存后,便分别为它们建立进程,使它们都成为可能获得处理机的就绪进程,并按照一定的算法将它们插入就绪队列。而进程调度的任务则是从进程的就绪队列中选出一个新进程,把处理机分配给它,并为它设置运行现场,使进程投入执行。值得指出的是,在多线程 OS 中,通常把线程作为独立运行和分配处理机的基本单位,因此需把就绪线程排成一个队列,每次调度时,从就绪线程队列中选出一个线程,并把处理机分配给它。

1.2.2 存储器管理功能

1.内存分配

OS 在实现内存分配时,可采取静态和动态两种方式。在静态分配方式中,每个作业的内存空间是在作业装入时确定的,在作业装入后的整个运行期间,不允许该作业再申请新的内存空间,也不允许作业在内存中"移动";在动态分配方式中,每个作业所要求的基本内存空间也是在装入时确定的,但允许作业在运行过程中继续申请附加内存空间,以适应程序和数据的动态增长,也允许作业在内存中"移动"。

为了实现内存分配,内存分配的机制应具有以下结构和功能:

1)内存分配数据结构,该结构用于记录内存空间的使用情况,作为内存分配的依据;

2)内存分配功能,指系统按照一定的内存分配算法为用户程序分配内存空间;

3)内存回收功能,指系统通过用户的释放请求,去回收用户不再需要的内存。

2.内存保护

内存保护的主要任务是确保每个用户程序都只在自己的内存空间内运行,彼此互不干扰。

为了确保每个程序都只在自己的内存区中运行,必须设置内存保护机制。一种比较简单的内存保护机制是设置两个界限寄存器,分别用于存放正在执行程序的上界和下界。系统需对每条指令所要访问的地址进行检查,如果发生越界,便发出越界中断请求,以停止该程序的执行。如果这种检查完全用软件实现,则每执行一条指令,都需增加若干条指令去进行越界检查,这将显著降低程序的运行速度。因此,越界检查都由硬件实现。当然,对发生越界后的处理,还需与软件配合来完成。

3.地址映射

一个应用程序(源程序)经编译后,通常会形成若干个目标程序,这些目标程序再经过链接形成可装入程序。这些程序的地址都是从"0"开始的,程序中的其他地址都是相对于起始地址计算的;由这些地址形成的地址范围称为"地址空间",其中的地址称为"逻辑地址"或"相对地址"。此外,由内存中的一系列单元限定的地址范围称为"内存空间",其中的地址称为"物理地址"。

在多道程序环境下,每道程序不可能都从"0"地址开始装入(内存),这就导致地址空间内的逻辑地址和内存空间中的物理地址不一致。为使程序正确运行,存储器管理必须提供地址映射功能,以将地址空间中的逻辑地址转换为内存空间中与之对应的物理地址。该功能需在硬件的支持下完成。

4.内存扩充

存储器管理中的内存扩充任务,并非是去扩大物理内存的容量,而是借助虚拟存储器技术,从逻辑上去扩充内存容量,使用户感觉到的内存容量比实际内存容量大得多;或者是让更多的用户程序并发执行。这样,既满足了用户的需要,改善了系统的性能,又能基本不增加硬件投资。为了能在逻辑上扩充内存,系统必须具有内存扩充机制。

1.2.3 设备管理功能

设备管理用于管理计算机系统中所有的外围设备,而设备管理的主要任务是完成用户进程提出的I/O请求;为用户进程分配其所需的I/O设备;提高处理机和I/O设备的利用率;提高I/O设备的速度;方便用户使用I/O设备。为完成上述任务,设备管理应具有缓冲管理、设备分配和设备处理等功能。

1.缓冲管理

处理机运行的高速性和I/O设备的低速性间的矛盾自计算机诞生时起便已存在。而随着处理机运行速度迅速、大幅度的提高,此矛盾更为突出,严重降低了处理机的利用率。如果在I/O设备和处理机之间引入缓冲,则可有效缓和处理机和I/O设备速度不匹配的矛盾,提高处理机的利用率,进而提高系统吞吐量。因此,现代计算机系统都毫无例外地在内存中设置了缓冲区,而且还可通过增加缓冲区容量的方法来改善系统的性能。

最常见的缓冲区机制有单缓冲机制、能实现双向同时传送数据的双缓冲机制以及能供多个设备同时使用的公用缓冲池机制。

2.设备分配

设备分配的基本任务是根据用户进程的I/O请求、系统的现有资源情况以及按照某种设备分配策略,为之分配其所需的设备。如果在 I/O 设备和处理机之间还存在设备控制器和 I/O 通道,则还需为分配出去的设备分配相应的控制器和通道。

为了实现设备分配,系统中应设置设备控制表、控制器控制表等数据结构,用于记录设备及控制器的标识符和状态。根据这些表格可以了解指定设备当前是否可用、是否忙碌,以供设备分配时参考。在进行设备分配时,应针对不同的设备类型采用不同的设备分配方式。对于独占设备(临界资源)的分配,应考虑该设备被分配出去后系统是否安全。设备使用完,应立即由系统回收。

3.设备处理

设备处理程序又称为设备驱动程序,其基本任务是实现处理机和设备控制器之间的通信,即由处理机向设备控制器发出 I/O 命令,要求它完成指定的 I/O 操作;反之由处理机接收从控制器发来的中断请求,并给予迅速的响应和相应的处理。

设备处理的过程如下:设备处理程序首先检查 I/O 请求的合法性,了解设备状态是否是空闲的,了解有关的传递参数及设置设备的工作方式;然后向设备控制器发出 I/O 命令,启动 I/O 设备去完成指定的 I/O 操作。设备驱动程序还应能及时响应由控制机发来的中断请求,并根据该中断请求的类型调用相应的中断处理程序进行处理。对于设置了通道的计算机系统,设备处理程序还应能根据用户的 I/O 请求自动构成通道程序。

1.2.4 文件管理功能

1.文件存储空间管理

文件系统对文件及文件的存储空间实施统一的管理。其主要任务是为每个文件分配必要的外存空间,提高外存的利用率,并有助于提高文件系统的运行速度。

为此,系统应设置相应的数据结构,用于记录文件存储空间的使用情况,以供分配存储空间时参考;系统还应具有对存储空间进行分配和回收的功能。为了提高存储空间的利用率,对存储空间的分配通常采用离散分配方式,以减少外存零头,并以盘块为基本分配单位。盘块的大小通常为 512 B~8 kB。

2.目录管理

为了使用户能够方便地在外存上找到自己所需的文件,通常由系统为每个文件建立一个目录项。目录项包括文件名、文件属性、文件在外存(如磁盘)上的物理位置等。若干个目录项又可构成一个目录文件。目录管理的主要任务是为每个文件建立其目录项,并对众多的目录项加以有效的组织,以实现方便的按名存取,即用户只需提供文件名便可对该文件进行存取。目录管理还应能实现文件共享,这样只需在外存上保留一份该共享文件的副本即可。此外,目录管理还应能提供快速的目录查询手段,以提高对文件的检索速度。

3.文件的读/写管理和保护

1)文件的读/写管理。该功能是根据用户的请求,从外存中读取数据或将数据写入外存。在进行文件读(写)时,系统首先根据用户给出的文件名去检索文件目录,从中获得文件在外存中的位置;然后利用文件读(写)指针对文件进行读(写)。一旦读(写)完成,便修改读(写)指针,为下一次读(写)做好准备。由于读和写操作不会同时进行,故可合用一个读/写指针。

2)文件的保护。该功能主要包括防止未经核准的用户存取文件,防止冒名顶替存取文件,防止以不正确的方式使用文件。

1.2.5 用户接口

1.命令接口

1)联机用户接口。该接口是为联机用户提供的,它由一组键盘操作命令及命令解释程序组成。用户在终端或控制台上键入一条命令后,系统便立即转入命令解释程序,对该命令加以解释并执行该命令。在完成指定功能后,控制又返回到终端或控制台上,等待用户键入下一条命令。这样,用户可通过先后键入不同命令的方式来实现对作业的控制,直至作业完成。

2)脱机用户接口。该接口是为批处理作业的用户提供的,故也称为批处理用户接口。该接口由一组作业控制语言(Job Control Language,JCL)组成。批处理作业的用户不能直接与自己的作业交互作用,只能委托系统代替用户对作业进行控制和干预。这里的作业控制语言便是提供给批处理作业用户的、为实现所需功能而委托系统代为控制的一种语言。用户用 JCL 把需要对作业进行的控制和干预事先写在作业说明书上,然后将作业连同作业说明书一起提供给系统。当系统调度到该作业运行时,又调用命令解释程序,对作业说明书上的命令逐条解释执行。如果作业在执行过程中出现异常现象,系统也将根据作业说明书上的指示进行干预。这样,作业一直在作业说明书的控制下运行,直至遇到作业结束语句时,系统才停止该作业的运行。

2.程序接口

该接口是为用户程序在执行中访问系统资源而设置的,是用户程序取得操作系统服务的唯一途径。它是由一组系统调用组成的,每一个系统调用都是一个能完成特定功能的子程序,每当应用程序要求 OS 提供某种服务(功能)时,便调用具有相应功能的系统调用。早期的系统调用都是用汇编语言提供的,只有在用汇编语言书写的程序中,才能直接使用系统调用;但在高级语言(如 C 语言)中,往往提供了与各系统调用一一对应的库函数,这样应用程序便可通过调用对应的库函数来使用系统调用。但在后来所推出的操作系统中,如UNIX、OS/2 版本中,其系统调用本身已经采用 C 语言编写,并以函数的形式提供,故在用 C 语言编制的程序中,可直接使用系统调用。

3.图形用户接口

用户虽然可以通过联机用户接口来获得 OS 的服务,但这要求用户能熟记各种命令的名字和格式,并严格按照规定的格式输入命令,这既不方便又浪费时间,于是图形用户接口便应运而生。图形用户接口采用了图形化的操作界面,用非常容易识别的各种图标(icon)来将系统的各项功能、各种应用程序和文件,直观、逼真地表示出来。用户可用鼠标或通过菜单和对话框来完成对应用程序和文件的操作。此时,用户已完全不必像使用命令接口那样需要记住命令名及格式,从而把用户从烦琐且单调的操作中解脱出来。

1.2.6 操作系统的目标

1.方便性

操作系统最终是要为用户服务的,所以设计操作系统时必须考虑用户能否方便地操作计算机。用户的操作既包括直接使用命令完成各种操作,也包括通过设计程序让计算机完成各种操作。

2.有效性

操作系统的主要工作是支持和管理计算机硬件,如何有效地利用计算机的硬件资源,充分发挥它们的功能是操作系统需要解决的主要问题。

3.可扩充性

操作系统是为应用服务的,随着应用环境的变化,操作系统自身的功能也必须不断扩充和完善。在设计操作系统的体系结构时,要采用合理的结构使其能够不断扩充和完善。

4.开放性

操作系统的主要功能是管理计算机硬件,随着计算机硬件技术的发展,为了使这些硬件能够正确、有效地协同工作,就必须实现应用程序的可移植性和可操作性,因而要求计算机操作系统具有统一的开放环境。

1.3 操作系统的分类

为了更好地理解操作系统的基本概念、功能和特点,首先回顾一下操作系统形成和发展的历史过程。

操作系统是由于客观的需要而产生的,它伴随着计算机技术本身及其应用的日益发展而逐渐发展和不断完善。它的功能由弱到强,在计算机系统中的地位不断提高。至今,它已成为计算机系统中的组成核心,所有计算机系统都需要配置操作系统。

由于操作系统与其运行的计算机系统组成和体系结构密切相关,因此我们考察各代计算机,看看它们的操作系统是什么样子的,具有哪些功能和特征。

人们通常按照器件工艺的演变把计算机发展过程分为以下四个阶段。

1)1946 年至 20 世纪 50 年代末:第一代,电子管时代,无操作系统。

2)20 世纪 50 年代末至 20 世纪 60 年代中期:第二代,晶体管时代,批处理系统。

3)20 世纪 60 年代中期至 20 世纪 70 年代中期:第三代,集成电路时代,多道程序系统。

4)20 世纪 70 年代中期至今:第四代,大规模和超大规模集成电路时代,分时操作系统。

现代计算机正向着巨型、微型、并行、分布、网络化和智能化几个方向发展。

为适应计算机的上述发展,操作系统经历了如下发展过程:手工操作阶段(无操作系统)、批处理、多道程序系统、分时操作系统、实时操作系统、通用操作系统、网络操作系统、分布式操作系统等。

1.3.1 手工操作阶段

在第一代计算机时期,构成计算机的主要元器件是电子管,计算机运算速度慢,没有操作系统,甚至没有任何软件。用户直接用机器语言编制程序,并在上机时独占全部计算机资源。上机完全是手工操作:先把程序纸带(或卡片)装上输入机,然后启动输入机把程序和数据送入计算机,最后通过控制台开关启动程序运行。计算完毕,打印机输出计算结果,用户取走并卸下纸带(或卡片)。

20 世纪 50 年代后期,计算机的运行速度有了很大提高,手工操作的慢速度和计算机的高速度之间形成矛盾。唯一的解决办法是摆脱人的手工操作,实现作业的自动过渡,这样就出现了批处理。

1.3.2 早期批处理

如上所述,在计算机发展的早期阶段,由于没有任何用于管理的软件,所有的运行管理和具体操作都由用户自己承担。作业由许多作业步组成,任何一步的错误操作都可能导致该作业从头开始。当时的计算机价格极其高昂,因此中央处理器(CPU)的时间非常宝贵,尽可能提高处理机的利用率成为十分迫切的任务。

解决以上问题的途径有两个:一个是配备专门的计算机操作员,程序员不再直接操作机器,减少操作机器的错误;另一个是进行批处理,操作员把用户提交的作业分类,把一批作业编成一个作业执行序列,每一批作业将由专门编制的监督程序自动依次处理。

早期的批处理可分为以下两种方式。

1.联机批处理

联机批处理慢速的 I/O 设备与主机直接相连,作业的执行过程如下。

1)用户提交作业,包括作业程序、数据及用作业控制语言编写的作业说明书。

2)作业被制成穿孔纸带或卡片。

3)操作员有选择地把若干作业合成一批,通过输入设备(纸带输入机或读卡机)把它们存入磁带。

4)监督程序读入一个作业(若系统资源能满足该作业要求)。

5)从磁带调入汇编程序或编译程序,将用户作业源程序翻译成目标代码。

6)连接装配程序把编译后的目标代码及所需的子程序装配成一个可执行程序。

7)启动执行。

8)执行完毕,由善后处理程序输出计算结果。

9)再读入一个作业,重复 5)~9)各步。

10)一批作业完成,返回到 3),处理下一批作业。

这种联机批处理方式解决了作业自动转接问题,从而减少了作业建立和人工操作时间。但是在作业的输入和执行结果的输出过程中,主机处理器仍处在停止等待状态,这样慢速的 I/O 设备和快速主机之间仍处于串行工作状态,处理机的时间仍有很大的浪费。

2.脱机批处理

脱机批处理方式的显著特征是增加一台不与主机直接相连而专门用来与 I/O 设备打交道的卫星机。卫星机的功能:①输入设备通过它把作业输入到输入磁带;②磁带通过它将作业执行结果输出到输出设备。

这样,主机不是直接与慢速的 I/O 设备打交道,而是与速度较快的磁带机交换数据。主机与卫星机可以并行工作,二者分工明确,充分发挥了主机的高速计算能力。因此,脱机批处理与早期的联机批处理相比大大提高了系统的处理能力。

批处理出现于 20 世纪 50 年代末到 60 年代中期。它的出现促进了软件的发展,还有较为重要的促进了监督程序的发展,它管理作业的运行——负责装入和运行各种系统处理程序,如汇编程序、编译程序、连接装配程序、程序库(如 I/O 标准程序等);完成作业的自动过渡。同时,也出现程序覆盖等程序设计技术。

批处理仍有些缺点,具体包括:①磁带需人工拆装,既麻烦又易出错;②不利于系统的保护。

在进行批处理的过程中,监督程序、系统程序和用户程序之间存在一种调用关系,任何一个环节出问题,整个系统都会停顿;用户程序也可能会破坏监督程序和系统程序,这时只有操作员进行干预才能恢复。20 世纪 60 年代初期,硬件获得了两方面(即通道和中断技术)的进展,导致操作系统进入执行系统阶段。

通道是一种专用处理部件,它能控制一台或多台 I/O 设备工作,负责 I/O 设备与内存之间的信息传输。它一旦被启动就能独立于处理机运行,这样可使处理机和通道并行操作,而且处理机和多种 I/O 设备也能并行操作。中断是指当主机接到外部信号(如 I/O 设备完成信号)时,马上停止原来工作,转去处理这一事件,处理完毕后,主机回到原来的断点继续工作。

计算机系统借助通道、中断技术和 I/O 设备可在主机控制下完成批处理。这时,原来的监督程序的功能扩大了。发展了的监督程序常驻内存称为执行系统,它不仅要负责作业运行的自动调度,而且还要提供 I/O 控制功能。执行系统实现的也是 I/O 联机操作,与早期批处理系统不同的是此时 I/O 工作是由在主机控制下的通道完成的。主机和通道、主机和 I/O 设备都可以并行操作。用户程序的 I/O 工作都是由系统执行的,没有人工干预,由系统检查其命令的合法性,以避免不合法的 I/O 命令对系统造成影响,从而提高系统的安全性。此时,除了 I/O 中断外,其他中断如算术溢出和非法操作码中断等可以克服错误停机,时钟中断则可以解决用户程序中出现的死循环等。

许多成功的批处理系统在 20 世纪 50 年代末和 60 年代初出现,典型的操作系统是 FMS(Fortran Monitor System),即 FORTRAN 监督系统和 IBM 7094 机上的 IBM 操作系统 IBSYS。执行系统实现了主机、通道和 I/O 设备的并行操作,提高了系统效率,方便了用户使用 I/O 设备。但是,这时计算机系统运行的特征是单道、顺序地处理作业,即用户作业仍然是一道一道作业顺序处理。那么,可能会出现以下两种情况:对于以计算为主的作业,I/O 量少,外围设备空闲;对于以 I/O 为主的作业,又会造成主机空闲。这样总体来说,计算机资源使用效率仍然不高。因此,操作系统进入了多道程序阶段——多道程序合理搭配交替运行,充分利用资源,提高效率。

1.3.3 多道程序系统

在单处理机系统中,多道程序运行的特点如下。

1)多道:计算机内存中同时存放几道相互独立的程序。

2)宏观上并行:同时进入系统的几道程序都处于运行过程中,即它们先后开始了各自的运行,但都未运行完毕。

3)微观上串行:实际上各道程序轮流使用 CPU,交替执行。

在批处理系统中采用多道程序设计技术,就形成了多道批处理系统。要处理的许多作业存放在外部存储器(外存)中,形成作业队列,等待运行。当需要调入作业时,将由操作系统中的作业调度程序对外存中的作业,根据其对资源的要求和一定的调度原则,调几个作业进入内存,让它们交替运行。当某个作业完成后,再调入一个或几个作业。这种处理方式使内存中总是同时存在几道程序,系统资源能够得到比较充分的利用。

多道程序系统解决了以下几个技术问题。

1)并行运行的程序要共享计算机系统的硬件和软件资源,既有对资源的竞争,但又需要相互同步。因此,同步与互斥机制成为操作系统设计中的重要问题。

2)随着多道程序数量的增加,出现了内存不够用的问题,提高内存的使用效率成为关键。因此,出现了诸如覆盖技术、对换技术和虚拟存储技术等内存管理技术。

3)由于多道程序存在于内存中,为了保证系统程序存储区和各用户程序存储区的安全可靠,提出了内存保护的要求。

多道程序系统的出现标志着操作系统渐趋成熟,在阶段先后出现了作业调度管理、处理机管理、存储器管理、外部设备管理、文件系统管理等功能。

1.3.4 分时操作系统

在批处理方式下,用户以脱机操作的方式使用计算机,只有等该批作业全部处理结束后,用户才能得到计算结果,再根据结果作下一步处理。它的优点是计算机工作效率高,不过用户十分留恋手工操作阶段的联机工作方式,独占计算机,并直接控制程序运行。但独占计算机的方式又会造成资源利用率低。因此,既保证计算机工作效率,又方便用户使用,成为一个新的追求目标。20世纪60年代中期,计算机技术和软件技术的发展使这种追求成为可能。由于处理机速度不断提高和采用分时技术,一台计算机可同时连接多个用户终端,而每个用户可在自己的终端上联机使用计算机,就好像自己独占机器一样。

所谓分时技术,就是把处理机的运行时间分成很短的时间片,按时间片轮流把处理机分配给各联机作业使用。若某个作业在分配给它的时间片内不能完成其计算,则该作业暂时中断,把处理机让给另一个作业使用,等待下一轮时再继续运行。由于计算机速度很快,作业运行轮转得很快,给每个用户的印象是好像他独占了一台计算机。而每个用户可以通过自己的终端向系统发出各种操作控制命令,完成作业的运行。

多用户分时操作系统是当今计算机操作系统中使用最普遍的一类操作系统。

1.3.5 实时操作系统

20世纪60年代中期计算机进入第三代,计算机的性能和可靠性有了很大提高,造价亦大幅度下降,计算机应用越来越广泛。计算机由于用于工业过程控制、军事实时控制等形成了各种实时处理系统。针对实时处理的实时操作系统是以在允许的时间范围内作出响应为特征的。它要求计算机对外来信息能够以足够快的速度进行处理,并在被控对象允许的时间范围内作出快速响应,其响应时间要求在秒级、毫秒级甚至微秒级或更小。近年来,实时操作系统得到了越来越广泛的应用。特别是非个人计算机和 PDA(Personal Digital Assistant,个人数字助理)等新设备的出现,更加强了这一趋势。

1.3.6 通用操作系统

随着多道批处理系统和分时系统的不断改进、实时系统的出现及其应用的日益广泛,操作系统已经日益完善。在此基础上,又出现了通用操作系统,它可以同时兼有多道批处理、分时处理、实时处理的功能,或其中两种以上的功能。例如,将实时处理和批处理结合构成实时批处理系统,在这样的系统中,它首先保证优先处理任务,插空进行批作业处理,通常把实时任务称为前台作业,批作业称为后台作业;将批处理和分时处理结合构成分时批处理系统,它优先满足分时用户,在没有分时用户时可进行批量作业的处理,分时用户和批处理作业也可按前后台方式处理。

20世纪60年代中期开始,国际上开始研制大型通用操作系统。这些系统在解决可靠性、可维护性、可理解性和开放性等方面的问题时都遇到了很大的困难。相比之下, UNIX

操作系统却是一个例外。这是一个通用的多用户分时交互型操作系统。它首先建立的是一个精干的核心,而其功能却足以与许多大型的操作系统相媲美,在核心层以外可以支持庞大的软件系统。目前,广泛使用的各种工作站级的操作系统如 SUN 公司的 Solaris,IBM 公司的 AIX 等都是基于 UNIX 的操作系统。Windows 系列操作系统的主要原理也是基于 UNIX 操作系统的,Linux 系统也是从 UNIX 演变而成的。至此,操作系统的基本概念、功能、基本结构和组成都已形成并渐趋完善。

进入 20 世纪 80 年代,一方面迎来了个人计算机的时代,另一方面又向计算机网络、分布式处理、巨型计算机和智能化方向发展。20 世纪 90 年代后期,由于个人计算机硬件功能的急剧增加和用户对安全性、网络功能的要求的增强,个人计算机操作系统也从单用户单任务的操作系统转向了单用户多任务的操作系统,如从微软公司的 DOS 系统转向 Windows 系统。

1.3.7 操作系统的基本类型

根据使用环境和对作业的处理方式分类,操作系统的基本类型有以下几种。

1)批处理操作系统(Batch Processing Operating System)。

2)分时操作系统(Time Sharing Operating System)。

3)实时操作系统(Real Time Operating System)。

4)个人计算机操作系统(Personal Computer Operating System)。

5)网络操作系统(Network Operating System)。

6)分布式操作系统(Distributed Operating System)。

1.批处理操作系统

现代操作系统大都具有批处理功能。批处理操作系统的主要特征有以下几点。

1)用户脱机使用计算机。用户提交作业之后直到获得结果之前不再与计算机打交道。作业提交的方式可以是直接交给计算中心的管理操作员,也可以是通过远程通信线路提交,提交的作业由系统外存收容成为后备作业。

2)成批处理。操作员把用户提交的作业分批进行处理,每批中的作业将由操作系统或监督程序负责自动调度执行。

3)多道程序运行。按多道程序设计的调度原则,从一批后备作业中选取多道作业调入内存并组织它们运行,这个工作模式称为多道批处理。

多道批处理系统的优点是由于系统资源为多个作业所共享,其工作方式是作业之间自动调度执行,在运行过程中用户不干预自己的作业,从而大大提高了系统资源的利用率和作业吞吐量。其缺点是无交互性,用户一旦提交作业就失去了对其运行的控制能力,并且是批处理的,作业周转时间长,用户使用不方便。

需要注意的是,不要把多道程序系统和多重处理系统混淆。一般来讲,多重处理系统配制多个处理器,因而能真正同时执行多道程序。当然,要想有效使用多重处理系统,必须采用多道程序设计技术。反之不然,多道程序设计原则不一定要求有多重处理系统的支持。多重处理系统比起单处理系统来说,虽增加了硬件设施,却也换来了系统吞吐量、可靠性、计算能力和并行处理能力等的提高的好处。

2.分时操作系统

分时操作系统一般采用时间片轮转的方式,使一台计算机为多个终端用户服务。对每个用户能保证足够快的响应时间,并提供交互会话能力。分时操作系统具有下述特点。

1)交互性。首先,用户可以在程序动态运行的情况下对其加以控制;其次,用户上机提交作业很方便;最后,为用户之间进行合作提供便利条件。

2)多用户同时性。多个用户同时在自己的终端上上机,共享处理机和其他资源,充分提高系统的效率。

3)独立性。客观效果上,用户感觉不到有别人也在使用这台计算机,就如同自己独占计算机一样。

分时操作系统是一个联机的多用户交互式的操作系统,UNIX 就是最流行的一种多用户分时操作系统。

3.实时操作系统

实时操作系统主要随着计算机应用于实时控制和实时信息处理领域中而发展起来。

实时操作系统的主要特点是提供即时响应和高可靠性。系统必须保证对实时信息的分析和处理速度比其进入系统的速度要快,而且系统本身要安全可靠。实时操作系统往往具有一定的专用性。与批处理操作系统、分时操作系统相比,实时操作系统的资源利用率可能较低。

设计实时操作系统要考虑以下几个因素。

1)实时时钟管理(定时处理和延时处理)。

2)连续的人—机对话,这对实时控制往往是必须的。

3)采取过载保护措施。例如对于短期过载,让输入任务按一定的策略在缓冲区排队,等待调度;对于持续性过载,可能要拒绝某些任务的输入;在实时控制系统中,则及时处理某些任务,放弃某些任务或降低对某些任务的服务频率。

4)高度可靠性和安全性需采取一定的冗余措施。双机系统前后台工作,包括必要的保密措施等。

4.通用操作系统

批处理操作系统、分时操作系统和实时操作系统是操作系统的三种基本类型,在此基础上又发展出了具有多种类型操作特征的操作系统,称为通用操作系统。它可以同时兼有批处理、分时处理、实时处理和多重处理的功能,或其中两种以上的功能。

5.个人计算机操作系统

个人计算机操作系统是联机的交互式的单用户操作系统,它提供的联机交互功能与通用分时系统所提供的很相似。由于是个人专用,因此在多用户和分时所要求的对处理机调度、存储保护方面将会简单得多。然而,由于个人计算机应用的普及,对提供更方便、友好的用户接口的要求也越来越迫切。

多媒体技术已迅速进入微型计算机系统,它要求计算机具有大容量的内存和外存以及高速信号处理、大数据量宽频带传输等能力,能同时处理多个实时事件,有一个具有高速数据处理能力的实时多任务操作系统。

目前,在个人计算机上使用的操作系统以 Windows 系统和 Linux 系统为主。

6.网络操作系统

计算机网络是通过通信设施将物理上分散的具有自治功能的多个计算机系统互连起来的,实现信息交换、资源共享、可互操作和协作处理的系统。它具有以下几个特征。

1)计算机网络是一个互连的计算机系统的群体。

2）这些计算机是自治的，每台计算机有自己的操作系统，各自独立工作，它们在网络协议控制下协同工作。

3）系统互连要通过通信设施（硬件、软件）来实现。

4）系统通过通信设施执行信息交换、资源共享、可互操作和协作处理，实现多种应用要求。

网络操作系统的研制和开发是在原来各自计算机操作系统的基础上进行的。按照网络体系结构的各个协议标准进行开发，包括网络管理、通信、资源共享、系统安全和多种网络应用服务等，从而达到上述诸方面的要求。

由于网络计算的出现和发展，现代操作系统的主要特征之一就是具有上网功能，因此除了在 20 世纪 90 年代初期时，Novell 公司的 Netware 等系统被称为网络操作系统之外，一般不再特指某个操作系统为网络操作系统。

7.分布式操作系统

粗看起来，分布式操作系统与网络操作系统没有太大区别。分布式操作系统也可以被定义为通过通信网络将物理上分散的具有自治功能的数据处理系统或计算机系统互连起来，实现信息交换、资源共享和协作完成任务的系统。但是二者还有以下几个明显的区别应予考虑。

1）计算机网络的开发都遵循协议，而对于各种分布式操作系统并没有制定标准的协议。当然，计算机网络也可认为是一种分布式系统。

2）分布式操作系统要求有一个统一的操作系统，从而实现系统操作的统一性。

3）分布式操作系统对用户是透明的，但对计算机网络，若一个计算机上的用户希望使用另一台计算机上的资源，则必须明确指明是哪台计算机。

4）分布式操作系统的基础是网络。分布式操作系统已不仅是一个物理上松散耦合的系统，同时还是一个逻辑上紧密耦合的系统。

5）分布式操作系统还处在研究阶段，而计算机网络已经在各个领域得到广泛应用。

20 世纪 90 年代出现的网络计算的趋势和高速网络的出现已使分布式操作系统变得越来越现实。特别是 SUN 公司的 Java 语言和运行在各种通用操作系统之上的 Java 虚拟机和 Java OS 的出现，更进一步加快了这一趋势。另外，软件构件技术的发展也将加快分布式操作系统的实现。

1.4 操作系统结构设计

1.4.1 软件工程的基本概念

1.软件的含义

所谓软件，是指当计算机运行时，能提供用户所要求的功能和性能的指令和程序的集合，该程序能够正确处理信息的数据结构；作为规范软件，还应具有描述程序功能需求以及程序如何操作使用的文档。如果说硬件是物理部件，那么软件则是一种逻辑部件，它具有与硬件完全不同的特点。

2.软件工程的含义

软件工程是指运用系统的、规范的和可定量的方法来开发、运行和维护软件，或者说是采用工程的概念、原理、技术和方法来开发与维护软件,其目的是为了解决在软件开发中所出现的编程随意、软件质量难以保证以及维护困难等问题。

1.4.2 传统操作系统结构

操作系统是一个十分复杂的大型软件。为了控制该软件的复杂性,在开发 OS 时,先后引入了分解、模块化、抽象和隐蔽等方法。开发方法的不断发展,促进了 OS 结构的更新换代。这里,我们把第一代至第三代的 OS 结构称为传统 OS 结构,而把微内核的 OS 结构称为现代 OS 结构。

1.无结构操作系统

在早期开发操作系统时,设计者主要把注意力放在了功能的实现和获得高效率上,缺乏首尾一致的设计思想。 此时的 OS 是为数众多的一组过程的集合,各过程之间可以相互调用,在操作系统内部不存在任何结构,因此这种 OS 是无结构的,也有人把它称为整体系统结构。

此时,程序设计的技巧只是如何编制紧凑的程序,以便有效利用内存,对 GOTO 语句的使用不加任何限制,因此设计出的操作系统既庞大又杂乱,缺乏清晰的程序结构。这一方面会使编制出的程序错误很多,给调试工作带来很多困难;另一方面也使得程序难以阅读和理解,增加维护人员的负担。

2.模块化 OS 结构

（1）模块化结构

模块化程序设计技术是最早（20 世纪 60 年代）出现的一种程序设计技术。该技术是基于"分解"和"模块化"原则来控制大型软件的复杂度的。为使 OS 具有较清晰的结构,OS 不再由众多的过程直接构成,而是将 OS 按功能划分为若干个具有一定独立性和大小的模块。每个模块具有某方面的管理功能,如进程管理模块、存储器管理模块和文件管理模块等,并规定好各模块间的接口,使各模块之间能通过接口实现交互,然后再进一步将各模块细分为若干个具有一定管理功能的子模块,如把进程管理模块又分为进程控制、进程同步、进程通信和进程调度等子模块,同样也要规定各子模块之间的接口。若子模块较大,再进一步将它细分。图 1-2 展示了由模块、子模块等组成的模块化 OS 结构。

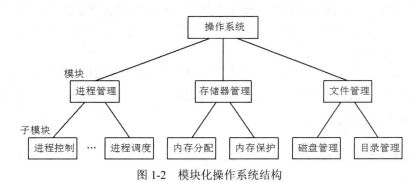

图 1-2　模块化操作系统结构

（2）模块化 OS 结构的优、缺点

优点:提高了 OS 设计的正确性、可理解性和可维护性,增强了 OS 的可适应性,加速了 OS 的开发过程。

缺点:首先,在开始设计 OS 时,对模块的划分及对接口的规定并不精确,而且还可能存在错误,因而很难保证按此规定所设计出的模块完全正确,这将使在把这些模块装配成 OS 时发生困难;其次,从功能观点来划分模块时,未能将共享资源和独占资源加以区别,而由于管理上的差异,又会使模块间存在复杂的依赖关系而使 OS 结构变得不清晰。

3.分层式 OS 结构

（1）有序分层的基本概念

从改进设计方式上来说,我们每一步的设计都应建立在可靠的基础上。我们可以从物理机器开始,在其上面先添加一层具有一定功能的软件 A_1,由于 A_1 是建立在完全确定的物理机器上的,在经过精心设计和几乎是穷尽无遗的测试后,可以认为 A_1 是正确的;然后再在 A_1 上添加一层新软件 A_2……如此一层一层自底向上增添软件层,每一层都实现若干功能,最后总能构成一个能满足需要的 OS。

分层式结构设计的基本原则是每一层都仅使用其底层所提供的功能和服务,这样可使系统的调试和验证都变得容易,例如在调试第一层软件 A_1 时,由于它只使用了物理机器提供的功能,因此它将与其所有的高层软件 A_2,…,A_n 无关;同样在调试 A_2 时,它也只使用了 A_1 和物理机器所提供的功能,而与其高层软件 A_3,…,A_n 无关。这样,一旦发现 A_i 出现错误,通常该错误只会局限于 A_i,因为它与所有其以上各层的软件无关,而 A_i 层以下的各层软件又都经过了仔细的调试。

（2）层次的设置

1）程序嵌套。通常 OS 的每个功能的实现,并非是只用一个程序便能完成的,而是要经由若干个软件层才有可能完成的。因此,在划分 OS 层次时,首先要考虑在实现 OS 的每个功能时所形成的程序嵌套。例如,作业调度模块需调用进程控制模块;在为某作业创建一个进程时,进程控制模块又需调用内存管理模块为新进程分配内存空间,可见进程控制模块应在内存管理模块之上,而作业调度模块又应在更高层。

2）运行频率。在分层结构中,各层次软件的运行速度是不同的,因为 A_1 层软件能直接在物理机器上运行,故它有最高的运行速度。随着层次的增多,相应软件的运行速度就随之下降,因而 A_n 层软件的运行速度最低。为了提高 OS 的运行效率,应该将那些经常活跃的模块放在最接近物理机器的 A_1 层,如时钟管理、进程调度,通常都放在 A_1 层。

3）公用模块。应把供多种资源管理程序调用的公用模块设置在最低层,不然会使比它低的层次的模块由于无法调用它而需另外配置相应功能的模块,例如用于对信号量进行操作的原语 Signal 和 Wait。

4）用户接口。为方便用户（程序）使用,OS 向用户提供了"用户与 OS 的接口",如命令接口、程序接口以及图形用户接口,这些接口应设置在 OS 的最高层,直接提供给用户使用。

1.4.3 微内核 OS 结构

1.客户/服务器模式（Client-Server Model）

（1）基本概念

为了提高 OS 的灵活性和可扩充性,将 OS 划分为两部分。一部分是用于提供各种服务的一组服务器（进程）,如用于提供进程管理的进程服务器,提供存储器管理的存储器服务器,提供文件管理的文件服务器等,所有这些服务器（进程）运行在用户态。当有一个用户进程（现在称为客户进程）要求读文件的一个盘块时,该进程便向文件服务器（进程）发出一个请求;当服务器完成了该客户的请求后,便给该客户回送一个响应。另一部分是内核,用来处理客户和服务器之间的通信,即由内核来接收客户的请求,再将该请求送至相应的服务器;同时它也接收服务器的应答,并将此应答回送给请求客户。此外,内核中还应具有其他一些机构,用于实现与硬件紧密相关的和一些较基本的功能。

单机环境下的客户/服务器模式如图1-3所示。

图1-3 单机环境下的客户/服务器模式

(2)客户/服务器模式的优点

1)提高系统的灵活性和可扩充性。

2)提高 OS 的可靠性。

3)可运行于分布式操作系统中。

2.面向对象的程序设计(Object-Orientated Programming)

(1)面向对象技术的基本概念

面向对象技术于 20 世纪 80 年代初被提出并很快流行起来。该技术是基于“抽象”和“隐蔽”原则来控制大型软件的复杂度的。所谓对象,是指在现实世界中具有相同属性、服从相同规则的一系列事物的抽象,而把其中的具体事物称为对象的实例。OS 中的各类实体如进程、线程、消息、存储器等,都使用了对象这一概念,相应地便有进程对象、线程对象、消息对象、存储器对象等。

(2)面向对象技术的优点

1)可修改性和可扩充性。由于隐蔽了表示实体的数据和操作,因而可以改变对象的表示而不会影响其他部分,从而可以方便地改变老的对象和增加新的对象。

2)继承性。继承性是面向对象技术所具有的重要特性,是指子对象可以继承父对象的属性,这样在创建一个新的对象时,便可减少大量的时空开销。

3)正确性和可靠性。由于对象是构成操作系统的基本单元,可以独立对它进行测试,这样比较易于保证其正确性和可靠性,从而比较容易保证整个系统的正确性和可靠性。

3.微内核技术

(1)微内核技术的引入

所谓微内核技术,是指精心设计的、能实现现代 OS 核心功能的小型内核,与一般的 OS(程序)不同,它更小也更精练。它不仅运行在核心态,在开机后也常驻内存,不会因内存紧张而被换出内存。微内核并非是一个完整的 OS,而是为构建通用 OS 提供一个重要基础。由于在微内核 OS 结构中通常都采用了客户/服务器模式,因此 OS 的大部分功能和服务都是由若干服务器来提供的,如文件服务器、作业服务器和网络服务器等。

(2)微内核 OS 的基本功能

微内核 OS 采用了“机制与策略分离”的原理,将进程管理、存储器管理以及 I/O 管理这些功能一分为二,将机制部分以及与硬件紧密相关的很小一部分放入微内核中,其余绝大部分放在微内核外的各种服务器中来实现。因此,微内核 OS 通常具有以下几方面的功能。

1）进程（线程）管理。在微内核 OS 中，采用"机制与策略分离"原理来实现进程管理功能。例如，为实现进程（线程）调度，可在进程管理中设置一个或多个进程（线程）优先级队列。其中将指定优先级进程（线程）从所在队列中取出并投入执行属于调度的机制部分，应将它放入微内核中；而确定每类用户（进程）的优先级以及修改它们的优先级等属于调度的策略问题，可放入微内核外的进程（线程）管理服务器中实现。

2）低级存储器管理。通常在微内核 OS 中，只配置最基本的低级存储器管理机制。例如，在分页存储系统中用于实现将地址空间的逻辑地址映射为存储空间的物理地址的页表机制和地址变换机制应放入微内核中；而实现虚拟存储器管理的策略，包含采取何种页面置换算法、内存分配与回收策略等都应放在微内核外的存储器管理服务器中。

3）中断和陷入处理。由于与硬件紧密相关的一小部分是放入微内核 OS 中进行处理的，此时微内核 OS 的主要功能是捕获所发生的中断和陷入事件，并进行相应的前期处理。例如，进行中断现场保护，识别中断和陷入的类型，然后将有关事件的信息转换成消息并把它发送给相关的服务器，而后由服务器根据中断或陷入的类型，调用相应的处理程序来进行后期处理。

（3）微内核 OS 的优点

由于微内核 OS 结构建立在模块化、层次化结构的基础上，并采用了客户/服务器模式和面向对象的程序设计技术，因此微内核 OS 集各种技术优点之大成，具有如下优点。

1）提高了系统的可扩展性。

2）增强了系统的可靠性。

3）可移植性强。

4）提供了对分布式操作系统的支持。

5）融入面向对象技术。

1.5 操作系统运行的硬件环境与界面形式

1.5.1 操作系统运行的硬件环境

任何系统软件都是硬件功能的延伸，操作系统的运行直接依赖于硬件环境。操作系统的硬件环境以较分散的形式与各种管理相结合，下面将分别介绍与操作系统正常运行直接相关的几个硬件环境。

1.中央处理器（Central Processing Unit，CPU）

中央处理器专门设计了一些基本机制来配合操作系统的运行需要，例如：

1）具有特权级别的处理器状态，能在不同特权级运行的各种特权指令；

2）硬件机制使得操作系统可以和普通程序隔离，以实现对操作系统内核的保护和控制。

中央处理器由运算器、控制器、一系列的寄存器以及高速缓存构成。运算器实现指令中的算术和逻辑运算，是计算机的计算核心。控制器负责控制程序运行的流程，包括取指令、维护 CPU 状态、CPU 与内存的交互等。寄存器是指令在 CPU 内部作处理的过程中暂存数据、地址以及指令信息的存储设备，在计算机的存储系统中它具有最快的访问速度。高速缓存处于 CPU 和物理内存之间，一般由控制器中的内存管理单元管理，访问速度快于内存，慢于寄存器。高速缓存利用程序局部性原理使得高速指令处理和低速内存访问得以匹配,从而提高 CPU 的效率。

根据运行程序对资源和机器指令的使用权限,可将处理机设置为不同状态,多数系统将处理机运行状态划分为管态和目态。

1)管态(又称为特权态、核心态/内核态、系统态等):操作系统运行时的状态。它具有较高的特权,能执行一切指令,访问所有的寄存器和存储区,传统的操作系统都在管态下运行。

2)目态(又称为普通态/普态、用户态等):用户程序运行时的状态。它具有较低的特权,仅能执行规定的指令,访问指定的寄存器和存储区。

2.存储系统

存储系统是支持操作系统运行硬件环境的另一个重要方面。操作系统的作业必须把它的程序和数据存放在内存中才能运行,操作系统要对内存进行有效管理,保护各类程序和数据,使它们不至于受到破坏,并且操作系统本身也要存放在内存中并运行。

存储系统的设计主要需要考虑容量、速度和成本三个问题。三者不可能同时达到最优,要权衡利弊。现在各类存储设备的工作原理决定了它们有以下特点:存取速度越快,每比特价格越高;存储容量越大,每比特价格越低,同时存取速度也越慢。

为了解决这个难题,基于程序存储访问的局部性原理,操作系统中都采用了层次化的存储体系结构,最顶层的存储设备速度最快,每比特的价格最高,容量最小,处理机的访问频率最高;当沿着层次下降时,存储设备的速度将变慢,每比特的价格将下降,容量将增大,处理机的访问频率也将下降。

3.中断技术

中断是 CPU 对系统发生的某个事件作出的一种反应,CPU 暂停正在执行的程序,保留现场后自动转去执行相应事件的中断处理程序,处理完成后返回断点,继续执行原先被打断的程序。引入中断的主要目的是解决主机与外设的并行工作问题,以提高 CPU 的效率。

中断系统是现代计算机系统的核心机制之一,它使得 OS 可以捕获用户程序发出的系统功能调用,及时处理设备的中断请求,防止用户程序中破坏性的活动等。

中断系统有两大组成部分:硬件中断装置和软件中断处理程序。其中,硬件中断装置负责捕获中断源发出的中断请求,以一定方式响应中断源,然后将处理机控制权交给特定的中断处理程序,软件中断处理程序负责辨别中断类型并作出相应的操作。

1.5.2 命令控制界面接口

操作系统的用户界面通常分为作业级界面和程序级界面。作业级界面用于作业控制,它让用户以命令的方式或从图形用户界面(Graphical User Interface,GUI)提出作业控制要求。程序级界面在程序一级为用户提供服务,它由一组系统调用组成,负责管理和控制运行的程序,并在这些程序与系统控制的资源和提供的服务之间实现交互作用。

操作系统为用户提供两个接口界面:一个是系统为用户提供的各种命令接口界面,用户利用这些操作命令来组织和控制作业的执行或管理计算机系统;另一个是系统调用,编程人员使用系统调用来请求操作系统提供服务。操作系统的命令控制界面就是用来组织和控制作业运行的。

使用操作命令进行作业控制的主要方式有以下两种。

1.脱机控制方式

脱机控制方式指用户将作业的执行顺序和出错处理方法一并以作业控制说明书的方式或命令文件的方式提交给系统,由系统按照作业说明书或命令文件中所规定的顺序控制作业执行。在执行过程中,用户无法干涉,只能等待作业正常执行结束或出错停止之后查看执行结果或出错信息,以便修改作业内容或控制过程。

脱机控制方式利用作业控制语言来编写表示用户控制意图的作业控制程序,也就是作业说明书。作业控制语言的语句就是作业控制命令。不同的批处理系统使用不同的作业控制语言。

2.联机控制方式

联机控制方式不要求用户填写作业说明书,系统只为用户提供一组键盘或其他操作方式的命令。用户使用系统提供的操作命令和系统会话,交互地控制程序执行和管理计算机系统。其工作过程是用户在系统给出的提示符下敲入特定的命令,系统在执行完该命令后向用户报告执行结果,然后用户决定下一步的操作。如此反复,直到作业执行结束。

与脱机控制方式相比,联机控制方式的命令种类要丰富得多。这些命令可大致分为以下几类。

1)环境设置。这些命令用来改变终端用户的所在位置、执行路径等。

2)执行权限管理。这些命令用来控制用户访问系统和读、写、执行有关文件的权限。例如用户只有在其口令经过系统核准之后才能进入系统。

3)系统管理。该类命令主要用于系统维护、开机与关机、增加或减少终端用户、计时收费等。该类命令是操作系统提供的最为丰富的一类命令,且其中很大一部分由系统管理员使用。

4)文件管理。该类命令被用来管理和控制终端用户的文件。例如复制、移动、删除某个文件、不显示文件内容、更改文件名以及搜索文件中的特定行或字符等。

5)编辑、编译、链接装配和执行。编辑命令被用来帮助用户输入用户文件,不同的编辑器具有不同的命令集合,这些命令被用来增加、删除输入字符或字符行,也被用来进行插入、移动甚至绘图等。编译和链接装配命令则把用户输入的源程序文件编译成目标代码文件之后再链接成可执行代码文件。执行命令则将链接后的可执行代码文件送入内存启动执行。

6)通信。该类命令在单机系统中被用来进行主机和远程终端之间的呼叫、连接以及断开等,从而在主机与终端之间建立会话信道。在网络系统中,通信命令除了被用来进行有关信道的呼叫、连接和断开等之外,还进行主机和主机之间的信息发送与接收、显示、编辑等工作。

7)资源要求。用户使用该类命令向系统申请资源,例如申请某台外部设备等。

虽然联机控制方式大大地方便了用户,但在某些情况下,用户反复输入众多的命令也会浪费不必要的时间。因此,现代操作系统大都提供批处理方式和联机控制方式。这里,批处理方式既指传统的作业控制语言编写的作业说明书方式,又指那些把不同的交互命令按一定格式组合后的命令文件方式。

后来,命令控制界面的人机交互方式发生了革命性变化。无论是 Windows 系列,还是 UNIX 系列的操作系统,它们的命令控制界面都是由多窗口的图形界面组成的。在这些系统中,命令已被开发成用鼠标点击即可执行的图标,而且用户也可以在提示符的提示下用普通字符的方式输入各种命令。

1.5.3 系统调用

系统调用是操作系统提供给编程人员的唯一接口。编程人员利用系统调用,在源程序一级动态请求和释放系统资源,调用系统中已有的系统功能来完成那些与机器硬件部分相关的工作以及控制程序的执行速度等。因此,系统调用像一个黑箱子,对用户屏蔽了操作系统的具体动作而只提供有关的功能。事实上,命令控制界面也是在系统调用的基础上开发而成的。

系统调用大致可分为以下几类。

1)设备管理。该类系统调用被用来请求和释放有关设备以及启动设备操作等。

2)文件管理。该类系统调用实现对文件的读、写、创建和删除等。

3)进程控制。进程是一个在功能上独立的程序的一次执行过程。与进程控制有关的系统调用包括进程创建、进程执行、进程撤销、执行等待和执行优先级控制等。

4)进程通信。该类系统调用被用在进程之间传递消息或信号。

5)存储管理。该类系统调用包括调查作业占据内存区的大小、获取作业占据内存区的始址等。

6)线程管理。该类系统调用包括线程的创建、调度、执行、撤销等。

不同系统提供不同的系统调用,一般每个系统为用户提供几十到几百条系统调用。

为了提供系统调用功能,操作系统内必须有事先编制好的实现这些功能的子程序或过程。显然,这些子程序或过程是操作系统程序模块的一部分,且不能直接被用户程序调用。而且,为了保证操作系统程序不被用户程序破坏,一般操作系统都不允许用户程序访问操作系统的系统程序和数据。那么,编程人员给定了系统调用名和参数之后是怎样得到系统服务的呢? 这需要有一个类似于硬件中断处理的中断处理机构。当用户使用系统调用时,产生一条相应的指令,处理机在执行到该指令时发生相应的中断,并发出有关信号给处理机构,该处理机构在收到处理机发来的信号后,启动相关的处理程序去完成该系统调用所要求的功能。

在系统中为控制系统调用服务的机构称为陷阱(Trap)处理机构。与此相对应,把由于系统调用引起处理机中断的指令称为陷阱指令(或称访管指令)。在操作系统中,每个系统调用都对应一个事先给定的功能号,例如0、1、2、3等,在陷阱指令中也必须包括对应系统调用的功能号。而且,在有些陷阱指令中,还带有传递给陷阱处理机构和内部处理程序的有关参数。

为了实现系统调用,系统设计人员还必须为实现各种系统调用功能的子程序编造入口地址表,每个入口地址都与相应的系统子程序名对应起来。然后由陷阱处理程序把陷阱指令中所包含的功能号与该入口地址表中的有关项对应起来,从而由系统调用功能号驱动有关系统子程序执行。

由于在系统调用处理结束之后,用户程序还需利用系统调用的返回结果继续执行,因此在进入系统调用处理之前,陷阱处理机构还需保存处理机现场。再者,在系统调用处理结束之后,陷阱处理机构还要恢复处理机现场。在操作系统中,处理机现场一般被保护在特定的内存区或寄存器中。

习题 1

一、选择题

1.操作系统是一种(　　)。

A.应用软件　　　　　　B.系统软件　　　　　　C.通用软件　　　　　　D.工具软件

2.操作系统是一组(　　)。

A.文件管理程序　　　B.中断处理程序　　　C.资源管理程序　　　D.设备管理程序

3.现代操作系统的基本特征是(　　)、资源共享和操作的异步性。

A.多道程序设计　　　　　　　　　　　B.中断处理

C.程序的并发执行　　　　　　　　　　D.实现分时与实时处理

4.(　　)不是操作系统关心的主要问题。

A.管理计算机裸机

B.设计、提供用户程序与计算机硬件系统的界面

C.管理计算机系统资源

D.高级程序设计语言的编译器

5.引入多道程序的目的在于(　　)。

A.充分利用 CPU,减少 CPU 等待时间

B.提高实时响应速度

C.有利于代码共享,减少主、辅存信息交换量

D.充分利用存储器

6.(　　)没有多道程序设计的特点。

A. DOS　　　　　　B. UNIX　　　　　　C. Windows　　　　　　D. OS/2

7.下列操作系统中,(　　)为分时系统。

A. CP/M　　　　　　B. MS-DOS　　　　　　C. UNIX　　　　　　D. Windows NT

8.在分时系统中,时间片一定,(　　),响应时间越长。

A.内存越多　　　　B.用户数越多　　　　C.后备队列越短　　　　D.用户数越少

9.批处理系统的主要缺点是(　　)。

A. CPU 的利用率不高　　　　　　　　B.失去了交互性

C.不具备并行性　　　　　　　　　　D.以上都不是

10.在下列性质中,(　　)不是分时系统的特征。

A.交互性　　　　　　B.同时性　　　　　　C.及时性　　　　　　D.独占性

11.实时操作系统追求的目标是(　　)。

A.高吞吐率　　　　B.充分利用内存　　　　C.快速响应　　　　D.减少系统开销

12.CPU 状态分为系统态和用户态,从用户态转换到系统态的唯一途径是(　　)。

A.运行进程修改程序状态字　　　　　　B. 中断屏蔽

C.系统调用　　　　　　　　　　　　D.进程调度程序

13.系统调用的目的是(　　)。

A.请求系统服务　　　B.终止系统服务　　　C.申请系统资源　　　D.释放系统资源

14.系统调用是由操作系统提供的内部调用,它(　　)。

A.直接通过键盘交互方式使用　　　　　　B.只能通过用户程序间接使用

C.是命令接口中的命令　　　　　　　　　D.与系统的命令一样

15.UNIX 操作系统是采用(　　　)实现结构设计的。

　　A.单块式结构　　　　B.层次结构　　　　C.微内核结构　　　　D.网状结构

16.计算机操作系统的功能是(　　　)。

　　A.完成计算机硬件与软件之间的转换

　　B.实现计算机用户之间的相互交流

　　C.把源程序代码转换为目标代码

　　D.控制、管理计算机系统的资源和程序的执行

17.(　　　)不是分时操作系统的特点。

　　A.多个用户经过网络连接,同时使用计算机系统

　　B.各个用户可同时请求系统服务

　　C.用户以会话方式控制自己的程序运行

　　D.各用户的请求彼此独立、互不干扰

18.下列管理功能中,(　　　)不属于操作系统的功能。

　　A.设备管理　　　　B.软件管理　　　　C.处理机管理　　　　D.作业管理

19.允许多个用户以交互方式使用计算机的操作系统是(　　　)。

　　A.分时操作系统　　B.实时操作系统　　C.批处理多道系统　　D.批处理单道系统

20.计算机系统把进行(　　　)和控制程序执行的功能集中组成一种软件,称为操作系统。

　　A.资源管理　　　　B.CPU 管理　　　　C.作业管理　　　　D.设备管理

21.(　　　)为用户分配主存空间,保护主存中的程序和数据不被破坏,提高主存空间的利用率。

　　A.作业管理　　　　B.文件管理　　　　C.处理机管理　　　　D.存储管理

22.批处理操作系统提高了计算机系统的工作效率,但(　　　)。

　　A.无法协调资源分配　　　　　　　　　B.在作业执行时用户不能直接干预

　　C.不能自动选择作业执行　　　　　　　D.不能缩短作业执行时间

23.实时操作系统对可靠性和安全性要求极高,它(　　　)。

　　A.不强求系统资源的利用率　　　　　　B.十分注重系统资源的利用率

　　C.不强调响应速度　　　　　　　　　　D.不必向用户反馈信息

24.操作系统的(　　　)管理部分负责对进程进行调度。

　　A.主存储器　　　　B.处理机　　　　C.运算器　　　　D.控制器

25.操作系统是对(　　　)进行管理的软件。

　　A.硬件　　　　B.计算机资源　　　　C.软件　　　　D.应用程序

26.DOS 操作系统的主要功能是(　　　)。

　　A.中断处理程序　　B.打印管理程序　　C.文件管理程序　　D.作业管理程序

27."清除内存"指令是系统中的(　　　)指令。

　　A.非特权　　　　B.特权　　　　C.通道　　　　D.用户

28.操作系统的基本特征,一是并行性,另一是(　　　)。

　　A.动态性　　　　B.制约性　　　　C.交互性　　　　D.共享性

25

29.( )程序可执行特权指令。

A.同组用户　　　　B.一般用户　　　　C.特权用户　　　　D.操作系统

30.在 Pascal 程序中调用 sin(x)是( )。

A.标准子程序　　　B.系统调用　　　　C.进程　　　　　　D.操作系统命令

31.在分时操作系统中,当用户数目为 100 时,为保证响应时间不超过 2 s,此时的时间片最大应为( )。

A.10 ms　　　　　　B.20 ms　　　　　　C.50 ms　　　　　　D.100 ms

32.采用( )结构时,将 OS 分成用于实现 OS 最基本功能的内核和提供各种服务的服务器两个部分。

A.整体式　　　　　　B.模块化　　　　　　C.层次式　　　　　　D.微内核

33.下列属于微内核的基本功能的是( )。

A.文件服务　　　　B.进程通信管理　　　C.作业服务　　　　D.网络服务

34.在下列系统中,( )是实时信息系统。

A.计算机激光照排系统　　　　　　　　B.民航售票系统

C.办公自动化系统　　　　　　　　　　D.火箭飞行控制系统

35.下面关于并发性的论述中,( )是一条正确的论述。

A.并发性是指若干事件在同一时刻发生

B.并发性是指若干事件在不同时刻发生

C.并发性是指若干事件在同一时间间隔内发生

D.并发性是指若干事件在不同时间间隔内发生

36.操作系统的主要作用是( )。

A.管理设备

B.提供操作命令

C.管理文件

D.为用户提供使用计算机的接口,管理计算机的资源

37.在操作系统中,只能在系统态下运行的指令是( )。

A.读时钟指令　　　B.置时钟指令　　　C.取数指令　　　　D.寄存器清零指令

38.在用户程序中要将一个字符送到显示器上显示,使用操作系统提供的( )接口。

A.系统调用　　　　B.函数　　　　　　C.原语　　　　　　D.子程序

39.用户及其应用程序和应用系统是通过( )提供的支持和服务来使用系统资源完成其操作的。

A.单击鼠标　　　　B.键盘命令　　　　C.系统调用　　　　D.图形用户界面

40.在多道批处理系统中,为了充分利用各种资源,系统总是优先选择( )。

A.适应内存容量的　　　　　　　　　　B.计算量大的

C. I/O 量大的　　　　　　　　　　　　D.计算型和 I/O 型均衡的

二、填空题

1.软件系统是指由( )、( )和( )组成的计算机软件系统。

2.( )、( )和( )是 3 个基本的操作系统。

3.批处理操作系统按照预先写好的( )控制作业的执行。

4.在多道操作系统控制下,允许多个作业同时装入( ),使中央处理器轮流执行各个

作业。

5.批处理操作系统提高了计算机系统的(   ),但在作业执行时用户不能直接干预作业的执行。

6.分时操作系统具有(   )、(   )、(   )和(   )等特点。

7.UNIX 系统是(   )操作系统,DOS 系统是(   )操作系统。

8.用户与操作系统的接口有(   )和(   )两种。

9.多道批处理系统最显著的特点是(   )。

10.用户程序调用操作系统有关功能的途径是(   )。

11.计算机系统是按用户要求接收和存储信息,自动进行(   )并输出结果信息的系统。

12.计算机系统由(   )和(   )组成。

13.软件系统由各种(   )和(   )组成。

14.计算机系统把进行(   )和(   )集中组成一种软件,称为操作系统。

15.分布式计算机系统中各台计算机(   )主次之分。

16.在批处理兼分时操作系统中,往往把由分时操作系统控制的作业称为(   )作业,把由批处理操作系统控制的作业称为(   )作业。

17.实时操作系统要求有(   )、(   ),不强求系统资源的利用率。

18.网络操作系统能实现各台计算机之间的(   )和网络中各种(   )的共享。

三、简答题

1.OS 的作用表现在哪几个方面?

2.实现分时操作系统的关键问题是什么? 应如何解决?

3.试从交互性、及时性和可靠性方面,对分时操作系统与实时操作系统进行比较。

4.OS 具有哪几大特征? 它的最基本特征是什么?

5.什么原因使操作系统具有异步性特征?

第2章 处理机管理

操作系统的五大功能分别是处理机管理、存储器管理、文件管理、设备管理和提供良好的用户接口。在传统的操作系统中,为了提高资源利用率和系统吞吐量,通常采用多道程序技术,将多个程序同时装入内存,使之并发执行,由此引入了进程,将进程作为资源分配和独立运行的基本单位。在多道程序环境下,内存中存在多个进程,其数目往往大于处理机数目,这就要求系统能按某种算法,动态地将处理机分配给处于就绪状态的一个进程,使之执行。分配处理机的任务是由处理机调度程序完成的。综上所述,本章将围绕进程基础、进程的同步与互斥以及处理机调度算法进行介绍。

2.1 前趋图和程序执行

2.1.1 前趋图的定义

前趋图(Precedence Graph)是一个有向无环图,图中的每个结点表示一条语句、一个计算步骤或一个进程,结点间的有向边表示偏序或前趋关系(Precedence Relation)"→",→ = {(P_i, P_j)| P_i 必须在 P_j 启动之前已经完成}。(P_i, P_j)∈→可记成 P_i → P_j,称 P_i 是 P_j 的前趋,P_j 是 P_i 的后继。

在前趋图中,没有前趋的结点称为初始结点,没有后继的结点称为终止结点。此外,每个结点可以有一个权重(Weight),它表示该结点所包含的程序量或计算时间。

图 2-1 给出的前趋图存在以下前趋关系:

P_1 → P_2,P_1 → P_3,P_1 → P_4,P_2 → P_5,P_3 → P_5,P_4 → P_5,P_4 → P_6,P_5 → P_7,P_6 → P_7,P_6 → P_8

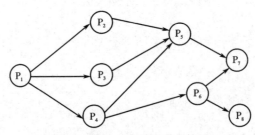

图 2-1 包含 8 个结点的前趋图

容易理解,前趋关系满足传递性,即若 P_1 → P_2,P_2 → P_3,则必有 P_1 → P_3。

2.1.2 顺序程序及其特性

1.程序的顺序执行

1)内部顺序性:对于一个进程来说,它的所有指令是按顺序执行的。例如,对于含有如下 4 条语句的程序:

S_1:a=x+y;

S_2:b=a-z；

S_3:c=a+b；

S_4:d=c+5；

每条语句必须在其前面语句执行完毕后方可执行，其前趋图如图 2-2 所示。

图 2-2　内部顺序性前趋图

2）外部顺序性：对于多个进程来说，所有进程的活动是依次执行的。例，如由输入（I）、计算（C）、打印（P）这 3 个活动构成的进程，每个进程的内部活动是有序的，即 $I_i \rightarrow C_i \rightarrow P_i$，多个进程的活动也是有序的，如图 2-3 所示。

图 2-3　外部顺序性前趋图

2.顺序程序的特性

顺序程序设计具有以下 3 个良好的特性。

1）顺序性：处理机严格按照程序所规定的顺序执行，即每一个操作必须在下一个操作开始之前结束。

2）封闭性：程序在执行过程中独占系统中的全部资源，该程序的运行环境只与其自身的动作有关，不受其他程序及外界因素影响。

3）可再现性：程序的执行结果与执行速度无关，只与初始条件有关。如果给定相同的初始条件，程序的任意多次执行一定会得到相同的执行结果。

2.1.3　并发程序及其特性

1.程序的并发执行

（1）内部并发性

内部并发性是指一个程序内部的并发性。如由下述 6 条语句构成的程序段可以画出如图 2-4 所示的前趋图。

S_1:a=x+2；　　S_2:b=y+4；　　S_3:c=a+b；

S_4:d=c-6；　　S_5:e=c+6；　　S_6:f=c-e；

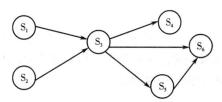

图 2-4　内部并发性前趋图

容易看出，S_3 必须在 S_1 和 S_2 之后执行，S_4 和 S_5 必须在 S_3 之后执行，S_6 必须在 S_3 和 S_5 之后执行；而 S_1 和 S_2 可以并发执行，S_4 和 S_5 可以并发执行，S_4 和 S_6 可以并发执行。

（2）外部并发性

外部并发性是指多个程序的并发性。例如,对于图2-3所引申的例子, I_2 和 C_1 可以并发执行,I_3、C_2、P_1 可以并发执行……其前趋图如图2-5所示。

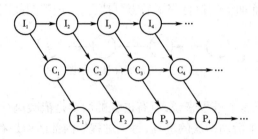

图2-5　外部并发性前趋图

2.并发程序的特性

例:考虑P、Q两个进程,相关的活动如下。

进程P:　　　　　　　　　　　进程Q:

A_1:$N=0$;　　　　　　　　　　B_1:print(N);

A_2:$N=N+1$;　　　　　　　　B_2:$N=0$;

A_3:goto A_2;　　　　　　　　B_3:goto B_1;

此例中进程P累积计数,进程Q将累计的结果打印出来,希望打印出的数值是累计计数之和。两个进程并发执行时有可能交叉,如进程P循环5次,进程Q循环1次,然后进程P又循环3次,进程Q循环1次,则输出结果是5、3;如进程P循环2次,进程Q循环1次,然后进程P又循环6次,进程Q循环1次,则输出结果是2、6。两次执行结果完全不同。另外,还有一种情况,进程Q执行完 B_1 后被中断,进程P对N执行加1操作,然后进程Q执行 B_2。在这种情况下,进程P的累计数将丢失。

可见,并发程序失去了顺序程序的良好特性,具有如下特性。

1)间断性:多个程序是交叉执行的,处理机在执行一个程序的过程中有可能被中断,并转而执行另一个程序。

2)非封闭性:一个进程的运行环境可能被其他进程所改变,从而相互影响。

3)不可再现性:由于交叉的随机性,并发程序的多次执行可能对应不同的交叉,因而不能期望重新运行的程序能够再现上次运行时产生的结果。

2.2　进程基础

在多道程序系统中运行的程序是处于时断时续的状态之中的。当一个程序获得处理机资源后向前推进,当它需要某种资源而未得到时只好暂停下来,以后得到所申请的资源时再继续向前推进。如此,一个程序的活动规律是:

推进→暂停→推进→暂停→……

当程序暂停时,需要将其现场信息作为断点保存起来,以便以后再次推进时能恢复上次暂停时的现场信息,并从断点处开始继续执行。这样,在多道程序系统中运行的程序需要一个保存断点现场信息的区域,由此引入了进程(Process)。

2.2.1　进程的定义和特征

1.进程的定义

在多道程序环境下,程序的执行属于并发执行,此时它们将失去封闭性,并具有间断性以及运行结果不可再现性的特征。由此决定了通常的程序是不能参与并发执行的,否则程序的运行也就失去了意义。为了能使程序并发执行,并且可以对并发执行的程序加以描述和控制,人们引入了"进程"的概念。

为了使参与并发执行的每个程序(包含数据)都能独立运行,在操作系统中必须为之配置一个专门的数据结构,将此数据结构称为进程控制块(Process Control Block,PCB)。操作系统利用 PCB 来描述进程的基本情况和活动过程,进而控制和管理进程。由此便构成了进程实体,其包含程序段、相关的数据段和 PCB 三部分。通常情况下,把进程实体简称为进程。操作系统通过对 PCB 的管理实现对进程的管理。例如,所谓创建进程,实质上是创建进程实体中的 PCB;而撤销进程,实质上是撤销进程中的 PCB。

进程从不同的角度可以有不同的定义,其中较为典型的定义有以下几个。

1)进程是程序的一次执行。

2)进程是一个程序及其数据在处理机上顺序执行时所发生的活动。

3)进程是具有独立功能的程序在一个数据集合上运行的过程,它是系统进行资源分配和调度的一个独立单位。

在引入了进程实体的概念后,我们把传统 OS 中的进程定义为:进程是进程实体的运行过程,是系统进行资源分配和调度的一个独立单位。

2.进程的特征

1)动态性。进程的实质是进程实体的执行过程,因此动态性就是进程最基本的特征。其表现在:"进程由创建而产生,由调度而执行,由撤销而消亡。"进程实体具有一定的生命周期。

2)并发性。多个进程实体同存于内存中,可以与其他进程一道在宏观上同时向前推进。

3)独立性。在传统 OS 中,进程是调度的基本单位,它可以获得处理机,并参与并发执行。

4)异步性。每个进程都相对独立地以不可预知的速度向前推进。

3.进程与程序的联系和区别

进程和程序是既有联系,又有区别的两个概念。

进程与程度的联系:程序是构成进程的组成部分之一,一个进程存在的目的就是执行其所对应的程序。如果没有程序,进程就失去了其存在的意义。

进程与程序的区别:①程序是静态的,而进程是动态的;②程序可以写在纸上或在某种存储介质上长期保存,而进程具有生存周期,创建后存在,撤销后消亡;③一个程序可以对应多个进程,但是一个进程只能对应一个程序。例如,一组学生在一个分时操作系统中做 C 语言实习,他们都需要使用 C 语言的编译程序对其源程序进程编译,为此每个学生都需要一个进程,这些进程都运行 C 语言的编译程序。另外,一个程序的多次执行也分别对应不同的进程。

4.进程的类型

从操作系统的角度来看,可以将进程分为系统进程和用户进程两大类。

（1）系统进程

这类进程属于操作系统的一部分,它们运行操作系统程序,完成操作系统的某些功能。现代操作系统内设有很多系统进程,它们能完成不同的系统管理功能。系统进程运行于管态,可以执行包括特权指令在内的所有机器指令。由于系统进程承担系统的管理和维护性任务,它们的优先级别通常高于一般用户进程的优先级别。

（2）用户进程

这类进程运行用户程序,直接为用户服务。应当指出,所谓"用户程序",不一定是用户直接编写的程序,例如用户在编译一个 C 程序时需要运行 C 语言的编译程序,该程序在目态运行,但不是用户自己编写的。也就是说,在操作系统之上运行的所有应用程序都被称为用户进程。

5.进程控制块

如前所述,操作系统通过进程控制块实现对进程的管理,进程控制块中主要包含下述四个方面的信息。

（1）进程标识符

进程标识符用于唯一地标识一个进程,一个进程通常有外部标识符和内部标识符两种标识符。

1）外部标识符。为了方便用户（进程）对进程的访问,需要为每一个进程设置一个外部标识符。它由创建者提供,通常由字母、数字组成。为了描述进程的家族关系,还应设置父进程标识及子进程标识。此外,还可以设置用户标识,以指示拥有该进程的用户。

2）内部标识符。为了方便系统对进程的使用,在操作系统中又为进程设置了内部标识符,即赋予每个进程一个唯一的数字标识符,它通常是一个进程的序号。

（2）处理机状态

处理机状态信息也称为处理机的上下文,主要由处理机的各种寄存器中的内容组成,具体包括:①通用寄存器,它们是用户程序可以访问的,用于暂存信息,在大多数处理机中有8~32 个通用寄存器;②指令计数器,其中存放了要访问的下一条指令的地址;③状态寄存器（Program Status Word, PSW）,其中包含状态信息,如条件码、执行方式、中断屏蔽标志等;④用户栈指针,每个用户进程都有一个或若干个与之相关的系统栈,用于存放过程和系统调用参数及调用地址,栈指针指向该栈的栈顶。处理机处于执行状态时,正在处理的许多信息都存放在寄存器中。当进程被切换时,处理机状态信息都必须保存在相应的 PCB 中,以便在该进程重新执行时能从断点继续执行。

（3）进程调度信息

在操作系统进行调度时,必须了解进程的状态及有关进程调度的信息,具体包括以下几点。

1）进程状态,指明进程的当前状态,可作为进程调度和对换时的依据。

2）进程优先级,用于描述进程使用处理机的优先级别的一个整数,优先级高的进程应优先获得处理机。

3）进程调度所需的其他信息,它们与当前系统所采用的进程调度算法有关。

4）事件,指进程由执行状态转变为阻塞状态时发生的事件,即进程阻塞原因。

（4）进程控制信息

进程控制信息是指用于进程控制所必需的信息,具体包括以下几点。

1)程序和数据的地址,即进程实体中的程序和数据的内存或外存地(首)址,以便再调度到该进程执行时,能够从 PCB 中找到其程序和数据。

2)进程同步和通信机制,这是实现进程同步和进程通信时必需的机制,如消息队列指针、信号量等,它们可能全部或部分放在 PCB 中。

3)资源清单,该清单中列出了进程在运行期间所需的全部资源(CPU 除外),另外还有一张已分配资源清单,记录进程已经获得的资源信息。

4)链接指针,它给出了本进程(PCB)所在队列中的下一个进程的 PCB 的首地址。

2.2.2　进程的状态及其转换

1.进程的状态

由于多个进程在并发执行时会共享系统资源,因此它们在运行过程中会呈现间断性的运行规律,所以进程在其生存周期内可能具有多种状态。一般而言,每一个进程至少应处于以下三种基本状态之一。

1)就绪(Ready)状态。处于该状态的进程,已经具备除 CPU 之外的所有资源,只要获得 CPU,便可立即执行。如果系统中有许多处于就绪状态的进程,通常会将它们按一定的策略(如优先级策略)排成一个队列,该队列称为就绪队列。

2)运行(Running)状态。这是指进程已获得 CPU,正在执行。对任何一个时刻而言,在单处理机系统中,只有一个进程处于运行状态;而在多处理机系统中,则允许多个进程同时处于运行状态。

3)阻塞(Block)状态。这是指正在执行的进程由于自身的原因(如 I/O 请求、申请缓冲区失败等)暂时无法继续执行时的状态,也称为等待状态或封锁状态。当一个进程转入阻塞状态时,势必会引起进程调度,OS 会把处理机分配给另一个处在就绪队列中的进程。通常系统会将处于阻塞状态的进程也排成一个队列,称为阻塞队列。实际上,在较大的系统中,为了减少队列操作的开销,提高系统效率,常根据阻塞原因的不同,设置相应的阻塞队列。

2.三种基本状态的转换

进程的三个基本状态之间是可以相互转换的。具体地说,当一个就绪进程获得处理机时,其状态由就绪变为运行;当一个运行进程被剥夺处理机时,如用完系统分给它的时间片,或者出现高优先级别的其他进程,其状态由运行变为就绪;当一个运行进程因某个事件受阻时,如所申请资源被占用、启动数据传输未完成,其状态由运行变为等待;当所等待的事件发生时,如得到被申请资源、数据传输完成,其状态由等待变为就绪。进程间的基本状态转换关系如图 2-6 所示。进程状态转换是由操作系统完成的,对用户而言是透明的。一个进程在其生存周期内会经过多次状态转换,这体现了进程的动态性和并发性。

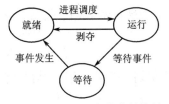

图 2-6　进程间的基本状态转换关系

3.创建状态和终止状态

为了满足进程控制块对数据及操作的完整性要求以及增强管理的灵活性,通常会在系统中为进程引入另外两种常见的状态:创建状态和终止状态。

（1）创建状态

如前所述,进程是具有生命周期的,它由创建而产生,由调度而执行,由撤销而终止。创建一个进程是一个很复杂的过程,通常要经过多个步骤才能完成:首先由进程申请一个空白PCB,并向PCB中写入用于控制和管理进程的相关信息;然后为进程分配运行时所必需的资源(CPU除外);最后把该进程转入就绪状态并插入就绪队列中。如果进程所需的资源尚不能得到满足,如系统尚无足够的内存导致进程无法装入,此时创建工作尚未完成,进程不能被调度运行,于是把此时进程所处的状态称为创建状态。

在系统中引入创建状态是为了保证进程的调度必须在创建工作完成之后才能进行,以确保对进程控制块操作的完整性。同时,创建状态的引入也增强了管理的灵活性,OS可以根据系统性能或主存容量的限制推迟新进程的提交(创建状态)。对于处于创建状态的进程,若其获得了所需的资源以及对其PCB的初始化工作完成后,便可由创建状态转为就绪状态。

（2）终止状态

进程的终止有两个步骤:①等待操作系统进行善后处理;②将其PCB清零,回收PCB所占用的内存空间。当一个进程自然结束,或是出现了无法克服的错误,抑或是被操作系统所终结,或是被其他有终止权的进程终结,则该进程将进入终止状态。进入终止状态的进程不能再执行,但在操作系统中依然保留一个记录,该记录中保存状态码和一些计时统计数据,供其他进程收集。一旦其他进程完成了对其信息的提取之后,操作系统将删除该进程,即将该进程的PCB清零,并回收PCB所占用的内存空间。

增加了创建状态和终止状态后的进程状态转换关系如图2-7所示。

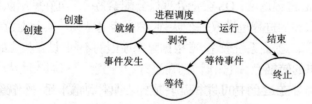

图 2-7　进程的五种基本状态及其转换

2.2.3　进程控制

进程控制是进程管理中最基本的功能,主要包括创建新进程、终止已完成的进程、将因发生异常情况而无法继续运行的进程置于阻塞状态、负责进程运行中的状态转换等。如当一个正在执行的进程因等待某事件而暂时不能继续执行时,将其转变为等待状态,而在该进程所等待的事件出现后,又将该进程转换为就绪状态等。进程控制一般是由OS内核中的原语来实现的。

1.操作系统内核

现代操作系统一般将操作系统划分为若干层次,再将操作系统的不同功能分别设置在不同的层次中。通常将一些与硬件紧密相关的操作(如中断处理程序等)、各种常用设备的驱动程序以及运行频率较高的模块(如时钟管理、进程调度和由许多模块所共用的一些基本操作)都安排在紧靠硬件的软件层次中,使它们常驻内存,即通常意义所说的操作系统内核。如此安排的目的在于:①便于对这些软件进行保护,防止其遭受其他应用程序的破坏;②提高操作系统的运行效率。

在1.5.1中曾提到,处理机的运行状态分为系统态和用户态两种。为了防止操作系统本身及关键数据(如PCB等)遭受到应用程序有意或无意的破坏,要求操作系统管理程序都在系统态运行。而应用程序一般情况下只能在用户态运行,不能去执行操作系统指令或访问操作系统区域,这样可以防止应用程序对操作系统的破坏。

2.进程的创建

当系统中出现创建新进程的请求时,操作系统便调用进程创建原语"create"按以下步骤创建一个新进程。

1)申请空白PCB,为新进程申请获得唯一的数字标识符,从PCB集合中索取一个空白PCB。

2)为新进程分配其运行所需要的资源,包括各种物理和逻辑资源,如内存、文件、I/O设备和CPU时间等。

3)初始化进程控制块(PCB)。PCB的初始化包括:初始化标识信息,将系统分配的标识符和父进程标识符填入新PCB;初始化处理机状态信息,使程序计数器指向程序的入口地址,使栈指针指向栈顶;初始化处理机控制信息,将进程的状态设置为就绪状态,对于优先级,通常是将它设置为最低优先级,除非用户以显示方式提出高优先级要求。

4)如果进程就绪队列能够接纳新进程,便将新进程插入就绪队列。

3.引起创建进程的事件

为了使多个程序能够并发执行,应先为它们分别创建进程。导致一个进程去创建另一个进程的典型事件有以下四类。

1)用户登录。在分时操作系统中,用户在终端输入登录命令后,若成功登录,系统将为该用户建立一个进程,并把它插入就绪队列中。

2)作业调度。在多道批处理系统中,当作业调度程序按一定的算法调度到某个或某些作业时,便将它(们)装入内存,为它(们)创建进程,并把它(们)插入就绪队列中。

3)提供服务。当处在运行中的用户程序提出某种资源请求后,操作系统会专门建立一个进程来提供用户所要的服务,例如用户程序要求进行打印输出,操作系统将为它创建一个打印进程,这样不仅可以使打印进程与该用户进程并发执行,而且还便于计算为完成打印操作所花费的时间。

4)应用请求。前面所述的创建进程都是由操作系统内核为用户创建一个新进程,而第四类事件则是由用户进程自己创建新进程,以便使新进程和创建者进程以并发执行的方式来完成特定任务。例如,某用户程序需要不断地先从键盘终端获取用户的输入数据,然后再对输入数据进行计算处理,最后再将处理结果在屏幕上输出显示。该应用进程为使这几个操作能并发执行,以加速任务的完成,可以分别创建键盘输入进程和数据输出进程。

4.进程终止

如果系统中发生了要求终止进程的某事件,操作系统便调用进程终止原语,按以下步骤终止指定的进程。

1)根据被终止进程的标识符,从PCB集合中检索出该进程的PCB,从中读出该进程的状态。

2）若被终止进程目前处于执行状态,则立即终止该进程的执行,将调度标志设为真,用于指示该进程被终止后应重新进行处理机调度。

3）若该进程还有子孙进程,则将其所有子孙进程也全部终止,以防它们成为不可控的进程。

4）将被终止进程所占用的全部资源归还给其父进程,或者归还给系统。

5）将被终止进程对应的 PCB 从所在队列(或链表)中移出,等其他程序来搜集信息。

5.引起进程终止的事件

1）正常结束,表示进程的任务已经完成,准备退出运行。通过中断去通知操作系统该进程已运行完毕。

2）异常结束,表示进程在运行过程中发生了某种异常事件,使之无法继续运行。常见的异常事件主要有以下几种:①地址越界,指程序所访问的存储区已越出该进程的区域;②操作越权,指进程试图去写一个不允许访问的资源或文件,或者以不适当的方式进行访问,例如进程试图去写一个只读文件;③非法指令,指程序试图去执行一条不存在的指令;④特权指令错,指用户进程试图去执行一条只允许操作系统执行的指令;⑤运行超时,指进程的执行时间超过了指定的最大值;⑥等待超时,指进程等待某事件的时间超过了规定的最大值;⑦算术运算错,指进程试图去执行一个被禁止的运算,例如把 0 当作除数;⑧ I/O 故障,指在 I/O 过程中发生了错误等。

6.进程阻塞

正在执行的进程由于等待某个事件的发生而不能向前推进时,进程便通过调用阻塞原语"block"将自己阻塞,这是一个进程自身的主动行为。进入 block 过程后,由于该进程还处于运行状态,所以应立即停止执行,把 PCB 中的现行状态由"运行"改为"阻塞",并将 PCB 插入阻塞队列。若系统中设置了因不同事件而阻塞的多个阻塞队列,则将该进程插入具有相同事件的阻塞队列。最后,由调度程序进行重新调度,将处理机分配给就绪队列中的另一进程,此时会进行进程切换,首先保留被阻塞进程的处理机状态,然后按新进程的 PCB 中的处理机状态设置 CPU 的环境。

7.进程唤醒

当被阻塞进程所等待的事件发生时,则由有关进程(如提供数据的进程)调用唤醒原语"wakeup",将等待该事件的进程唤醒。首先把被阻塞的进程从等待该事件的阻塞队列中移出,将其 PCB 中的现行状态由"阻塞"改为"就绪",然后再将该 PCB 插入就绪队列。

8.引起进程阻塞和唤醒的事件

1）向系统请求共享资源失败。进程在向系统申请共享资源时,由于系统已无足够的资源满足进程需求,此时进程因不能得到资源继续运行而转变为阻塞状态。例如,有一进程请求使用打印机,由于此时打印机已经被系统分配给了其他进程,无打印机可用,这时请求进程只能被阻塞,直到其他占用打印机的进程释放打印机时,请求进程才被唤醒。

2）等待某种操作完成。当进程启动某种操作后,如果该进程必须在该操作完成之后才能继续执行,则应先将该进程阻塞起来,以等待操作完成。例如,当进程启动了某 I/O 设备,如果只有在 I/O 设备完成了指定的 I/O 操作后进程才能继续执行,则该进程在启动了 I/O 设备后便应转入阻塞状态去等待,直到 I/O 操作完成,由中断处理程序将该进程唤醒。

3）新数据尚未到达。彼此合作的进程,例如有两个进程 A 和 B,进程 A 完成数据输入,进程 B 完成数据计算,假如进程 A 尚未将数据输入完毕,则进程 B 会因为没有数据可供其处理而阻塞;一旦进程 A 完成数据输入,便可唤醒进程 B。

4)等待新任务的到达。某些系统,特别是在网络环境下的操作系统,往往设置有一些特定的系统进程,每当这些进程完成任务后便把自己阻塞起来,等待新任务的到达。例如,在网络环境中的发送进程,其主要任务是发送数据包,如果已有的数据包已经全部发送完成,而又无新的数据包到达,这时发送进程将把自己阻塞起来,直到有新的数据包到达时,才会被唤醒。

2.3　线程基础

早期的操作系统是基于进程的,一个进程中只包含一个执行流,进程是处理机调度的基本单位。当处理机由一个进程切换到另一个进程时,整个上下文都要发生变化,系统开销较大。直到 20 世纪 80 年代中期,人们又提出了比进程更小的基本单位——线程,试图用它来提高程序并发执行的程度,以进一步改善系统的服务质量。尤其是在进入 20 世纪 90 年代后,多处理机系统得到迅速发展,由于线程能更好地提高程序的并发执行程度,因而近几年推出的多处理机 OS 无一例外地都引入了线程,用以改善 OS 的性能。

2.3.1　线程的概念

如果说在操作系统中引入进程的目的是为了使多个程序能并发执行,以提高资源利用率和系统吞吐量,那么在操作系统中再引入线程则是为了减少程序在并发执行时所付出的时空开销,使 OS 具有更好的并发性。

如何才能使多个程序更好地并发执行,同时又尽量减少系统的开销,已成为近年来设计操作系统时所追求的重要目标。有不少研究操作系统的学者们想到,要设法将进程作为资源分配的基本单位和作为可独立调度及分派的基本单位这两个属性分开,由操作系统分开处理,即不把作为调度及分派资源的基本单位也同时作为拥有资源的基本单位,以做到"轻装上阵";而作为拥有资源的基本单位,又不用对之施以频繁的切换。

线程又称轻进程,是进程内的一个相对独立的执行流。

2.3.2　线程与进程的比较

这里从调度性、并发性、拥有资源、独立性、系统开销和支持多处理机系统等方面对线程和进程进行比较。

1.调度性

在传统的操作系统中,进程是独立调度和分配的基本单位,因而进程是能够独立运行的基本单位。在每次被调度时,都需要进行上下文切换,系统开销较大。而在引入线程的操作系统中,已把线程作为调度和分派的基本单位,因而线程是能独立运行的基本单位。当线程切换时,仅需保存和设置少量寄存器内容,切换代价远低于进程。尤其在同一进程中,线程的切换不会引起进程的切换,但从一个进程中的线程切换到另一个进程中的线程时,必然会引起进程的切换。

2.并发性

在引入线程的操作系统中,不仅进程之间可以并发执行,属于同一个进程中的多个线程之间也可以并发执行。同样,不同进程中的线程也能并发执行。这使得操作系统具有更好的并发性,从而能更加有效地提高系统资源的利用率和系统吞吐量。例如,一个 Web 服务器可以同时为许多 Web 用户服务,对应每个 Web 请求,Web 服务器将为其建立一个相对独立的控制流。若以进程模式实现,由于开销较大将影响响应速度,以线程模式实现则更为便捷。对应每个 Web 请求,系统可以动态弹出(pop up)一个线程。为了使响应速度更快,也可以事先将线程建立起来,当请求到来时选派一个服务线程。这些服务线程执行相同的程序,因而对应同一个进程。

3.拥有资源

进程可以拥有资源,并作为系统中拥有资源的一个基本单位。然而,线程本身并不拥有系统资源,而是仅拥有一点必不可少的、能保证独立运行的资源。例如,每个线程中都应具有一个用于控制线程运行的线程控制块(Thread Control Block,TCB),用于指示被执行指令序列的程序计数器,保留局部变量、少数状态参数和返回地址等的一组寄存器和堆栈。

线程除了拥有少量资源外,还允许多个线程共享其父进程所拥有的资源,因为属于同一进程的所有线程都具有相同的地址空间,这意味着线程可以访问该地址空间中的每一个虚地址;此外还可以访问进程所拥有的资源,如已打开的文件、定时器、信号量机构等的内存空间和它所申请到的 I/O 设备等。

4.独立性

同一个进程中的不同线程之间的独立性比不同进程之间的独立性低得多。原因在于,为防止进程之间彼此干扰和破坏,每个进程都拥有一个独立的地址空间和其他资源,除了共享全局变量之外,不允许其他进程访问。但是同一进程中的不同线程往往是为了提高并发性以及合作而创建的,它们共享进程的内存地址空间和资源,如每个线程都可以访问它们所属进程地址空间中的所有地址,一个线程的堆栈可以被其他线程读、写,甚至完全清零。由一个线程打开的文件可以供同一进程中的其他线程读、写。

5.系统开销

在创建或撤销进程时,系统要为之分配或回收进程控制块、分配或回收其他资源,如内存空间和 I/O 设备等。操作系统为此所付出的开销,比线程创建或撤销时所付出的开销要大得多。类似地,在进程切换时,涉及进程上下文的切换,而线程的切换代价也远低于进程。例如,在 Solaris 2 OS 中,线程的创建比进程的创建快 30 倍,线程上下文切换比进程上下文切换快 5 倍。此外,由于一个进程中的多个线程具有相同的地址空间,线程之间的同步和通信也比进程简单。因此,在一些操作系统中,线程的切换、同步和通信都无须操作系统内核的干预。

6.支持多处理机系统

在多处理机系统中,对于传统的进程,即单线程进程,不管有多少处理机,该进程只能运行在一个处理机上,不能真正发挥多处理机的优势。但对于多线程进程,就可以将一个进程中的多个线程分配到多个处理机上,使它们并行执行,从而加速进程的完成。因此,现代多处理机操作系统都无一例外地引入了线程。

2.3.3　线程的结构及状态

1.线程控制块(TCB)

与进程类似,线程也是并发执行的,即时断时续的。为此需要一个类似于 PCB 的控制结构以保存现场等的控制信息,这个控制结构称为线程控制块。

线程控制块通常包含以下内容:①线程标识符,为每个线程赋予一个唯一的线程标识符;②一组寄存器,包括程序计数器(Program Counter,PC)、状态寄存器和通用寄存器的内容;③线程运行状态,用于描述线程正处于何种运行状态;④优先级,用于描述线程执行的优先级;⑤线程专有存取区,用于线程切换时存放现场保护信息和与该线程有关的统计信息等;⑥信号屏蔽,即对某些信号加以屏蔽;⑦堆栈指针,在线程运行时经常会进行过程调用,而过程调用通常会出现多重嵌套的情况,所以必须将每次过程调用中所使用的局部变量以及返回地址保存起来,为此应该为每个线程设置一个堆栈,用它来保存局部变量和返回地址。相应地,在 TCB 中,也需设置两个指向堆栈的指针:指向用户自己堆栈的指针和指向核心栈的指针。前者是指当前线程运行在用户态时,使用用户自己的用户栈来保存局部变量和返回地址;后者是指当线程运行在系统态时使用系统的核心栈。

2.线程具有的三个状态

与传统的进程相同,线程在并发执行时各线程之间也存在资源共享和合作的制约关系,使得线程的执行也具有间断性。相应地,线程在其生命周期内也具有以下三种基本状态。

1)执行状态,表示线程获得处理机,正在运行。

2)就绪状态,表示线程已经具备除 CPU 之外的各种执行条件,只要获得 CPU 便可立即执行。

3)阻塞状态,指线程在执行过程中因某事件受阻而处于暂停状态。例如,当一个线程在执行时,需要从键盘上输入数据,在数据没有准备好时,该线程就被阻塞。

2.3.4　线程的实现

1.用户级线程

早期的线程都是用户级线程(User Level Thread,ULT),由系统库支持。线程的创建和撤销以及线程状态的变化都由库函数控制并在用户态完成。与线程相关的控制结构——线程控制块保存在用户态空间中并由运行系统维护。由于线程对操作系统不可见,系统调度仍以进程为单位,核心栈的个数与进程个数相对应。

用户级线程的优点有:线程不依赖于操作系统,可以采用与问题相关的调度策略,灵活性强;同一进程中的线程切换不需要进入操作系统,因而实现效率较高。其缺点有:同一进程中的多个线程不能真正并行,即使在多处理机环境中;由于线程对操作系统不可见,调度在进程级别,某进程中的一个线程如果阻塞,会导致该进程的其他线程也不能运行。

2.内核级线程

内核级线程(Kernel Level Thread,KLT)通过系统调用,由操作系统创建。线程的控制结构——线程控制块保存于操作系统空间,线程状态转换由操作系统完成,线程是 CPU 调度的基本单位。另外,由于系统调用以线程为单位,操作系统还需要为每个线程保持一个核心栈。内核级线程的优点是并发性强,在多处理机环境中同一进程中的多个线程可以真正并行执行,缺点是线程的控制和状态转换需要进入操作系统空间完成,系统开销比较大。

3.组合方式

为结合用户级线程与内核级线程的优点,有些 OS 将这两种方式进行组合。在组合方式线程系统中,内核支持多个内核级线程的建立、调度和管理,同时也允许用户应用程序建立、调度和管理用户级线程。

2.4 进程互斥

进程互斥是进程之间所发生的一种间接相互作用,这种相互作用是进程本身所不希望的,也是运行进程时感觉不到的。进程互斥可能发生在相关的进程之间,也可能发生在不相关的进程之间。为了理解进程互斥的概念,必须先理解临界资源和临界区的概念。

2.4.1 临界资源

这里通过两个进程共享硬件资源和共享公共变量的例子来说明临界资源的概念。

1.进程共享打印机

打印机是系统资源,应由操作系统统一管理。若打印机由多个应用程序直接使用会出现什么问题呢?假设进程 P_1、P_2 共享一台打印机,若让它们任意使用,那么可能发生的情况是由于进程并发执行,会导致输出结果交织在一起,很难区分。怎么样才能解决这个问题呢?答案是让进程 P_1 和 P_2 对打印机采用排他性的访问,也就是说,当进程 P_1 要使用打印机时,它应该向系统提出申请,一旦系统把打印机分配给它,就一直为它所独占。这时,如果进程 P_2 也要使用打印机,由于打印机已经被分配给进程 P_1,所以进程 P_2 提出的资源申请不会得到满足,必须等待,直到进程 P_1 用完并释放后,系统才能把打印机分配给进程 P_2。由此可见,虽然系统中有多个进程并发执行,它们共享各种资源,但有些资源一次只能为一个进程所使用。

2.进程共享公共变量

并发进程对公共变量进行访问和修改时,必须加以某种限制,否则会产生错误。例如,有两个进程 A 和 B 共享一个变量 x(x 可以代表某种资源的数量),这两个进程在一个 CPU 上并发执行,分别具有内部寄存器 r_1 和 r_2,由于是并发执行的,因此两个进程在推进上有多种方式,这里给出两种可能的执行方式。

方式 1:

A: $r_1=x$; $r_1=r_1+1$; $x=r_1$;

B: $r_2=x$; $r_2=r_2+1$; $x=r_2$;

———————————————————————→ 时间轴

方式 2:

A: $r_1=x$; $r_1=r_1+1$;$x=r_1$;

B: $r_2=x$; $r_2=r_2+1$; $x=r_2$;

———————————————————————→ 时间轴

在方式 1 中,两个进程各对 x 做加 1 操作,最终 x 增加了 2;在方式 2 中,虽然两个进程各自对 x 做了加 1 操作,但最终 x 却只增加了 1。

所以,当两个(或多个)进程可能异步地改变公共数据区内容时,必须防止两个(或多个)进程同时访问并改变公共数据。如果未提供这种保证,被修改的区域一般不可能达到预期的变化。当两个进程共用一个变量时,它们必须顺序使用,即一个进程对共用变量操作完成后,另一个进程才能去访问并修改这一变量。

综上所述,所谓临界资源,是指一次只允许一个进程使用的资源。许多物理设备,如输入机、打印机、磁带机等都具有这种资源。除了物理设备外,还有一些软件资源,若为多个进程所共享也具有这一特点,如变量、数据、表格、队列等。它们虽可以为若干进程所共享,但一次只能为一个进程所使用。

2.4.2　临界区

一组进程共享某一临界资源,这组进程中的每一个进程对应的程序中都包含一个访问该临界资源的程序段。访问该临界资源的那段代码区域被称为临界区(Critical Region),也被称为临界段(Critical Section)。

诸进程进入临界区必须互斥,在进程共享公共变量的例子中,仅当进程 A 进入临界区完成对 x 的操作并退出临界区后,进程 B 才允许访问对应的临界区,反之亦然。

临界区的框架如下:

```
do{
  entry  section
  临界区
  exit section
  其余代码
}while( 1 );
```

2.4.3　进程互斥的实现

所谓进程互斥,是指两个或两个以上的进程不能同时进入关于同一组共享变量的临界区,否则可能发生与时间有关的错误。

实现进程互斥就是要编写 entry section 和 exit section,保证同一时刻最多只有一个进程处于临界区内。实现进程互斥,也就是实现对临界区的管理。

容易理解,临界区相当于一个独占型资源。每个进程在进入临界区之前,应先对预访问的临界资源进行检查,看它是否正被访问。如果此刻临界资源未被访问,进程便可进入临界区对该资源进行访问,并设置该资源正被访问的标志;如果此刻临界资源正被某进程访问,则进程不能进入临界区。可以简单理解如下: entry section 为进入区,在此区域申请临界资源,如果申请成功就进入临界区并使用临界资源,当使用完毕后, exit section 即为退出区,在此区域完成临界资源的释放。

2.5　进程同步

进程基于临界区的互斥是比较简单的,只要共享临界资源的各进程对临界区的执行在时间上互斥即可。换言之,只要共享临界资源的某一进程正在临界区内操作,其他相关进程不进入临界区就能保证互斥,至于哪个进程先进入临界区,哪个进程后进入临界区是没有关系的。这时每个进程甚至可以忽略其他进程的存在和作用。但是进程同步的概念强调的是保证进程之间操作的先后次序的约束,要保证这一点相对而言比较复杂。

2.5.1　进程同步的概念

合作的一组并发进程都各自独立地以不可预知的速度向前推进,但它们又需要密切合作,以实现一个共同的任务,即彼此"知道"相互的存在和作用。例如,合作的进程之间需要交换信息,当某进程未获得其合作进程发出的消息时,该进程就需等待,直到所需信息收到时才变为就绪状态(被唤醒)以便继续执行,从而实现诸进程的协调运行。

为了引入进程同步的概念,下面先看一个生活中的例子。设公共汽车上有一位司机和一位售票员,其活动如图 2-8 所示。

```
司机活动:                    售票员活动:
P₁: do{                      P₂: do{
        ①                            关车门;
    启动车辆;                              ②
    正常行驶;                      售  票;
    到站停车;                              ③
        ④                            开车门;
}while(1);                    }while(1);
```

图 2-8　进程同步的例子

为了安全起见,显然要求:关车门后方能启动车辆,到站停车后方能开车门。亦即"启动车辆"这一活动应当在"关车门"这一活动之后,"开车门"这一活动应当在"到站停车"这一活动之后。在计算机系统中,可以将司机的活动和售票员的活动分别看作两个进程 P₁ 和 P₂,当它们并发地向前推进时,计算机系统所接收的实际上就是司机活动与售票员活动的许多交叉中的任意一个交叉。这些交叉有的满足上述要求,有的则不满足,必须保证不发生不满足上述要求的交叉。也就是说,如果进程 P₂ 尚未推进到②处,进程 P₁ 已经推进到①处,则 P₁ 应该等待直到 P₂ 推进到②处为止;同样,如果进程 P₁ 尚未推进到④处,进程 P₂ 已经推进到③处,则 P₂ 应该等待直到 P₁ 推进到④处为止。如果进程 P₁ 在①处发生了等待,则当进程 P₂ 执行到②处时应将 P₁ 唤醒;同样,如果进程 P₂ 在③处发生了等待,则当进程 P₁ 执行到④处时应将 P₂ 唤醒。

所谓进程同步,是指合作完成同一个任务的多个进程,在执行速度或某些时序点上必须相互协调的合作关系。例如,计算进程(Compute Process,CP)和打印进程(Print Process,PP),它们是一组合作的进程,两者共享单缓冲区(一次只能存放一个数据),这两个进程的同步关系是只有当计算进程把数据送至缓冲区后,打印进程才可以完成数据打印,否则打印进程只能等待;同理,当缓冲区中已经放置了计算进程传送来的数据时,计算进程必须等待打印进程将数据取走之后才能继续下一次动作,两者之间存在相互等待、相互制约的合作关系。如果说进程互斥体现了进程间的间接制约关系,那么进程同步则体现了进程间的直接制约关系。

2.5.2　进程同步机制

要实现同步,一定存在必须遵守的同步规则。用于实现进程间同步的工具称为同步机制。同步机制应遵循以下四条准则。

1)空闲让进。当无进程处于临界区时,表明临界资源处于空闲状态,应允许一个请求进入临界区的进程立即进入自己的临界区,以有效利用临界资源。

2)忙则等待。当已有进程进入临界区时,表明临界资源正在被访问,因而其他试图进入临界区的进程必须等待,以保证对临界资源的互斥访问。

3)有限等待。对要求访问临界资源的进程,应保证在有限时间内能进入相应的临界区,以免陷入"死等"状态。

4)让权等待。当进程不能进入自己的临界区时,应立即释放处理机,以免进程陷入"忙等"状态。

2.5.3　信号量机制

1965 年,荷兰学者 Dijkstra 提出的信号量(Semaphore)机制是一种卓有成效的进程同步工具。在长期且广泛的应用中,信号量机制又得到了很大的发展,它从整型信号量经记录型信号量,进而发展为"信号量集"机制。现在,信号量机制已被广泛应用于单处理机和多处理机系统以及计算机网络中。

1.整型信号量

最初由 Dijkstra 把整型信号量定义为一个用于表示资源数目的整型量 S,它与一般整型量不同,除初始化外,仅能通过两个标准的原子操作(Atomic Operation)wait(S)和 signal(S)来访问。很长时间以来,这两个操作一直被分别称为 P 操作和 V 操作。wait(S)和 signal(S)操作描述如下:

```
wait( S ){
    while( S<=0 );    /*do no-op*/
    S--;
}
signal( S )
{
    S++;
}
```

wait(S)和 signal(S)是两个原子操作,因此它们在执行时是不可中断的。当一个进程在修改某信号量时,没有其他进程可同时对该信号量进行修改。此外,在 waitS 操作中,对 S 值的测试和做 S=S-1 操作都是不可中断的。

2.记录型信号量

在整型信号量机制中的 wait(S)操作只要信号量 S≤0 就会不断测试。因此,此机制不满足同步机制中的"让权等待"准则,会空耗 CPU 不断进行循环测试,使进程处于"忙等"状态。记录型信号量机制则是一种不存在"忙等"现象的进程同步机制。为此,在信号量机制中,除了需要一个用于代表资源数目的整型变量 value 外,还应增加一个进程链表指针 list,用于链接等待该资源的所有进程。记录型信号量因采用了记录型的数据结构而得名。其数据项定义如下:

```
typedef struct{
    int value;
    struct process_control_block *list;
}semaphore;
```

此时的 wait(S)和 signal(S)操作可描述如下:

```
wait( semaphore *S ){
S->value--;
if( S->value<0 )block( S->list );
```

```
}
signal( semaphore *S ){
S->value++;
if( S->value<=0 ) wakeup( S->list );
}
```

这里的"block"是阻塞原语,"wakeup"是唤醒原语。在记录型信号量机制中,S->value 的初值代表系统中某类资源的数目,因此又称为资源信号量。这里的 wait 操作相当于进程请求一个该类资源,所以应执行 S->value--;当 S->value<0 时,表示系统中该类资源已经分配完毕,所以调用此操作的进程应执行 block 原语进行自我阻塞,放弃处理机,并插入信号量链表 S->list 中。此时,S->value 的绝对值表示等待该资源的进程数目,也即信号量链表 S->list 的长度。同理,signal 操作相当于进程释放一个该类资源,所以应执行 S->value++;当 S->value<=0 时,表示在该信号量链表中存在等待该资源的进程,所以还应调用 wakeup 原语,将 S->list 链表中的第一个等待进程唤醒。如果 S->value 的初值为 1,表示只允许一个进程访问临界资源,此时的信号量转化为互斥信号量,用于进程互斥。

3.AND 型信号量

前面所述是针对多个并发进程仅共享一个临界资源时的互斥访问情况,而在有些应用场合,一个进程往往需要获得两个或两个以上的共享资源才能顺利执行。比如有两个进程 P_1 和 P_2,它们都需要访问共享资源 A 和 B,A 和 B 均为临界资源。为了使 A 和 B 能够互斥地被进程 P_1 和 P_2 所访问,我们用两个互斥信号量 Amutex 和 Bmutex 来加以描述,并令它们的初值都为 1。进程 P_1 和 P_2 对临界资源的访问用以下操作加以控制。

P_1:	P_2:
wait(Amutex);	wait(Bmutex);
wait(Bmutex);	wait(Amutex);

在并发的环境中,进程 P_1 和 P_2 的推进顺序是异步的,如果有以下情况:

P_1:wait(Amutex);　　//该操作使 Amutex=0;

P_2:wait(Bmutex);　　//该操作使 Bmutex=0;

P_1:wait(Bmutex);　　//该操作使 Bmutex=-1,进程 P_1 阻塞;

P_2:wait(Amutex);　　//该操作使 Amutex=-1,进程 P_2 阻塞。

此时会导致进程 P_1 和 P_2 处于僵持状态。若无外力作用,这两个进程均不能向前推进。显然,当进程同时要求的共享资源越多时,发生这种僵持的可能性也就越大。

为了解决上述问题,引入了 AND 同步机制,其基本思想是将进程在整个运行过程中所需要的所有资源,采用原子性的分配,一次性全部分配给进程,待进程使用完毕后再一起释放。如果有一个资源不能满足进程的请求,则所有其他可以分配的资源也都不分配给它。这是基于原子性的分配,要么全部分配,要么一个也不分配。这样就能避免上述情况的发生。为此,在 wait 操作中增加了一个"AND"条件,称为 AND 同步。对应的 wait 和 signal 也描述为 Swait 和 Ssignal,具体定义如下:

```
Swait( S₁,S₂,S₃,…,Sₙ )
{
 while( TRUE )
 {
```

```
if( S₁>=1 && S₂>=1 && ···&& Sₙ>=1 ){
  for( i=1;i<=n;i++ )
  Sᵢ--;
  break;
}
else {
```

place the process in the waiting queue associated with the first S_i found with $S_i<1$, and set the program count of this process to the beginging of Swait operation

//将进程放入与找到的第一个 $S_i<1$ 的 S_i 相关联的等待队列中,并将该进程的程序计数设置为 Swait 操作的开始

```
      }
    }
}
Ssignal( S₁,S₂,···,Sₙ ){
while( TRUE ){
for( i=1;i<=n;i++ ){
Sᵢ++;
```

Remove all the process waiting in the queue associated with S_i into the ready queue

//将队列中与 S_i 相关联的所有等待进程移入到就绪队列中

```
}
}
}
```

4.信号量集

进程对信号量 S_i 的测试值不再是 1,而是该资源的分配下限值 t_i,即要求 $S_i \geq t_i$,否则不予分配。一旦允许分配,进程对该资源的需求值为 d_i,即表示资源占用量,进行 $S_i=S_i-d_i$ 操作,而不是简单的 $S_i=S_i-1$。由此形成一般化的"信号量集"机制。对应的 Swait 和 Ssignal 格式如下:

Swait($S_1,t_1,d_1,\cdots,S_n,t_n,d_n$);

Ssignal($S_1,d_1,\cdots,S_n,d_n$);

"信号量集"有以下几种特殊情况。

1)Swait(S,d,d)。此时在信号量集中只有一个信号量 S,但允许它每次申请 d 个资源,当现有资源数少于 d 时,不予分配。

2)Swait(S,1,1)。此时的信号量集已转换为一般的记录型信号量(S>1 时)或互斥信号量(S=1)。

3)Swait(S,1,0)。此时的信号量集已转换为一个很特殊且很有用的信号量操作。当 S≥1 时,允许多个进程进入指定区域;当 S 变为 0 后,将阻止任何进程进入指定区域。

5.信号量的应用

(1)利用信号量实现进程互斥

如前所述,进程互斥是指进程排他性地访问临界资源。可以用信号量实现进程对临界资源的互斥操作:首先为该资源设置一个互斥信号量 mutex,并置其初始值为 1;然后将各进

程访问该资源的代码区域（即临界区）放在 wait(mutex)和 signal(mutex)操作的中间。这样，当一个进程想要申请临界资源时，要先执行 wait(mutex)操作，如果 wait(mutex)操作成功，表示该临界资源处于空闲状态，可以满足申请进程的要求，进程进入临界区使用临界资源；如果 wait(mutex)操作失败，表示临界资源当前不可用，则调用此操作的进程会自我阻塞，进入等待队列，直到其余占有该临界资源的进程执行 signal(mutex)操作时，才有可能被唤醒。相关代码可以描述如下：

```
semaphore mutex=1;
Pᵢ( ){                          Pⱼ( ){
while( 1 ){                      while( 1 ){
wait( mutex );                   wait( mutex );
临界区;                          临界区;
signal( mutex );                 signal( mutex );
其他代码区;                      其他代码区;
}                               }
}                               }
```

值得注意的是，在利用信号量机制实现进程互斥时应注意，wait(mutex)和 signal(mutex)必须成对出现。缺少 wait(mutex)操作会导致进程对临界资源的访问混乱，不能实现互斥性访问；而缺少 signal(mutex)操作会使临界资源不能被释放，导致等待该临界资源的进程不能被唤醒。

（2）利用信号量实现前趋图

还可利用信号量来描述程序或语句之间的前趋关系。设有两个并发执行的进程 P_1 和 P_2，P_1 中有语句 S_1，P_2 中有语句 S_2。我们希望在 S_1 执行后再执行 S_2。为实现这种前趋关系，只需使进程 P_1 和 P_2 共享一个公用信号量 S，并赋予其初值为 0，将 signal(S)操作放在语句 S_1 后面，而在 S_2 语句前面插入 wait(S)操作，即

在进程 P_1 中，用 S_1;signal(S);在进程 P_2 中，用 wait(S);S_2;

在并发的环境中，若进程 P_1 抢先执行，P_1 执行后通过 signal(S)将 S 的值修改为 1，此时进程 P_2 在执行 wait(S)时不会阻塞，P_2 也可以顺利执行；相反，若进程 P_2 抢先执行，此时 wait(S)会使 S 由 0 变为-1，P_2 也因此阻塞，只有在 P_1 执行后，通过 signal(S)，才可将阻塞的 P_2 唤醒。同样，对照图 2-9 所示的前趋关系图，我们可以用信号量实现该前趋图中对应关系的执行。

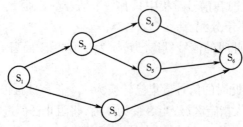

图 2-9 前趋图举例

这里设定若干个初始值为 0 的信号量。代码框架描述如下：
semaphore a,b,c,d,e,f,g ;

a.value=b.value=c.value=0;

d.value=e.value=f.value=g.value=0;

begin

    parbegin

    begin S_1; signal(a); signal(b); end;

    begin wait(a); S_2; signal(c); signal(d); end;

    begin wait(b); S_3; signal(e); end;

    begin wait(c); S_4; signal(f); end;

    begin wait(d); S_5; signal(g); end;

    begin wait(e); wait(f); wait(g); S_6; end;

    parend

end

现在我们再回到图 2-8 所示的司机与售票员问题。该问题有两个同步点:①司机"启动车辆"之前与售票员"关车门"之后,用初始值为 0 的信号量 S_1 实现二者之间的同步;②司机"到站停车"之后与售票员"开车门"之前,用初始值为 0 的信号量 S_2 实现二者之间的同步。算法框架如下:

semaphore : S_1, S_2(initial value 0)

司机活动: 售票员活动:

  do{   do{

    wait(S_1);   关车门;

    启动车辆;   signal(S_1);

    正常行驶;   售 票;

    到站停车;   wait(S_2);

    signal(S_2);   开车门;

  }while(1);   }while(1);

2.5.4 经典进程同步问题

1.生产者—消费者问题(the producer and consumer problem)

生产者—消费者问题是操作系统中最为著名的进程同步问题,可以描述如下:有一群生产者进程和消费者进程,生产者负责生产产品,消费者负责消费产品。为了使生产者进程与消费者进程能并发执行,在两者之间设置了一个具有 n 个缓冲区的缓冲池供生产者进程和消费者进程共用。生产者的工作是生产产品将其并放入一个空缓冲区中;消费者则从装有产品的缓冲区中取走产品进行消费。两者之间相互等待,相互唤醒。因为生产者进程会由于没有空缓冲区放置产品而转入等待状态,直到消费者取走产品将其唤醒;同样,消费者进程会因为没有产品而转入等待状态,直到生产者放置产品后将其唤醒,如图 2-10 所示。

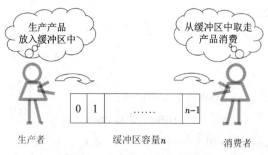

图 2-10　生产者—消费者问题

我们利用一个数组 buffer 来表示缓冲池,该数组长度为 n,表示有 n 个缓冲区。对于生产者进程而言,设置指针 in 指向生产者当前应该放置产品的空缓冲区编号,每放置一个产品后,in 加 1;对于消费者进程而言,同样设置指针 out 指向消费者当前应该取产品的缓冲区编号,每取走一个产品后, out 加 1。为了能够充分利用缓冲区,这里将缓冲区设置为循环队列,所以对输入指针 in(或输出指针 out)加 1,应该表示成 in=(in+1)%n(或 out=(out+1)%n)。当(in+1)%n=out 时表示缓冲区全满;而当 in=out 时则表示缓冲区全空。循环缓冲区如图 2-11 所示。

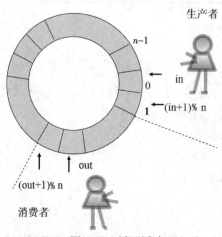

图 2-11　循环缓冲区

(1)用记录型信号量解决生产者—消费者问题

根据以上描述,我们可以用记录型信号量来解决生产者—消费者问题。虽然 n 个缓冲区构成的缓冲池是供生产者进程与消费者进程共同使用的,但对于某一个缓冲区的操作应该是互斥进行的,所以利用互斥信号量 mutex 实现诸进程对缓冲区的互斥使用;除此之外,我们利用信号量 empty 和 full 分别表示空缓冲区的个数和满缓冲区(即产品)的个数。只要缓冲池未满,生产者便可以将产品送入缓冲池中的某一空缓冲区;只要缓冲池未空,消费者便可以从缓冲池中的某一缓冲区中取走一个产品,其程序框架如下:

```
item buffer[n];
semaphore mutex=1,empty=n,full=0;
int in=0,out=0;
void producer( ){
```

```
        do{
            produce a product；
            wait( empty )；
            wait( mutex )；
            buffer[in]=product；
            in=( in+1 )% n；
            signal( mutex )；
            signal( full )
        }while( TRUE )；
    }
    void consumer(  ){
      do{
        wait( full )；
        wait( mutex )；
        x=buffer[out]；
        out=( out+1 )% n；
        signal( mutex )；
        signal( empty )；
        consume x；
      }while( TRUE )；
    }
    void main(  ){
    cobegin
    producer(  )；consumer(  )；
    coend
    }
```

在生产者—消费者问题中应注意以下几点：①在每个程序中用于实现互斥的 wait(mutex)和 signal(mutex)必须成对出现；②对资源信号量 empty 和 full 的 wait 和 signal 操作，同样需要成对出现，但它们分别处于不同的程序中，例如 wait(empty)在计算进程中，而 signal(empty)则在打印进程中，计算进程若因执行 wait(empty)而阻塞，则之后将由打印进程将它唤醒；③在每个程序中的多个 wait 操作顺序不能颠倒，应先执行对资源信号量的 wait 操作，再执行对互斥信号量的 wait 操作，否则可能会引起进程死锁。

（2）用 AND 信号量解决生产者—消费者问题

上面是用记录型信号量解决生产者—消费者问题，对于该问题，也可以利用前面所讲的 AND 信号量来解决，即在生产者进程中，用 Swait(empty，mutex)来代替 wait(empty)和 wait(mutex)，用 Ssignal(mutex，full)来代替 signal(mutex)和 signal(full)。同理，在消费者进程中，用 Swait(full，mutex)来代替 wait(full)和 wait(mutex)，用 Ssignal(mutex，empty)来代替 signal(mutex)和 signal(empty)。下面给出采用 AND 信号量来解决生产者—消费者问题的算法框架。

```
    int in=0，out=0；
```

```
item buffer[n];
semaphore mutex=1,empty=n,full=0;
void producer( ){
do{
produce a product;
Swait( empty,mutex );
buffer[in]=product;
in=( in+1 )%n;
Ssignal( mutex,full );
  }while( TRUE );
}
void consumer( ){
do{
Swait( full,mutex )
x=buffer[out];
out=( out+1 )%n;
Ssignal( mutex,empty );
consume x;
}while( TRUE );
}
```

2.哲学家进餐问题

该问题是由 Dijkstra 提出的,是典型的进程同步问题。哲学家进餐问题(the dinning philosophers problem)的描述是:有 5 位哲学家围坐在一张圆桌旁的 5 张椅子上,在圆桌上有 5 个碗和 5 根筷子,哲学家的生活方式是交替地进行思考和进餐。其活动过程:思考,饥饿时便试图取其左边和右边的筷子,只有拿到左边和右边的两根筷子时,哲学家才可以进餐,进餐完毕后放下筷子继续思考。这里规定哲学家在申请筷子时只能申请紧挨他的左边和右边的筷子,而不允许哲学家起身离开座位去拿其他筷子。哲学家进餐示意图如图 2-12 所示。

图 2-12　哲学家进餐示意图

（1）用记录型信号量解决哲学家进餐问题

通过对哲学家问题的描述可以发现,圆桌上的 5 根筷子是临界资源,在一段时间内只允许一位哲学家使用,因此要为每根筷子都定义一个信号量,用该信号量实现对筷子的互斥使用,这里定义一个数组来描述这 5 个信号量。

　　　　semaphore chopstick[5]={1,1,1,1,1};

　　对应 5 位哲学家的活动都是相同的,第 *i* 位哲学家的活动可以描述如下:

do{

　　wait(chopstick[i]);

　　wait(chopstick[(i+1)%5]);

　　……

　　eating;

　　……

　　signal(chopstick[i]);

　　signal(chopstick[(i+1)%5]);

　　……

　　thinking;

　　……

}while(TRUE);

　　对于上面的描述可以理解为当哲学家饥饿时,他总是先去拿起他左边的筷子,对应操作 wait(chopstick[i]),成功后,再去拿起他右边的筷子,对应操作 wait(chopstick[(i+1)%5]),此操作也成功时哲学家便可进餐。进餐结束后,哲学家会依次释放他左边的筷子和右边的筷子,对应操作 signal(chopstick[i]),signal(chopstick[(i+1)%5]),这样就完成了一位哲学家的进餐活动。但是经过仔细分析便可发现,上述的解决方法会存在这样一种特殊的情况,即如果 5 位哲学家同时饥饿而各自拿起他左边的筷子时,就会使控制筷子互斥使用的 5 个信号量值均为 0,此时当他们再试图去拿起右边的筷子时,都会因为筷子不可用而转入等待状态,而且这种等待是无限期的,这也是后面要讨论的死锁问题。为了克服上述算法可能带来的死锁,这里给出以下几种解决方法。

　　方法 1:限制申请筷子的哲学家人数,至多允许有四位哲学家同时去拿起左边的筷子,这样能保证至少有一位哲学家能够进餐,当进餐结束后该位哲学家可以释放他占有的两根筷子,从而让其他哲学家能够进餐。算法框架如下:

semaphore stick[5]={1,1,1,1,1};

semaphore people=4;

　　void philosopher(int i)

　　{

　　　while(TRUE)

　　　{

　　　　wait(people);

　　　　wait(stick[i]);　　　　　　//请求左手边的筷子

　　　　wait(stick[(i+1)%5]);　　//请求右手边的筷子

　　　　eating;

　　　　signal(stick[(i+1)%5]);　//释放右手边的筷子

　　　　signal(stick[i]);　　　　　//释放左手边的筷子

```
            signal( people );
            thinking;
        }
    }
```

方法 2：规定仅当哲学家左、右的两根筷子均可用时，才允许哲学家拿起筷子进餐。算法框架如下：

```
semaphore mutex=1;
semaphore stick[5]={1,1,1,1,1};
    void philosopher( int i )
    {
        while( TRUE )
        {
        wait( mutex );            //请求进餐
        wait( stick[i] );                //请求左手边的筷子
        wait( stick[( i+1 )%5] );        //请求右手边的筷子
        signal( mutex );
        eating;
        signal( stick[( i+1 )%5] );        //释放右手边的筷子
        signal( stick[i] );                //释放左手边的筷子
        thinking;
        }
    }
```

方法 3：规定奇数号哲学家先拿他左边的筷子，然后再去拿右边的筷子；而偶数号哲学家的顺序则相反。按照这个规定，将是 1、2 号哲学家竞争 1 号筷子；3、4 号哲学家竞争 3 号筷子。即 5 位哲学家都是先竞争奇数号筷子，获得后，再去竞争偶数号筷子，最后总会有一位哲学家能获得两根筷子完成进餐。算法框架如下：

```
semaphore stick[5]={1,1,1,1,1};
void philosopher( int i )            //对应奇数号哲学家
{
while( TRUE )
{
wait( stick[i] );                //请求左手边的筷子
wait( stick[( i+1 )%5] );        //请求右手边的筷子
eating;
signal( stick[( i+1 )%5] );        //释放右手边的筷子
signal( stick[i] );                //释放左手边的筷子
thinking;
}
}
void philosopher( int i )            //对应偶数号哲学家
```

```
{
while( TRUE )
{
wait( stick[( i+1 )%5] );        //请求右手边的筷子
wait( stick[i] );                //请求左手边的筷子
eating;
signal( stick[i] );               //释放左手边的筷子
signal( stick[( i+1 )%5] );//释放右手边的筷子
thinking;
    }
}
```

（2）利用 AND 信号量解决哲学家进餐问题

在该问题中，要求每位哲学家获得左右两根筷子后才能完成进餐，所以可以用前面介绍的 AND 信号量解决该问题。算法框架如下：

```
semaphore stick[5]={1,1,1,1,1};
void philosopher( int i ) //对应偶数号哲学家
{
    while( TRUE )
    {
        Swait( chopstick[i],chopstick[( i+1 )%5] );
        eating;
        Ssignal( chopstick[i],chopstick[( i+1 )%5] );
        thinking;
    }
}
```

3.读者—写者问题

设有一组共享数据和两组并发进程，一组进程只对此组数据执行读操作，另一组进程可对此组数据执行写操作（当然同时也可以执行读操作），将前一组进程称为读者（reader），后一组称为写者（writer）。为了保证共享数据的完整性，要求多个读者的操作可以同时进行，多个写者的操作不能同时进行，读者与写者的任何操作都不能同时进行。所谓"读者—写者问题（reader-writer problem）"，是指保证一个写者进程必须与其他进程互斥地访问共享数据。这是因为读操作不会使数据文件混乱，但写操作涉及对共享数据的修改，如果不互斥访问将会引起数据混乱。

（1）用记录型信号量解决读者—写者问题

Ⅰ.基本工作

读者:读数据对象。

写者:写数据对象。

Ⅱ.互斥

互斥信号量 wmutex,用于读者进程和写者进程互斥访问。

写者:与其他写者、所有读者都要互斥。

读者:可与其他读同时读(不互斥),但要与所有写者互斥。

对于某个读进程想执行读操作,若此时有写者在写,则读进程阻塞,若有其他读者在读,则读进程可以执行读操作。若有读进程正在读,则其他想执行写操作的写进程应该阻塞。这里设置一个整型变量 readcount 表示正在读的进程数目,由于只要有一个读进程在读,便不允许写进程去写,因此仅当 readcount=0,表示尚无读进程在时,读进程才需要执行 wait(wmutex)操作。若 wait(wmutex)操作成功,表示没有写者在写,读进程便可去读,此时 readcount 执行加 1 操作。同理,仅当 reader 进程在执行 readcount 减 1 操作后其值为 0 时,才需要执行 signal(wmutex)操作,以便让写进程执行写操作。又因为 readcount 是一个可被多个读进程访问和修改的临界资源,所以也应该为它设置一个互斥信号量 rmutex,用于读进程之间互斥访问。算法框架如下:

```
int  readcount=0;
semaphore  rmutex=1;
semaphore  wmutex=1;
void reader(  ){
do{
  <other actions>
  wait( rmutex );
if( readcount==0 ) wait( wmutex );
readcount++;
signal( rmutex );
<read operations>
wait( rmutex );
readcount--;
if( readcount==0 ) signal( wmutex );
signal( rmutex );
}while( TRUE );
}
void writer(  ){
do{
<other actions>
wait( wmutex );
<write operations>
signal( wmutex );
}while( TRUE );
}
void main(  ){
cobegin
reader(  ); writer(  );
coend
}
```

（2）用信号量集机制解决读者—写者问题

读者—写者问题与前面问题的不同之处在于它增加了一个限制，即最多允许 RN 个读者同时读。因此，我们引入一个信号量 Q，并赋予其初始值为 RN，通过执行 wait(Q,1,1)操作来控制读者的数目。当有一个读进程想执行读操作时，首先执行 wait(Q,1,1)操作，使 Q 的值减 1。当有 RN 个读进程进入读操作后，Q 的值变为 0，其后的读进程必会因为 wait(Q，1，1)操作失败而阻塞。为了保证写进程的互斥操作，这里定义一个信号量 mx，其初始值为 1。它对于操作 Swait(mx,1,0)起着开关作用，只要无写进程执行写操作，mx=1，读进程就可以执行读操作；但只要有写进程进入并正在执行写操作，会使 mx=0，这样任何读进程或其他写进程都无法进入临界区访问共享数据。Swait(mx,1,1;Q,RN,0)语句表示仅当既无写进程在写(mx=1)，又无读进程在读(Q=RN)时，写进程才能进入临界区进行写操作。利用信号量集机制解决读者—写者问题的算法框架如下：

```
int RN;
semaphore Q=RN,mx=1;
void reader( ){
do{
 Swait(Q,1,1);
 Swait(mx,1,0);
 <read operations>
 Ssignal(Q,1);
}while(TRUE);
}
void writer( ){
do{
 Swait(mx,1,1;Q,RN,0);
 <write operations>
Ssignal(mx,1);
}while(TRUE);
}
void main( ){
 cobegin
  reader( ); writer( );
 coend
}
```

2.5.5 管程机制

信号量机制可以方便地解决进程间的互斥和同步，但是也有一些问题。首先，每个进程中加入了大量的 wait(S)和 signal(S)操作，使得系统的管理更复杂；其次，会有进程因为同步操作不当而导致死锁现象。为了解决上述问题，出现了一种新的进程同步工具——管程(Monitors)。

1.管程的定义

系统中的各种硬件资源和软件资源均可用数据结构抽象地描述其资源特性，因此可利用共享数据结构抽象地表示系统中的共享资源,并且将对该共享资源的操作定义为一组过程。进程对共享资源的申请和释放必须通过这组操作实现。管程的思想最早由 Dijkstra 提出,即为每个共享资源设立一个"秘书"来管理对它的访问。一切来访者都要通过"秘书",而"秘书"每次仅允许一个来访者(进程)访问共享资源。Hansan 为管程所下的定义是:一个管程定义了一个数据结构和能为并发进程所执行(在该数据结构上)的一组操作,这组操作能同步进程和改变管程中的数据。这要怎么理解呢? 首先,数据结构和其上的一组操作都是用来描述这个共享资源的,该共享资源可以是硬件资源也可以是软件资源。那么,这一组操作是什么呢? 这组操作是可以被并发进程执行的,其实就是把对共享资源的操作,也就是把分配、回收、阻塞、唤醒等操作集中起来形成的一组操作。

由上述描述可知,管程由以下四部分组成。

1)管程的名字。

2)对共享数据的描述和说明。

3)对该共享数据结构进行操作的一组过程。

4)对共享数据的初始化设置。

图 2-13 是一个管程的示意图。

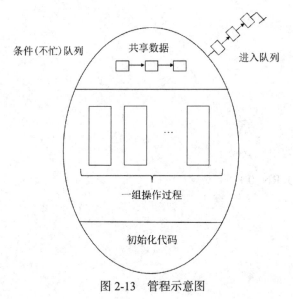

图 2-13 管程示意图

管程的语法描述如下:

```
monitor monitor_name          //管程名
{
share variable declarations;   //共享变量说明
condition declarations;        //条件变量说明
public;                        //在管程中定义在管程外能被进程调用的操作
viod Func1( )                  //对数据结构进行操作的函数
{
……
}
```

```
void Func2( )
    {
  ......
    }
......
    {
    initialization code；          //初始化设置
    ......
    }
    }
```

管程实际上包含了面向对象的思想,它将共享数据和操作共享数据的代码(包括同步机制)都封装在一个对象内部。管程内部的数据结构只能被封装于管程内部的过程访问,任何管程外的过程都不能访问它;同样,封装于管程内部的过程也仅能访问管程内的数据结构。所有进程要访问临界资源时,都只能通过管程这一"秘书"来间接访问,因为管程每次只允许一个进程进入管程,因而实现了进程互斥。

2.条件变量

在利用管程实现进程同步时,必须设置同步工具,如两个同步操作原语 wait 和 signal。当有进程通过管程请求获得临界资源而没有得到满足时,管程便调用 wait 原语将该进程阻塞,并将其放入管程的入口等待队列上。直到另一进程访问结束并释放临界资源后,管程才执行 signal 原语,唤醒等待进入管程队列中的队首进程。除此之外,在管程中还应考虑另外一种情况:进程获得管程的使用权进入管程后,也有可能由于某些原因不能向前推进而阻塞,直到其等待的条件成立,在此期间,如果进程不释放管程的使用权,则其他进程都将无法进入管程,陷入长时间的等待。为了解决这个问题,在管程中引入了条件变量 condition。一般来说,一个进程被阻塞的原因可能有多个,因此在管程中设置了多个条件变量,对这些条件变量的访问只能在管程中进行。

条件变量的定义形式为 condition x,y,z;对条件变量仅能执行 wait 和 signal 操作,每个条件变量可以对应一个链表,用于记录因该条件变量而阻塞的相关进程,这里提供两个操作 x.wait 和 x.signal,解释如下。

1)x.wait:正在使用管程的进程因 x 条件要被阻塞,则调用 x.wait 将自己插入 x 条件所对应的等待队列中,并释放管程的使用权,直到 x 条件变化。此时,其他进程可以使用该管程。

2)x.signal:正在使用管程的进程发现 x 条件发生了变化,则调用 x.signal,尝试唤醒一个因 x 条件而被阻塞的进程,如果这样的进程不止一个,则选择其中一个,如果没有等待进程,则继续执行原进程,不产生任何操作。这里特别提醒,管程中对条件变量执行的 wait 和 signal 操作不同于信号量机制中的 wait 和 signal 操作。例如,在信号量机制中的 signal 操作,总是要执行 s=s+1,因而总会改变信号量的状态。

需要特别说明的是,如果有进程 P 因 x 条件而处于阻塞状态,当正在使用管程的进程 Q 执行 x.signal 操作后,进程 P 被唤醒,要想确定此时的两个进程 Q 和 P 哪个执行和哪个等待,可以采用下列两种方式之一进行处理:①Q 等待,直至 P 离开管程或等待另一条件;②P 等待,直至 Q 离开管程或等待另一条件。

Hoare 采用了第一种方式,而 Hansan 则选择了两种方法的折中,该方法规定管程中的过程执行的 signal 操作是该过程体的最后一个操作,于是进程 Q 执行 signal 操作后立即退出管程,这使得进程 P 马上被恢复执行。

3.用管程解决生产者—消费者问题

利用管程解决生产者—消费者问题时,首先应建立管程,这里将该管程取名为 producer_consumer,简称为 PC。管程中包含以下两个操作过程。

1)put(x)操作。该操作定义后由生产者进程通过管程调用。在管程中定义一个整型变量 count,表示产品个数,其初始值为 0。生产者进程通过管程调用该过程,将生产的产品放入缓冲区中,当 count≥N 时,表示缓冲区全满,此时生产者进程应该等待。

2)get(x)操作。该操作定义后由消费者进程通过管程调用。当 count≤0 时,表示缓冲区全空,消费者已无产品可消费,此时消费者进程应该等待。

由于在管程中引入了条件变量 notfull 和 notempty,为了与信号量变量的 wait、signal 操作区分,这里用 cwait 和 csignal 表示对条件变量执行的操作。

1)cwait(condition)操作。当管程被一个进程占用时,其他进程调用该过程时将会阻塞,并挂在条件 condition 所对应的等待队列上。

2)csignal(condition)操作。执行此操作会唤醒在 cwait 操作时阻塞在条件 condition 队列上的等待进程,若这样的进程不止一个,则选择其中一个进行唤醒操作;若等待队列为空,则此时的 csignal 相当于空操作。

算法框架描述如下:

```
monitor producer-consumer
{
  item buffer[N];
  int in,out;
  condition notfull,notempty;
  int count;
public:
  void put( item x ){
    if( count>=N )cwait( notfull );
    buffer[in]=x;
    in=( in+1 )%N;
    count++;
    csignal( notempty );
  }
  void get( item x ){
    if( count<=0 )cwait( notempty );
    x=buffer[out];
    out=( out+1 )%N;
    count--;
    csignal( notfull );
  }
```

```
{in=0;out=0;count=0;}
}PC;
```

在利用管程解决生产者—消费者问题时,其中的生产者和消费者可描述如下:

```
void producer( ){
item x;
while( TRUE ){
……
produce an item in nextp;
PC.put( x ):
}
}
void consumer( ){
item x;
while( TRUE ){
  PC.get( x );
  consume the item in nextc;
   ……
  }
}
void main( ){
cobegin
producer(   ); consumer(   );
coend
}
```

2.6　进程通信

前面讲述了进程互斥与进程同步。进程互斥有可能发生在任意一组进程之间,这组进程可能是相关的,也可能是不相关的;进程同步只能发生在一组相关的进程之间。但是,无论是进程互斥还是进程同步,进程之间都交换了信息,但交换的信息量很小。将进程互斥与进程同步称为进程之间的低级通信的原因有以下几点。

1)效率低,例如生产者每次只能向缓冲池放入一个产品,消费者每次只能从缓冲区中取走一个产品。

2)操作过程对用户不透明,操作系统只为进程之间的通信提供了共享存储器。共享数据结构的设置、数据的传送、进程的互斥与同步,都必须由程序员去实现,这对用户而言是极不方便的。

为了在进程之间传送大量数据,操作系统提供了高级通信工具,该工具具有以下几个特点。

1)使用方便。操作系统将进程通信的具体细节隐藏,仅向用户提供一组用于实现高级通信的操作原语,用户可以直接利用这些操作原语实现进程之间的通信,其实现细节对用户是透明的。

2）高效地传送大量数据。用户直接利用系统提供的高级通信命令完成数据传送。

2.6.1　进程通信的模式

1.共享内存模式

采用共享内存模式时,相互通信的进程之间要有公共内存,一组进程向该公共内存中写,另一组进程从该公共内存中读,如此便实现了进程之间的信息传递。这种进程通信模式需要解决以下两个问题。

1）为相互通信的进程提供公共内存。需要注意的是,相互通信的进程之间的公共内存是由操作系统分配和管理的,而公共内存的使用以及借助公共内存实现信息在进程之间的传递则是由相互通信的进程自己完成的。

2）为访问公共内存提供必要的同步机制。显然,公共内存等价于共享变量,对它的访问可能需要互斥机制的约束,这需要操作系统提供互斥或同步机制。而相互通信的进程之间需要使用这种同步机制来保证对共享变量的操作不发生与时间有关的错误,这需要由用户程序设计者来保证。

2.消息传递模式

采用消息传递模式时,相互通信的进程之间并不存在公共内存,而是以格式化的消息（message）为单位,将通信的数据封装在消息中,并利用操作系统提供的一组通信命令（原语）,在进程间进行消息传递,完成进程间的数据交换。

该方式隐藏了通信实现细节,使通信过程对用户透明化,降低了通信程序设计的复杂性和错误率,成为当前应用最为广泛的一类用于进程间通信的机制。例如,在计算机网络中,消息又称报文;又如,在微内核操作系统中,微内核与服务器之间的通信无一例外都是采用了消息传递机制;而且由于该机制能够很好地支持多处理机系统、分布式系统和计算机网络,所以也成为这些领域最主要的通信工具。

消息传递模式在实现时可以分为直接方式和间接方式两种。前者是指发送进程利用操作系统所提供的发送原语,直接把消息发送给目标进程;后者则需要通过系统公共信箱执行消息的发送和接收进程。

2.6.2　消息传递通信的实现方式

1.直接方式

直接方式是指相互通信的进程之间在通信时直呼其名。也就是说,发送者在发送时要指定接收者的名字,接收者在接收时要指定发送者的名字。其系统调用主要有以下两种形式。

（1）对称形式

对称形式的特点是一对一,即发送者在发送时指定唯一的接收者,接收者在接收时指定唯一的发送者。系统调用命令如下。

1）send(R,M):将消息 M 发送给进程 R。

2）receive(S,N):由进程 S 处接收消息至 N。

（2）非对称形式

非对称形式的特点是多对一,即发送者在发送时指定唯一的接收者,接收者在接收时不指定具体的发送者。系统调用命令如下。

1)send(R,M):将消息 M 发送给进程 R。

2)receive(pid,N):接收消息至 N,返回时设 pid 为发送进程标识。

非对称形式的应用范围较广。实际上,这就是客户—服务器模式。发送进程相当于顾客,接收进程相当于服务员,一位服务员可以为多位顾客服务。由于服务员在某一时刻不知道哪位顾客要求其为他服务,因而在接收服务请求时并不指定顾客的名字,哪一位顾客先到,就先为哪一位顾客服务。

（3）传送途径

无论是对称形式还是非对称形式,在实现时都存在这样一个问题:信息是如何从发送进程空间传送到接收进程空间的? 主要有以下两种途径。

Ⅰ.有缓冲途径

此时在操作系统空间中保存着一组缓冲区,发送进程在执行 send 系统调用命令时,操作系统将为发送进程分配一个缓冲区,并将所发送的消息内容由发送进程空间复制到缓冲区中,将载有消息的缓冲区连到接收进程的消息链中。之后,当接收进程执行到 receive 系统调用命令时,操作系统将载有消息的缓冲区从消息链中取出,并将消息内容复制到接收进程空间,然后回收该空闲缓冲区。显然,因为消息在发送者与接收者之间的传输过程中经过一次缓冲,所以提高了系统的并发性,这是由于发送者一旦将消息传送到缓冲区,就可以返回继续执行后面的程序,无须等待接收者把消息取走。

Ⅱ.无缓冲途径

如果操作系统没有提供消息缓冲区,消息将由发送进程空间直接传送到接收进程空间,这个传送固然也是由操作系统完成的。

当发送进程执行到 send 系统调用命令时,如果接收进程尚未执行 receive 系统调用命令,则发送进程将等待;同样,当接收进程执行到 receive 系统调用命令时,如果发送进程尚未执行 send 系统调用命令,则接收进程将等待。当发送进程执行到 send 系统调用命令且接收进程执行到 receive 系统调用命令时,消息传输才真正开始,此时消息以字为单位由发送进程空间传送到接收进程空间,由操作系统完成复制,传输时可以使用寄存器。

2.间接方式

间接方式是指相互通信的进程之间在通信时不直呼对方名字,而是指明一个中间体,即信箱,进程之间通过信箱来实现通信。此时,系统所提供的高级通信原语以信箱取代进程。发送和接收的原语如下。

1)send_MB(MB,M):将消息 M 发送到信箱 MB 中。

2)receive_MB(MB,N):由信箱 MB 中接收消息至 N。

由于发送者与接收者之间存在信箱,因此这种进程通信方式又称信箱方式。实现时需要考虑信箱的存放位置,它既可以属于操作系统空间,也可以属于用户进程空间。这里仅以属于操作系统空间的信箱为例来说明信箱通信的实现。

信箱类型定义如下

```
typedef mailbox struct{
 int in.out;        //in the range of( 0,n-1 )
 semaphore s1,s2;
 semaphore mutex;
```

message letter[n];

};

其中，in 和 out 分别为读指针和写指针，其初始值均为 0；s1 和 s2 为协调发送与接收进度的信号量变量，设其初始值分别为 n 和 0；mutex 用于对信箱操作的互斥，设其初始值为 1。以上信息构成信箱头，letter 为信箱体，可以保存 n 封信件。

信箱类型的变量是在操作系统区域内分配空间，例如，当进程定义了信箱变量：

mailbox MB；

编译时并不为 mb 分配空间，而是在执行信箱创建这一系统调用命令时，由操作系统在系统区域内为 mb 分配空间并对其进行初始化。

操作系统提供有关信箱的 4 个系统调用命令，分别用于创建信箱 create_MB，撤销信箱 delete_MB，向信箱发送信件 send_MB 和由信箱接收信件 receive_MB。当用户进程需要使用信箱进行通信时，首先执行 create_MB 命令，由操作系统完成信箱的创建工作。创建信箱的进程是信箱的所有者，它可以调用 receive_MB 命令从信箱中接收信件。其他进程为信箱的使用者，它们可以调用 send_MB 命令向信箱中发送信件。当不再需要信箱时，由信箱的所有者执行 delete_MB 命令将其撤销。这里给出发送和接收信件的系统调用命令。

```
send_MB( mailbox X, message M )
{
    wait( X.s1 );
    wait( X.mutex );
    X.letter[X.in]=M;
    X.in=( X.in+1 )%A.n;
    signal( X.mutex );
    signal( X.s2 );
}
receive_MB( mailbox X, message N )
{
    wait( X.s2 );
    wait( X.mutex );
    N=X.letter[X.out];
    X.out=( X.out+1 )%X.n;
    signal( X.mutex );
    signal( X.s1 );
}
```

进程之间通过操作系统空间中的信箱发送和接收信件的原理如图 2-14 所示。

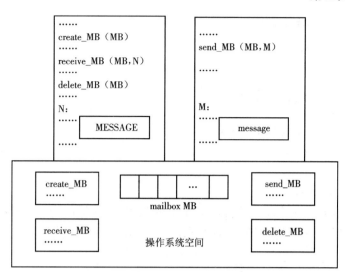

图 2-14　操作系统空间中的信箱发送和接受信件原理

2.7　处理机调度

处理机是进程运行必不可少的资源。在多道程序环境下,内存中存在多个进程,进程的数目往往多于处理机数目。这就要求操作能够按照某种分配算法,动态地将处理机分配给处于就绪状态的一个进程,令其获得处理机转入执行状态。处理机的分配是由操作系统中的处理机调度程序来完成的。

2.7.1　处理机调度的层次

1.高级调度(High Level Scheduling)

高级调度又称作业调度,其调度对象是作业。高级调度的主要功能是从外存后备队列中选择作业进入内存,为它们创建进程,分配必要的资源,并将其放入内存中的就绪队列。高级调度主要用于多道批处理系统,一般分时系统和实时系统不设置高级调度。

2.低级调度(Low Level Scheduling)

低级调度又称进程调度,其调度对象是进程(或内核级线程)。它的主要功能是按照某一种算法选择就绪队列中的某进程,并由分配程序将处理机分配给被选中的进程使其执行。进程调度是最基本的一种调度,在多道批处理系统、分时系统和实时系统中都必须配置这种调度。

3.中级调度(Intermediate Scheduling)

中级调度又称内存调度。引入中级调度的主要目的是提高内存资源利用率和系统吞吐量。特别是在内存资源紧张的情况下,可以把那些暂时不能运行的进程调换至外存,此时进程的状态为就绪驻外存状态(或挂起状态)。后续内存资源紧张的情况得到缓解或是进程已具备运行条件时,由中级调度来决定把外存上已具备运行条件的进程再重新调入内存,并修改其状态为就绪状态,将其挂在内存中的就绪队列上等待。中级调度实质上就是存储器管理中的对换功能,这部分知识将在以后的存储器管理中介绍。

就运行频率来说,上述三种调度算法中进程调度算法的运行频率最高,在分时系统中通常 10~100 ms 便进行一次进程调度;作业调度往往是发生在一批作业已运行完毕并退出系统,又需要重新调入一批作业进入内存时,其调度周期较长,几分钟一次;中级调度的运行频率基本上介于前两种调度之间。

2.7.2　处理机调度算法的目标

处理机调度算法的选择与系统的性能、效率等都有着直接的关系,需要根据系统的设计目标认真加以选择。例如,在批处理系统、分时系统和实时系统中,通常都采用不同的调度方式和算法。

1.处理机调度算法的目标

1)提高系统资源利用率。为了提高系统资源利用率,应尽可能使处理机和其他所有资源都处于工作状态,其中最重要的"处理机利用率"可用下面的方法计算:

$$CPU 的利用率 = \frac{CPU 有效工作时间}{CPU 有效工作时间 + CPU 空闲等待时间}$$

2)保证公平性。调度算法应尽量让诸进程都能获得合理的 CPU 时间,不会发生或尽量减少发生进程饥饿现象。公平性是相对的,相同类型的进程,应获得相同的服务;但不同类型的进程,应根据其紧急程度或重要性的不同,对应提供不同的服务。

3)保证平衡性。系统中存在的进程可能属于不同的类型:有的属于计算型作业,有的属于输入输出型作业。为了使系统中的各种资源尽可能处于工作状态,调度算法要考虑系统资源使用的平衡性。

4)策略强制执行。对制定的策略,其中包括安全策略,只要需要,就必须予以准确执行,即便会造成某些工作的延迟也要执行。

2.不同操作系统调度算法要实现的目标

(1)批处理系统

1)平均周转时间短。这里的周转时间是指从作业被提交给系统开始,到作业完成为止的这段时间间隔。具体包括四部分时间:作业在外存后备队列上等待(作业)调度的时间;进程在就绪队列上等待进程调度的时间;进程获得 CPU 并执行的时间;进程等待 I/O 操作完成的时间。在多道程序环境中,后面三项在一个作业的整个处理过程中可能会发生多次。

对于批处理系统中的用户而言,每个用户都希望其作业的周转时间短。而对于资源管理者操作系统来说,它则总是希望使平均周转时间最短。这样做的好处有两点:①可以有效提高系统资源的利用率;②可以让大多数用户都感到满意。这里将平均周转时间描述如下:

$$T = \frac{1}{n} \sum_{i=1}^{n} T_i$$

在此引入带权周转时间,即作业的周转时间 T 与系统为它提供服务的时间 T_s 之比,即 $W = T/T_s$。平均带权周转时间则可表示如下:

$$W = \frac{1}{n} \sum_{i=1}^{n} \frac{T_i}{T_s}$$

2)系统吞吐量高。所谓系统吞吐量,是指单位时间内系统所完成的作业数。它与批处理作业的平均长度有关。如果单纯想要提高系统吞吐量,就应该尽可能选择短作业运行。

3)处理机利用率高。对于大、中型计算机来说,CPU 价格非常高昂,这使得处理机的利用率成为衡量系统性能的一个十分重要的指标;而调度方式和算法又对处理机的利用率起着十分重要的作用。如果仅从提高处理机利用率来说,应该尽可能选择计算量大的作业运行。

综上所述,这些要求之间是存在一定矛盾的,具体使用时还要结合系统的实际情况权衡后进行选择。

(2)分时系统

1)响应时间快。所谓响应时间,是指从用户通过键盘提交一个请求开始,到屏幕上显示出处理结果为止的这一段时间间隔。响应时间快是分时系统中进程调度算法的重要准则。它包括三部分时间:①用户请求信息的时间从键盘输入开始,直到将其传送到处理机的时间;②处理机对用户请求信息进行处理的时间;③将处理后的信息回送到终端显示器的时间。

2)保证均衡性。在实际情况中,用户对响应时间的要求并非完全相同。一般来说,用户对较复杂任务的响应时间允许较长,而对于较简单任务的响应时间则要求较短。这里的均衡性指系统响应时间的快慢应该与用户所请求服务任务的复杂性相适应。

(3)实时系统的目标

1)截止时间的保证。在实时系统中,时间起着至关重要的作用。所谓截止时间,是指某任务必须开始执行的最迟时间,或必须完成的最迟时间。对于严格的实时系统,其调度方式和调度算法必须能保证这一点,否则可能会造成难以预料的后果。所以,在实时系统中,满足实时任务对截止时间的要求是调度算法所要考虑的首要问题。

2)可预测性的保证。在实时系统中,可预测性非常重要。例如,在多媒体系统中,视频信息应该是连续播放的,这就提供了请求的可预测性。此时,系统中若采用了双缓冲,就可实现第 i 帧的播放和第 $i+1$ 帧的读取同时处理,实现并行性,进而可以提高其实时性。

2.7.3 交换与中级调度

交换是进程在内存和外存之间的调度,交换的目标一般有两个:①缓解内存空间等资源紧张的矛盾;②减小并发度,以降低系统开销。虽然提高并发度可以提高系统资源利用率,进而提高系统效率,但并发的"度"不是越高越好。因为并发度过高会导致进程间资源争用现象频频发生,使得进程经常因等待而转入阻塞状态,降低其推进速度,甚至可能导致死锁。并发度过高还会导致 CPU 在进程或线程之间频繁切换,这样也会增加系统开销。由于系统中的进程可以根据需要派生子进程,因此系统对多道程序的并发度必须有控制能力。

中级调度也称中程调度,是系统控制并发度的一个调度级别。当系统并发度过高或内存资源紧张时,将内存中某些暂时不能执行的进程交换到外存储器,待以后系统并发度降低或是内存资源紧张得到缓解时再将其调回内存。当然,进程在内存和外存储器之间的调度也需要依据某种调度原则,即调度算法,一般依据系统的设计目标确定。具有中级调度的进程状态转换关系如图 2-15 所示。

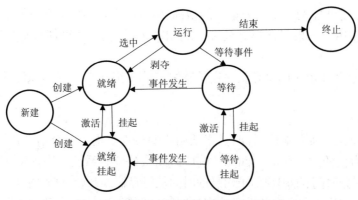

图 2-15　具有中级调度的进程状态转换图

2.7.4　作业与高级调度

作业调度又称高级调度或长程调度,其主要任务是按照一定的调度算法,从外存的后备队列中选取某些作业调入内存,并为其建立相应的进程,使其具有运行的资格。

一般说来,一个作业的处理可以分为若干个相对独立的执行步骤,称为作业步。每个作业步都可以对应一个进程或线程。例如,一个用 C 语言和汇编语言书写的程序,作为批处理作业处理,其处理过程主要包括以下步骤:①运行 C 语言编译程序对 C 源代码部分进行编译;②运行汇编程序对汇编源代码部分进行汇编;③运行链接装配程序对前两步产生的浮动程序进行链接装配;④执行上一步产生的目标代码。以上 4 个步骤需要运行不同的程序,因而需要 4 个进程完成。由于前面两个步骤可以并发执行,因而可以建立两个进程对其进行处理。

作业一般经历"提交""后备""执行""完成""退出"这 5 个状态:由输入机向输入并传输的作业处于"提交"状态,进入输入并尚未调入内存的作业处于"后备"状态,被调度选中进入内存处理的作业处于"执行"状态,处理结果传送到输出并的作业处于"完成"状态,由输出并向打印设备传送的作业处于"退出"状态。作业由"提交"到"后备"的状态转换由假脱机输入(SPOOLing 输入)完成,由"后备"到"执行"再到"完成"的状态转换由作业调度完成,由"完成"到"退出"的状态转换由假脱机输出(SPOOLing 输出)完成。其状态转换关系如图 2-16 所示。

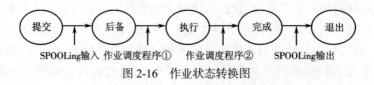

图 2-16　作业状态转换图

其中,SPOOLing 输入和 SPOOLing 输出将在虚拟设备的相关内容中介绍。作业调度程序①和作业调度程序②是两段系统程序,通常以系统进程的模式运行,位于操作系统中的高层。

1.批处理作业调度程序①

该程序按照作业调度算法在后备作业集合中选择作业,并为其建立作业控制进程来处理该作业,其工作流程如图 2-17 所示。

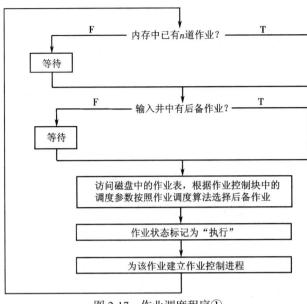

图 2-17　作业调度程序①

2.批处理作业调度程序②

该程序等待终止的作业控制进程,并对其进行善后处理,其工作流程如图 2-18 所示。

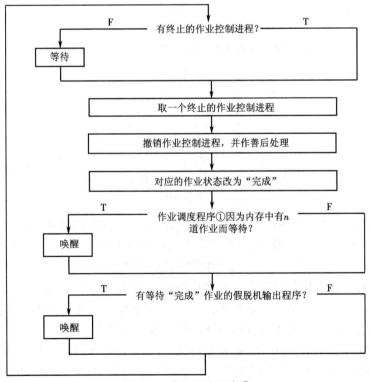

图 2-18　作业调度程序②

2.7.5 作业调度算法

1.先来先服务调度算法(First Come First Serve,FCFS)

先来先服务调度算法是最简单的调度算法,既可用于作业调度,也可用于进程调度。假定有 4 个作业,已知它们进入系统的时间、执行时间(用户估计的执行时间),若采用先来先服务的调度算法进行调度,各个作业的完成时间、周转时间和带权周转时间见表 2-1。

表 2-1   先来先服务调度算法(单位:h,并以十进制计)

作业	进入系统时间	执行时间	开始时间	完成时间	周转时间	带权周转时间
1	8	2	8	10	2	1
2	8.5	0.5	10	10.5	2	4
3	9	0.1	10.5	10.6	1.6	16
4	9.5	0.2	10.6	10.8	1.3	6.5
平均周转时间:T=1.725,平均带权周转时间:W=6.875						

2.短作业优先调度算法(Shortest Job First,SJF)

短作业优先调度算法按作业计算时间的长短进行调度。该算法总是先选取计算时间最短的作业进行调度,如果对上例的作业采用短作业优先调度算法来进行调度,算出的周转时间和带权周转时间见表 2-2。

表 2-2   短作业优先调度算法(单位:h,并以十进制计)

作业	进入系统时间	执行时间	开始时间	完成时间	周转时间	带权周转时间
1	8	2	8	10	2	1
2	8.5	0.5	10.3	10.8	2.3	4.6
3	9	0.1	10	10.1	1.1	11
4	9.5	0.2	10.1	10.3	0.8	4
平均周转时间:T=1.55,平均带权周转时间:W=5.15						

比较上述两种调度算法可以看出,短作业优先调度算法的调度性能要好一些,因为作业的平均周转时间和平均带权周转时间都比先来先服务调度算法短一些。如果系统的目标是使平均周转时间为最短,那么可以采用短作业优先调度算法。

短作业优先调度算法易于实现,且效率比较高。它的主要缺点是只照顾短作业,而没有考虑到长作业,如果系统不断接收新的短作业,就有可能使长作业长时间等待而不能运行。

3.优先级调度算法(Priority-Scheduling Algorithm,PSA)

对于作业的优先级,在先来先服务调度算法中,即是将作业的等待时间看作作业的优先级,等待时间越长,其优先级越高;在短作业优先调度算法中,作业计算时间的长短就是作业的优先级,作业运行的时间越短,其优先级越高。但是这两种算法都不能反映作业的紧迫程度,所以这里的优先级调度算法是根据每个作业的紧迫程度对其赋予了一个优先级,优先级高的作业会率先被调度执行。该算法既可以作为作业调度算法,也可以作为进程调度算法。当把该算法用于作业调度时,系统从后备队列中选择若干个优先级最高的作业装入内存。

4.高响应比优先调度算法(Highest Response Ratio Next,HRRN)

高响应比优先调度算法结合了先来先服务调度算法和短作业优先调度算法的特点,该算法既考虑了作业的等待时间,又考虑了作业的运行时间。响应比按照以下公式计算:

$$响应比=\frac{等待时间+要求服务时间}{要求服务时间}$$

观察上述公式,如果作业的等待时间相同,则要求服务的时间越短,其响应比就越高,此时该算法类似于短作业优先调度算法;如果作业要求服务的时间相同,则作业的等待时间越长,其响应比越高,此时该算法类似于先来先服务调度算法;对于长作业,一开始其响应比可能比较低,但随着等待时间的增加,其响应比也会随之增加,使得长作业只要等待了足够长时间也可获得处理机。所以,该算法是前面两种算法的折中,但是由于响应比是动态变化的,每次调度之前都需要先进行响应比的计算,这显然也会增加系统开销。

作业调度使作业以进程的形式进入内存并获得运行资格,但是真正获得 CPU 运行还需要经过进程调度,所以接下来我们着重介绍一下进程调度算法。

2.7.6　进程调度算法

进程调度是操作系统中必不可少的一种调度,其任务如下。

1)保存处理机的现场信息。在进程调度时首先需要保存当前进程的处理机现场信息,如程序计数器、相关通用寄存器中的内容等。

2)按照某一种调度算法选择进程。调度程序按某种算法从就绪队列中选取一个进程,将其状态由就绪状态修改为运行状态,并准备把处理机分配给该进程。

3)把处理机分配给选中进程。由分派程序把处理机分配给选中进程,此时需要将该进程的 PCB 中的有关处理机的现场信息装入处理机对应的各个寄存器中,把处理机的使用权交予此进程,并让它从上次的断点处恢复运行。

进程调度方式主要分为非抢占式和抢占式。

1)非抢占式调度方式。采用这种方式时,一旦把处理机分配给进程后,该进程就一直占有处理机的使用权,不会因为时钟中断或是其他原因而被剥夺处理机,此状况一直持续至进程运行完毕,或是由于自身的原因等待某个事件的发生而转入阻塞状态,这时进程才释放处理机。

采用这种方式时,可能引起进程调度的情况有以下几种:①正在执行的进程运行完毕,或是发生某事件而使其无法再继续运行;②正在执行的进程因提出 I/O 请求而暂停执行;③在进程通信或同步过程中执行了某种原语操作,如 block 原语。非抢占式调度方式又称不可剥夺式调度方式,其优点是实现简单,系统开销小,适用于大多数的批处理系统;但对于对响应时间要求较高或是较为紧迫的实时任务则并不适用,由此出现了抢占式调度方式。

2)抢占式调度方式又称剥夺式调度方式,允许调度程序根据某种原则去暂停某个正在执行的进程并将分配给该进程的处理机收回,转而将处理机分配给就绪队列中的另一进程。现代操作系统中广泛使用抢占式调度方式,这样做的好处是对于批处理系统,可以防止一个长进程长时间占有处理机,让处理机有机会为更多进程提供服务,体现公平性原则。在分时系统中,只有采用抢占式调用方式才有可能实现人机交互。而在实时系统中,对于紧迫性很强的实时任务或是对截止时间要求高的实时任务,只有采用抢占式调度算法,才能满足实时任务的需求,但是抢占式调度方式在调度过程中会涉及更多的上下文切换,所以实现的算法更复杂,付出的系统开销也更大。

"抢占"主要基于以下几个原则。

①优先权原则。对应每个进程都有一个优先级,允许优先级别高的进程抢占优先级别低的进程所使用的处理机。换句话说,当一个进程正在执行时,就绪队列中新增一个进程且此进程的优先级高于正在执行的进程的优先级,此时就会发生处理机的切换,调度程序会暂停正在执行的进程,并剥夺它占有的处理机,然后将处理机分配给就绪队列中优先级更高的进程。

②短进程优先原则。该原则允许就绪队列中新到的短进程抢占正在执行的长进程所拥有的处理机。

③时间片原则。将处理机的使用划分成若干单位,记作时间片。该原则规定就绪队列中的进程按时间片轮流使用处理机,当正在执行的进程的一个时间片用完后,该进程便暂停执行,交出处理机的使用权并进入就绪队列的末尾,等待下一轮重新被调度。

进程调度算法通常采用先来先服务调度算法、短进程优先调度算法、循环轮转调度算法、优先级调度算法、多级队列调度算法、多级反馈队列调度算法等。下面分别加以介绍。

1.先来先服务调度算法

该算法按照进程申请处理机的次序,即进入就绪状态的次序来调度。先来先服务调度算法具有公平的优点,不会出现饿死的情况。其缺点是短进程的等待时间长,从而使平均等待时间较长。

例如,有以下进程:

进程	到达时间(ms)	服务时间(ms)
P_1	0	27
P_2	1	3
P_3	2	5

如果采用先来先服务调度算法,CPU 的调度次序如图 2-19 所示。

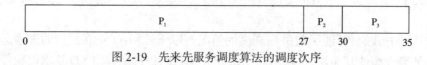

图 2-19　先来先服务调度算法的调度次序

该算法的调度性能指标见表 2-3。

表 2-3　先来先服务调度算法的调度性能指标(单位:ms)

进程	到达时间	运行时间	开始时间	完成时间	周转时间	带权周转时间
P_1	0	27	0	27	27	1
P_2	1	3	27	30	29	9.67
P_3	2	5	30	35	33	6.6
平均周转时间:$T \approx 29.67$ms,平均带权周转时间:$W \approx 5.76$ms						

2.短进程优先调度算法

该算法按照进程需要使用 CPU 的时间进行调度,可以让短进程优先执行,其平均周转时间较短。

例如,对于如下进程集合,其到达时间和需要 CPU 的服务时间如下。

进程	到达时间(ms)	服务时间(ms)
P_1	0	12
P_2	0	5
P_3	0	7
P_4	0	3

若采用短进程优先调度算法,CPU 分配图如图 2-20 所示。

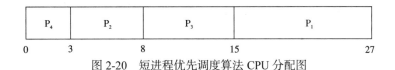

图 2-20 短进程优先调度算法 CPU 分配图

该算法的调度性能指标见表 2-4。

表 2-4 短进程优先调度算法的调度性能指标(单位:ms)

进程	到达时间	运行时间	开始时间	完成时间	周转时间	带权周转时间
P_1	0	12	15	27	27	2.25
P_2	0	5	3	8	8	1.6
P_3	0	7	8	15	15	2.14
P_4	0	3	0	3	3	1
平均周转时间:$T\approx13.25$ ms,平均带权周转时间:$W\approx1.75$ ms					

和前面作业调度中的短作业优先调度算法所述一致,短进程优先调度算法易于实现,且效率比较高。它的主要缺点是只照顾短进程,而没有考虑长进程。如果系统中不断有新进入就绪队列的短进程,则会让一个长进程等待很长时间都不能获得处理机,进而出现饥饿甚至饿死的现象。

3.循环轮转调度算法

该算法为每个进程规定一个时间片,所有进程按照其时间片的长短轮流运行。也就是说,将所有就绪进程排成一个队列,即就绪队列。每当处理机空闲时便选择队列头部的进程投入运行,同时分给它一个时间片。当此时间片用完时,如果此进程既未结束也未因某种原因而等待,则剥夺此进程所占有的处理机,将其排在就绪队列的尾部,并选择就绪队列头部的进程运行。

对于循环轮转调度算法来说,时间片的长度需要认真加以考虑。如果时间片过长,会影响系统响应速度;如果时间片过短,则会频繁发生进程切换,增加系统的开销。通常时间片的长度为几十毫秒至几百毫秒。循环轮转调度算法适用于分时系统,具有公平、响应及时等特点。

对于如下进程集合,其到达时间和 CPU 服务时间如下。

进程	到达时间(ms)	服务时间(ms)
P_1	0	4
P_2	1	3
P_3	2	5
P_4	3	2
P_5	4	4

若采用循环轮转调度算法,时间片大小为 1 ms,CPU 分配图如图 2-21 所示。

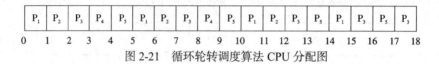

图 2-21　循环轮转调度算法 CPU 分配图

对于该算法的调度性能指标如表 2-5 所示。

表 2-5　循环轮转调度算法的调度性能指标(单位:ms)

进程	到达时间	服务时间	开始时间	完成时间	周转时间	带权周转时间
P_1	0	4	0	15	15	3.75
P_2	1	3	1	12	11	3.67
P_3	2	5	2	18	16	3.2
P_4	3	2	3	9	6	3
P_5	4	4	4	17	13	3.25
平均周转时间:T=12.2 ms,平均带权周转时间:W=3.37						

4.优先级调度算法

采用优先级调度算法,每一个进程的进程控制块中有一个由数字表示的优先级。该算法是把处理机分配给就绪队列中优先级最高的进程。当需要进行处理机分配时,系统在可运行的进程中选择优先级最高者使其投入运行。进程优先级的高低应当与进程所对应事件的紧迫程度相对应。如果一个进程所对应的事件比较紧迫,则其优先级应当比较高;如果一个进程所对应的事件不太紧迫,则其优先级可能比较低。可见,进程的优先级反映了进程运行的优先级别。

关于进程的优先级,有以下两种确定方法。

1)静态优先级:每个进程在进入系统时被赋予一个优先级,该优先级在进程的整个生存周期内是固定不变的。这种优先级确定方法的优点是比较简单、开销较小;其缺点是公平性差,可能会造成低优先级进程长期等待。

2)动态优先级:每个进程在创建时被赋予一个优先级,该优先级在进程的生存周期内是可以动态变化的。例如,当进程获得某种资源时,其优先级应当提高,以便尽快获得处理机投入运行,这样可以避免资源的浪费。又如,当进程处于就绪状态时,它的优先级应当随着其等待处理机时间的增长而提高,以使各个进程获得处理机的机会基本均等。这种优先级确定方法的优点是资源利用率高、公平性好;缺点是开销较大,实现较为复杂。

该算法的调度方式有以下两种。

1)非抢占式调度方式。该方式规定进程不能将处理机资源强行从正在运行的进程那里抢占过来,即一旦一个进程被调度程序选中,它将一直运行下去,直至出现以下两种情况:①该进程因某种事件而等待;②该进程运行完毕。非抢占式也称非剥夺式,其优点是系统开销小,缺点是不能保证当前正在运行的进程永远是系统内当前可运行进程中优先级最高的进程。

2)抢占式调度方式。该方式允许进程将处理机资源强行从正在运行的进程那里抢占过来。当发生以下 3 种情形时可能发生进程切换:①正在运行的进程因某种事件而等待;②正在运行的进程运行完毕;③出现新的就绪进程,该进程的优先级高于正在运行的进程的优先级。注意,此处的"出现"有两种情况:其一是某一进程被唤醒(由等待状态转换为就绪状态),其二是动态创建了新的进程。抢占式又称剥夺式,其优点是能够保证正在运行的进程永远是系统内当前可运行进程中优先级最高的进程;缺点是处理机在进程之间的切换比较频繁,系统开销较大。

对于如下进程集合,其到达时间、优先级和服务时间如下。

进程	到达时间	优先级	服务时间
P_1	0	0	8
P_2	2	1	5
P_3	4	3	7
P_4	0	2	3
P_5	5	7	2

采用优先级(抢占式)调度算法,CPU 分配图如图 2-22 所示。

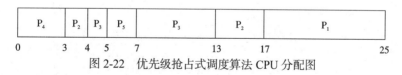

图 2-22 优先级抢占式调度算法 CPU 分配图

该算法的调度性能指标如表 2-6 所示。

表 2-6 优先级抢占式调度算法的调度性能指标(单位:ms)

进程	到达时间	优先级	服务时间	开始时间	完成时间	周转时间	带权周转时间
P_1	0	0	8	17	25	25	3.13
P_2	2	1	5	3	17	15	3
P_3	4	3	7	4	13	9	1.29
P_4	0	2	3	0	3	3	1
P_5	5	7	2	5	7	2	1
平均周转时间:$T=10.8$ ms 平均带权周转时间:$W \approx 1.88$ ms							

5.多级队列调度算法

由于系统中仅设置一个进程的就绪队列,调度算法是固定的、单一的,无法满足系统中不同用户对进程调度策略的不同要求,在多处理机系统中,这种单一调度策略实现机制的缺点更为突出,而多级队列调度算法能够在一定程度上弥补这一缺点。

该算法将系统中的进程就绪队列从一个拆分为若干个,将不同类型或性质的进程分配在不同的就绪队列中,不同的就绪队列采用不同的调度算法,一个就绪队列中的进程可以设置不同的优先级,不同的就绪队列本身也可以设置不同的优先级。由于设置了多个就绪队列,因此对每个就绪队列就可以实施不同的调度机制,这样系统针对不同用户进程的需求,就能很容易提供多种调度策略。

在多处理机系统中,该算法安排了多个就绪队列,可以很方便地为每个处理机设置一个单独的就绪队列。这样,每个处理机都可以实施各自不同的调度策略,而且对于一个含有多个线程的进程而言,可以根据其要求将其对应的线程分配在一个就绪队列中,全部在一个处理机上运行,也可以将它们分配到一组处理机所对应的多个就绪队列中,使得它们能同时获得处理机并行执行。

6.多级反馈队列调度算法

多级反馈队列调度算法在系统中设置多个就绪队列,每个队列被赋予不同的优先级。规定第 1 个队列的优先级最高,第 2 个次之,然后依次逐个降低。处于不同级别队列中的进程所获得的执行时间片大小也是不同的,优先级越高的队列中的时间片越小。例如,可以将第 2 个队列的时间片设置为第 1 个队列中的时间片的 2 倍,然后以此类推。多级反馈队列调度算法的示意图如图 2-23 所示。

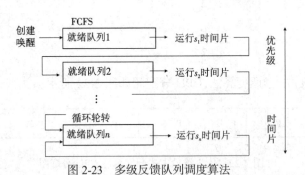

图 2-23　多级反馈队列调度算法

在每个队列中都采用先来先服务调度算法。当有新进程进入内存时,首先将它放入第 1 个队列的末尾,按先来先服务原则等待调度。当轮到该进程执行时,该进程转入执行状态,如它能在分给它的时间片内完成,便可正常结束离开系统,如果它在一个时间片结束时尚未执行完,调度程序便会将该进程放入第 2 个队列的末尾等待调度。如果进程在第 2 个队列中运行一个时间片后仍未完成,再将它放入第 3 个队列,然后依次类推。当进程最后被放入第 n 个队列时,在第 n 个队列中便采用循环轮转调度算法进行调度。

对于该算法,调度程序首先选择最高优先级队列中的诸进程运行,仅当第 1 个队列空闲时才调度第 2 个队列中的进程;也就是说,仅当第 1~(i-1)队列均为空时,才会调度第 i 个队列中的进程。如果处理机正在调度第 i 个队列中的某进程时又有新进程进入任一优先级较高的队列,则调度程序会立即暂停正在执行的进程,把它放入第 i 个队列的末尾,然后把处理机分配给新到的高优先级进程。

对于该算法的调度性能,如果规定第 1 个队列的时间片略大于多数人机交互所需的时间,便能较好地满足各种类型用户的需要。其原因有以下几点。

1)对于终端型用户,由于该类用户提交的作业大多属于交互型作业,通常较小,系统只要能使这些作业在第 1 个队列分配的时间片内完成,便可让终端型用户感到满意。

2)对于短批处理作业用户,该类作业如果能够在第 1 个队列中执行完成,便获得与终端型作业一样的响应时间,对于稍长的短作业,通常也只需要在第 2 个队列和第 3 个队列中各执行一次便可完成,其周转时间仍然较短。

3)对于长批处理作业用户,当它在第 1,2,3,…,n-1 个队列中都没能执行完时,会被降级至第 n 个队列,在第 n 个队列中按照循环轮转调度算法进行调度,虽然调度概率下降了,但是获得的时间片增大了,使得长作业也有顺利完成的机会。

2.7.7　实时调度

在实时系统中,时间起着至关重要的作用。每一个实时任务可能都有一个时间约束要求,如在何时必须开始处理,在何时必须处理完毕等。一个实时应用系统中可能有多个实时任务,每个实时任务都有其时间约束,实时调度的目标就是合理安排这些任务的执行次序,满足各个实时任务的时间约束条件。

实时任务按其发生规律可以分为以下两类。

1)随机性实时任务:由随机事件触发,其发生时刻不确定。

2)周期性实时任务:每隔固定时间发生一次。

按对时间约束的强弱程度,实时任务又可分为“硬实时”(hard real-time)和“软实时”(soft real-time)。前者必须满足任务截止期的要求,错过截止期可能导致严重的后果;后者则期望满足截止期要求,但是错过截止期仍然可以容忍。

与实时调度相关的概念有:实时任务产生并可以开始处理的时间,称为就绪时间;实时任务最迟开始处理的时间,称为开始截止期;实时任务处理所需要的处理机时间,称为处理时间;实时任务最迟完成时间,称为完成截止期;发生周期性实时任务的间隔时间,称为发生周期;实时任务的相对紧迫程度,通常用优先级表示。

为了实现实时调度,需要提供以下几个必要信息。

1)就绪时间,在周期性实时任务中,它是事先预知的一串时间序列。

2)开始截止时间和完成截止时间,对于典型的实时任务,只需知道开始截止时间或者完成截止时间即可。

3)处理时间,如前所述即为一个任务从开始执行直至完成所需的时间。

4)资源需求,任务执行时所需的一组资源。

5)优先级,若某实时任务错过开始截止时间会导致故障,则应该为该任务赋予“绝对”优先级;若其开始截止时间的错过对任务的继续运行不会造成重大影响,则可为其赋予“相对”优先级,供调度程序参考。

对于周期性实时任务来说,令 C_i 为任务 P_i 的处理时间,T_i 为任务 P_i 的发生周期,则任务 $P_1,P_2,\cdots P_n$ 在单处理机情况下必须满足以下的限制条件,系统才是可调度的:

$$\sum_{i=1}^{n} \frac{C_i}{T_i} \leqslant 1$$

如果是多处理机系统,且处理机的个数为 N,则上述限制条件应该修改为以下形式:

$$\sum_{i=1}^{n} \frac{C_i}{T_i} \leq N$$

这里需要说明的是,上述的限制条件并未考虑任务切换所花费的时间,因此当利用上述限制条件时,还应适当留有余地。

对于实时任务,可以采用最早截止时间优先(Earliest Deadline First,EDF)算法,该算法是根据任务的截止时间确定任务的优先级,任务的截止时间越早,其优先级越高,具有最早截止时间的任务排在队列的队首。调度程序在选择任务时,总是选择就绪队列中的第一个任务并为之分配处理机。最早截止时间优先算法既可用于抢占式调度方式,也可用于非抢占式调度方式。

如表 2-7 所示为两个周期性实时任务。

表 2-7　两个周期性实时任务(单位:ms)

进程	就绪时间	处理时间	完成截止时间	发生周期
A	0	10	20	20
B	0	25	50	50

若采用基于抢占式的最早截止时间优先调度算法,得到的运行结果如图 2-24 所示。

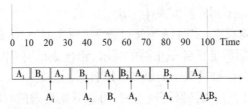

图 2-24　最早截止时间优先调度算法用于抢占调度方式的运行结果

同时到达的 A、B 两个任务均是周期性实时任务,我们用 $A_1,A_2,B_1,B_2,\cdots$ 分别表示两个任务各自所对应的周期,则 A_1 的完成截止时间为 20 ms, A_2 的完成截止时间为 40 ms,$\cdots\cdots$同样,B_1 的完成截止时间为 50 ms,B_2 的完成截止时间为 100 ms,$\cdots\cdots$采用 EDF 算法时,由于 A_1 的完成截止时间早于 B_1 的完成截止时间,所以 A_1 执行,当它执行结束后处在 $t=10$ ms 时刻,此时 A 没有进入第二个周期(当 $t=20$ ms 时任务 A 才进入第二个周期),所以选择任务 B_1 执行,当 B_1 执行到 $t=20$ ms 时,任务 A_2 到达,由于它的完成截止时间早于 B_1 的完成截止时间,所以会发生处理机的切换,将处理机分配给新到的 A_2,在 $t=30$ ms 时,A_2 执行完成,A_3 还未到达,所以将处理机接着分配给 B_1,B_1 继续执行。在 $t=40$ ms 时,A_3 到达,但由于 A_3 的完成截止时间不小于 B_1 的完成截止时间,所以不会发生抢占,B_1 继续执行直到完成。当 B_1 执行完成时,$t=45$ ms,此时只有 A_3 到达,所以将处理机分配给 A_3。当 A_3 执行完毕时,$t=55$ ms,此时只有 B_2 到达,让 B_2 执行,在 $t=60$ ms 时,A_4 到达,它的完成截止期早于 B_2 的完成截止时间,所以又发生处理机的切换,将处理机分配给 A_4。依次类推,让 A、B 两个实时任务都能满足其自身截止时间的要求。

2.8　进程死锁

在多道程序系统中,多个进程的并发执行改善了系统资源的利用率,并提高了系统的处理能力,然而多个进程的并发执行也带来了新的问题——死锁。进程死锁简称死锁,它是程序并发所带来的另一个重要问题,也是操作系统乃至并发程序设计中最难以处理的问题。

2.8.1　系统资源

在系统中有许多不同类型的资源,其中可以引起死锁的主要是需要采用互斥访问的,不可被抢占的临界资源,如打印机、数据文件、队列、信号量等。

1.可重用性资源和消耗性资源

（1）可重用性资源

顾名思义,可重用性资源是一种可供用户多次重复使用的资源,其性质有以下几点。

1）每一个可重用性资源中的单元每次只能分给一个进程,不允许多个进程共享。

2）进程在使用可重用性资源时必须按以下顺序进行:申请资源,如果申请失败,该进程进入阻塞状态;如果申请成功,则可使用资源,使用完毕后释放资源。

3）系统中每一类可重用性资源中的单元数目是相对固定的,进程在运行期间既不能创建也不能删除它。

进程对该类资源的申请和释放都是利用系统调用实现的。例如,对于设备,一般用 request/release;对于文件,可用 open/close。对于需要互斥访问的资源,进程可以利用前面讲过的信号量,对其进行 wait/signal 操作来完成。进程每次提出资源请求后,系统执行时都需要作一系列的工作。可以说,计算机系统中的大多数资源都属于可重用性资源。

（2）消耗性资源

消耗性资源又称临时性资源,是进程运行期间动态创建和消耗的。最典型的消耗性资源就是用于进程间通信的消息,它们由发送方创建,由接收方消耗。

2.可抢占资源和不可抢占资源

（1）可抢占资源

可抢占资源在分给某个进程后,可以被其他进程或系统抢占。典型的如处理机资源,在基于剥夺式的进程调度算法中,优先级高的进程可以剥夺正在执行的进程所占有的处理机;又如在内存资源紧张时,可将一个进程从内存换到外存,此时就是内存资源的抢占。

（2）不可抢占资源

不可抢占资源一旦分配给进程后,就不能将它强行收回,只能待进程使用完后自行释放。例如,当一个进程已经开始使用刻录机刻录光盘时,便其他进程只能等光盘刻好后进程自行释放刻录机,如果中途强行把刻录机分配给另外一个进程,势必会损坏正在刻录的光盘,使得本次刻录操作失败。计算机中的打印机、磁带机等也属于不可抢占资源。

2.8.2　死锁的概念

设有一台输入机和一台输出机,均为不可抢占的临界资源,进程 P_1 和 P_2 需要使用这两个资源。设两个进程的活动分别如下。

P₁ 的活动:	P₂ 的活动:
……	……
申请输入机①	申请输出机②
……	……
申请输出机③	申请输入机④
……	……
释放输出机	释放输入机
……	……
释放输入机	释放输出机

初始化以后,进程 P₁ 首先执行到①处,输入机将分配给 P₁,然后 P₁ 暂停、P₂ 执行,当 P₂ 执行到②处,输出机将分配给 P₂,若此时 P₂ 暂停、P₁ 想继续推进,则 P₁ 推进到③处将由于得不到输出机而暂停(因为输出机已经被 P₂ 占用);同样,若 P₂ 想继续向前推进,则推进到④处将由于得不到输入机而暂停(因为输入机已经被 P₁ 占用)。此时出现了一种状态:两个进程均因得不到所申请的资源而无法继续向前推进,这种由于进程竞争资源而引起的僵持称为死锁。

关于死锁的定义,可以描述如下:一组进程中的每个进程均等待此组进程中其他进程所占有的、因而永远无法得到的资源,这种现象称为进程死锁,简称死锁。

1.计算机系统中的死锁

(1)竞争不可抢占性资源引起死锁

通常系统中所拥有的不可抢占性资源的数量不足以满足多个进程运行的需要,使得进程在运行过程中会因争夺资源而陷入僵局。如图 2-25 所示,R₁ 代表系统中仅有的一台打印机,R₂ 代表系统中仅有的一台磁带机,P₁、P₂ 代表可共享资源的进程。图中所示代表 R₁ 已经分配给了进程 P₁,R₂ 已经分配给了进程 P₂,与此同时,进程 P₁ 想申请 R₂,进程 P₂ 想申请 R₁,但由于资源均已分配导致进程 P₁ 和进程 P₂ 都不能得到新申请的资源,构成了图中所示的循环等待状态。

(2)竞争消耗性资源引起死锁

如图 2-26 所示,在一个基于消息的系统中,若三个进程都先执行接收消息操作,后执行发送消息操作,则进程 P₁ 等待进程 P₂ 发来的消息 2,进程 P₂ 等待进程 P₃ 发来的消息 3,进程 P₃ 等待进程 P₁ 发来的消息 1,如此 3 个进程均无法继续向前推进,即发生死锁。

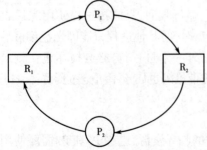

图 2-25　I/O 设备共享时的死锁情况

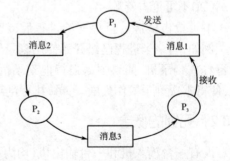

图 2-26　进程之间通信时的死锁情况

（3）进程推进顺序不当引起死锁

除了系统中多个进程对资源的竞争会引发死锁之外,进程在运行过程中,对资源的请求和释放的顺序是否合法也是在系统中是否会产生死锁的一个重要因素。举例说明,假设 R_1,R_2 代表两个临界资源,P_1,P_2 代表两个进程,我们用 Req 表示进程资源申请,Rel 表示进程资源释放。在并发环境中,进程的推进顺序可能有多种,如图 2-27 所示,我们用①、②、③、④表示不同的进程推进顺序。

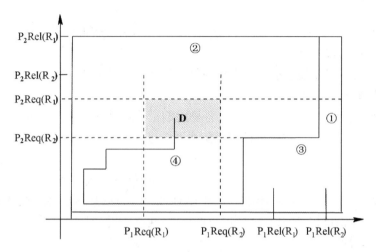

图 2-27　进程推进顺序对死锁的影响

在进程 P_1 和 P_2 并发执行时,如果按下述顺序推进:

P_1:Request(R_1);Request(R_2);Release(R_1); Release(R_2);

P_2:Request(R_2);Request(R_1);Release(R_2); Release(R_1);

两个进程便可顺序完成,如图中标记①所示;同理,如果按照标记②所示,则进程的推进顺序如下:

P_2:Request(R_2);Request(R_1);Release(R_2); Release(R_1);

P_1:Request(R_1);Request(R_2);Release(R_1); Release(R_2);

此时两个进程均可获得资源并顺序完成。再观察图中标记③,两个进程也可以顺序完成,只不过这种情况下进程 P_2 会等待一段时间,直到进程 P_1 将资源用完释放后即可被唤醒。

综上所述,进程若按照图中标记①、②、③所示的顺序推进,都可以顺利完成,我们称这种不会引起进程死锁的推进顺序是合法的。接下来观察标记④,若并发进程 P_1 和 P_2 按曲线④所示的顺序推进,它们将进入不安全区 D 内。此时 P_1 保持了资源 R_1,P_2 保持了资源 R_2,系统处于不安全状态。因为此时两进程再向前推进,便可能发生死锁。例如,当 P_1 运行到 P_1: Request(R_2)时,将因 R_2 已被 P_2 占用而阻塞;当 P_2 运行到 P_2: Request(R_1)时,也将因 R_1 已被 P_1 占用而阻塞,于是便发生了进程死锁。

2.产生死锁的必要条件

虽然进程在运行过程中可能会发生死锁,但产生进程死锁必须具备一定的条件。综上所述,不难看出,产生死锁必须同时具备以下四个必要条件,只要其中任何一个条件不成立,死锁就不会发生。

1）互斥条件。进程对所分配到的资源进行排他性使用，即在一段时间内，某资源只能被一个进程占用，如果此时还有其他进程请求该资源，则请求进程只能等待，直至占有该资源的进程用完释放。

2）请求和保持条件。进程已经获得至少一个资源，但又提出了新的资源请求，而该资源已被其他进程占有，此时请求进程被阻塞，但对自己已获得的资源保持不变。

3）不可抢占条件。进程已获得的资源在未使用完之前不能被抢占，只能在进程使用完时自己释放。

4）循环等待条件。在发生死锁时，必然存在一个进程—资源的循环链。

3.处理死锁的方法

1）预防死锁。该方法是通过设置某些限制条件，去破坏产生死锁的四个必要条件中的一个或几个来预防死锁的发生。

2）避免死锁。该方法并不事先采取各种限制措施去破坏产生死锁的四个必要条件，而是在资源的动态分配过程中，用某种方式防止系统进入不安全状态，从而避免死锁的发生。

3）检测死锁。该方法允许进程在运行过程中发生死锁，但是可以通过检测机构及时地检测出死锁的发生，然后采取适当的措施，把进程从死锁中解脱出来。

4）解除死锁。当检测到系统中发生死锁时，采取相应的措施，将进程从死锁状态中解脱出来。例如，撤销进程，让其释放所占有的资源，再将资源分配给已处于阻塞状态的进程，使其能够继续运行。

以上四种方法，从1）到4）对死锁的防范程度逐次减弱，而其资源利用率却逐次提高，进程的并发度也相应提高。

2.8.3 死锁的预防

死锁预防的基本思想是为进程中有关资源的申请命令制定某种协议，如果所有进程都遵守这一协议，则系统不会进入死锁状态。常见的死锁预防策略有预先分配策略和有序分配策略两种。

1.预先分配策略

采用预先分配策略，进程在运行前一次性向系统申请它所需要的全部资源，如果系统当前不能满足进程的全部资源请求，则不分配资源，此进程暂不投入运行；如果系统当前能够满足进程的全部资源请求，则一次性将资源全部分配给申请进程。

由于进程在投入运行前已经占有它所需要的全部资源，因而在其运行期间不会再发生新的资源申请命令，所以不会发生进程占有资源又申请资源的现象，亦即破坏了"请求和保持"这一死锁的必要条件，故不会有死锁发生。

这种策略有以下几个缺点。

1）资源利用率低。进程在运行前便申请并占有它所需要的全部资源，而申请到的有些资源在进程开始运行时可能并未用到，有的资源可能仅在进程运行结束前才使用一小段时间。

2）进程在运行前可能并不知道它所需要的全部资源，由于条件结构的存在，进程运行时如果选择某一条分支，可能需要某一种资源；如果选择另一条分支，则可能需要另一种资源，而进程在运行前无法预期它将选择哪一条分支，只好同时申请两种资源，这样有些申请到的资源在运行时可能并未用到。

2.有序分配策略

采用有序分配策略,事先将所有资源类完全排序,即对每一个资源类赋予唯一的正数。设 R={r_1,r_2,…,r_m}为资源类集合,定义一个一对一的函数 f: R → N,其中 N 为自然数集。例如,假设资源类集合 R={tape drive,scanner,printer},函数 f 可以定义为

f(tape drive)=1

f(scanner)=5

f(printer)=10

这里规定进程必须按照资源编号由小到大的次序申请资源。也就是说,当进程不占有任何资源时,它可以申请某一资源类(如 r_i)中的任意多个资源实例。此后,它可以申请另一个资源类(如 r_j)中的若干个资源实例的充分条件是 $f(r_i) < f(r_j)$。如果进程需要同一资源类中的若干个资源实例,则必须在一个申请命令中同时发出请求。例如,在上面所述的例子中,如果一个进程同时需要使用 printer 和 tape dirve,则它必须先申请 tape drive,然后再申请 printer。

也就是说,一个进程可以申请某一资源 r_i 中的资源实例的充分必要条件是它已经释放了资源类 r_j 中的所有资源实例,这里 $f(r_i) \leqslant f(r_j)$。

如果所有进程在申请资源时都遵守上述规定,则系统不会发生死锁,可以用反证法来证明上述推断。

假设有死锁发生,则存在循环等待进程序列<P_1, P_2,…, P_n>,进程 P_1 正在等待资源类 r_{k1} 中的若干资源实例,该资源类中的若干个资源实例正在被进程 P_2 所占用;进程 P_2 正在等待资源类 r_{k2} 中的若干资源实例,该资源类中的若干个资源实例正在被进程 P_3 所占用……进程 P_n 正在等待资源类 r_{kn} 中的若干个资源实例,该资源类中的若干资源实例正在被进程 P_1 所占用。根据进程申请资源次序的规定,可以推得:$f(r_{kn}) < (r_{k1})$,$f(r_{k1}) < f(r_{k2})$,…,$f(r_{k,n-1}) < f(r_{kn})$,此为矛盾。可以看出,有序分配策略通过破坏循环等待条件来防止死锁的发生。

应当指出,在使用这种预防死锁策略时,应当仔细考虑资源类的编号。为了提高资源的利用率,通常按照大多数进程使用资源的次序来给资源类编号,即先使用者排在前面,后使用者排在后面。

显然,与预先分配策略相比,有序分配策略在一定程度上提高了资源的利用率。不过其也具有以下几个缺点:①给资源类一个合理的编号比较困难;②按编号申请资源增加了资源使用者即进程的负担;③如果有进程违反了按编号申请的规定,则仍然有可能发生死锁;④为了保证按编号申请的次序,暂不需要的资源也可能需要提前申请,增加了进程对资源的占有时间。

2.8.4 死锁的避免

死锁的避免是保证系统不进入死锁状态的动态策略。与死锁预防策略不同,它不会对申请进程有关资源的命令施加任何限制,而是对进程发出的每一个系统能够满足的资源申请命令实施动态检查,并根据检查结果决定是否实施资源分配。

1.安全状态与安全序列

为了说明死锁避免策略,这里引入关于安全的概念。如果系统中的所有进程都能够按照某一种次序依次进行,就说明系统处于安全状态,安全状态的形式化定义如下。

在某一时刻,系统能按某种进程顺序(P_1, P_2,…, P_n)来为每个进程 P_i 分配其资源,直到

满足每个进程对资源的最大需求,使每个进程都顺利完成,则称此时的系统状态为安全状态,称序列(P_1,P_2,…,P_n)为安全序列。若某一时刻系统中不存在这样一个安全序列,则称此时的系统状态为不安全状态。图 2-28 给出了安全状态、不安全状态、死锁状态之间的关系。

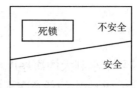

图 2-28　安全状态、不安全状态、死锁状态之间的关系

　　显然,安全状态是没有死锁状态的,因为对于任意进程 P_i($1 \leqslant i \leqslant n$)来说,如果它以后需要的资源数量超过系统当前剩余的资源数量,则它可以等待直到所有进程 P_j($j < i$)都结束并释放它们所占有的资源。更直观地说,死锁是指不存在一条路线(顺序或交叉)使所有进程剩余的活动能够执行完毕;而安全状态则会保证至少存在一条路线(顺序)使所有进程能够执行完毕,因而安全状态是非死锁状态。但是不安全状态不一定是死锁状态,如果每接受一个有关资源的申请命令之后,都能保证系统处于安全状态,则不会有死锁发生。

2.安全状态之例

　　假定系统中有 3 个进程 P_1、P_2 和 P_3,共有 12 台磁带机。进程 P_1 总共要求 10 台磁带机,进程 P_2 和 P_3 分别要求 4 台和 9 台磁带机。假设在 T_0 时刻,进程 P_1、P_2 和 P_3 已分别获得 5 台、2 台和 2 台磁带机,尚有 3 台磁带机空闲未分配,如表 2-8 所示。

表 2-8　T_0 时刻资源分配表(单位:台)

进程	最大需求	已分配	可用
P_1	10	5	
P_2	4	2	3
P_3	9	2	

　　经分析发现,T_0 时刻系统是安全的,因为这时存在一个安全序列<P_2, P_1, P_3>,即只要系统按此进程序列分配资源,就能使每个进程都顺利完成。

3.由安全状态向不安全状态的转换

　　如果不按照安全序列分配资源,则系统可能会由安全状态进入不安全状态。例如,在 T_0 时刻以后,P_3 又请求 1 台磁带机,若此时系统把剩余 3 台中的 1 台分配给 P_3,则系统便进入不安全状态。因为此时无法再找到一个安全序列,假如把其余的 2 台分配给 P_2,这样在 P_2 完成后只能释放出 4 台,既不能满足 P_1 尚需 5 台的要求,也不能满足 P_3 尚需 6 台的要求,致使它们都无法推进到完成,彼此都在等待对方释放资源,即陷入僵局,最终导致死锁。

4.银行家算法

　　当一个新进程进入系统时,它必须声明其最大资源需求量,即每个资源类各需要多少资源实例。当进程发出资源申请命令且系统能够满足该请求时,系统将判断:如果分配进程申请的资源,系统的状态是否安全。如果安全则分配资源,并让申请者继续;否则不分配资源,并让申请者等待。由于该算法原本是为银行系统设计的,以确保银行在发放现金贷款时,不会发生不能满足所有客户需要的情况,所以把该算法称为银行家算法。设 n 为系统中进程的总数,m 为资源类的总数。为了实现银行家算法,需要定义以下几个数据结构。

1)可利用资源向量 Available。这是一个含有 m 个元素的数组,记录当前各类资源中资源实例的数量。如果 Available[j]=k,则资源类 r_j 当前有 k 个资源实例。初始时 Available 的数值为系统资源总量。

2)最大需求矩阵 Max。这是一个 $n×m$ 的矩阵,它定义了系统中 n 个进程中的每一个进程对 m 类资源的最大需求。如果 Max[i, j]=K,则表示进程 i 需要 r_j 类资源的最大数目为 K。

3)分配矩阵 Allocation。这也是一个 $n×m$ 的矩阵,它定义了系统中每一类资源当前已分配给每一个进程的资源数。如果 Allocation[i, j]=K,则表示进程 i 当前已分得 r_j 类资源的数目为 K。

4)需求矩阵 Need。这也是一个 $n×m$ 的矩阵,用以表示每一个进程尚需的各类资源数。如果 Need[i,j]=K,则表示进程 i 还需要 r_j 类资源 K 个,方能完成任务。

对于上述矩阵,存在以下关系:

$$\text{Need}[i,j]=\text{Max}[i,j]-\text{Allocation}[i,j]$$

在定义上述数据结构后,银行家算法的描述如下:设 Request$_i$ 是进程 P$_i$ 的请求向量,如果 Request$_i$[j]=K,表示进程 P$_i$ 需要 K 个 r_j 类型的资源。当 P$_i$ 发出资源请求后,系统按下述步骤进行检查。

1)如果 Request$_i$[j]≤Need[i, j],便转向步骤 2);否则认为出错,因为它所需要的资源数已超过它所宣布的最大值。

2)如果 Request$_i$[j]≤Available[j],便转向步骤 3);否则表示尚无足够资源,P$_i$ 需等待。

3)系统试探着把资源分配给进程 P$_i$,并修改下面数据结构中的数值:

Available[j]=Available[j]-Request$_i$[j];

Allocation[i,j]=Allocation[i,j]+Request$_i$[j];

Need[i,j]=Need[i,j]-Request$_i$[j];

4)系统执行安全性算法,检查此次资源分配后系统是否处于安全状态。若安全,才正式将资源分配给进程 P$_i$,以完成本次分配;否则,将本次的试探分配作废,恢复原来的资源分配状态,让进程 P$_i$ 等待。

5.安全性算法

1)设置以下两个向量。

①工作向量 Work:它表示系统可提供给进程继续运行所需的各类资源的数目,它含有 m 个元素,在安全算法开始执行时,Work=Available。

② Finish:它表示系统是否有足够的资源分配给进程,使之运行完成。开始时先做 Finish[i]=false;当有足够资源分配给进程时,再令 Finish[i]=true。

2)从进程集合中找到一个能满足下述条件的进程:

① Finish[i]=false;

② Need[i,j]≤Work[j]。

若找到,执行步骤 3),否则执行步骤 4)。

3)当进程 P$_i$ 获得资源后,可顺利执行直至完成,并释放出分配给它的资源,故应执行:

Work[j]=Work[j]+Allocation[i,j];

Finish[i]=true；

go to step 2；

4）如果所有进程的 Finish[i]=true 都满足,则表示系统处于安全状态;否则表示系统处于不安全状态。

6.银行家算法实例

假定系统中有五个进程 P_0, P_1, P_2, P_3, P_4 和三类资源 A, B, C,对应的数量分别为 10、5、7,在 T_0 时刻的资源分配情况如表 2-9 所示。

表 2-9 T_0 时刻的资源分配情况

资源 进程	Max A B C	Allocation A B C	Need A B C	Available A B C
P_0	7 5 3	0 1 1	7 4 2	3 3 3
P_1	3 2 2	2 0 0	1 2 2	
P_2	9 0 2	3 0 0	6 0 2	
P_3	2 2 2	2 1 1	0 1 1	
P_4	4 3 3	0 0 2	4 3 1	

运行安全性检测算法,系统在 T_0 时刻可以找到一个安全序列<P_1, P_3, P_4, P_2, P_0>,如表 2-10 所示,因而可以断言系统当前处于安全状态。系统在某个时刻的安全序列不一定唯一,对于 T_0 时刻,还存在诸如<P_3,P_1,P_4,P_2,P_0>这样的安全序列。

表 2-10 T_0 时刻的安全序列

资源 进程	Work A B C	Need A B C	Allocation A B C	Work+ Allocation A B C	Finish
P_1	3 3 3	1 2 2	2 0 0	5 3 3	true
P_3	5 3 3	0 1 1	2 1 1	7 4 4	true
P_4	7 4 4	4 3 1	0 0 2	7 4 6	true
P_2	7 4 6	6 0 2	3 0 0	10 4 6	true
P_0	10 4 6	7 4 2	0 1 1	10 5 7	true

假设在 T_0 时刻 P_2 发出新的资源申请 $Request_2(1,0,2)$,即申请资源类 A 中的 1 个资源实例和资源类 C 中的 2 个资源实例。为了确定是否实施资源分配,执行安全性算法检测如下:

1）$Request_2(1,0,2) \leqslant Need_2(6,0,2)$；

2）$Request_2(1,0,2) \leqslant Available_1(3,3,3)$；

3）系统先假定可为 P_2 分配资源,并修改 Available, $Allocation_2$ 和 $Need_2$ 向量,由此形成的资源变化情况如表 2-11 所示。

表 2-11　P$_2$ 申请资源后资源分配情况

进程＼资源	Max A B C	Allocation A B C	Need A B C	Available A B C
P$_0$	7 5 3	0 1 1	7 4 2	2 3 1
P$_1$	3 2 2	2 0 0	1 2 2	
P$_2$	9 0 2	4 0 2	5 0 0	
P$_3$	2 2 2	2 1 1	0 1 1	
P$_4$	4 3 3	0 0 2	4 3 1	

4）再利用安全性算法检查此时系统是否安全。通过安全性算法检测得知，可以找到一个进程安全序列<P$_3$,P$_1$,P$_4$,P$_2$,P$_0$>，因而系统是安全的，此时实施真正的资源分配，称此时为 T$_1$ 时刻，如表 2-12 所示。在此基础上，进程 P$_4$ 发出资源请求 Request$_4$（3，3，0），对于 P$_4$ 的请求系统予以驳回，因为 Request$_4$（3，3，0）>Available$_1$（2，3，1），也就是说 P$_4$ 提出的资源请求超过了系统当前能够提供的资源数量，P$_4$ 进程应该等待。对于进程 P$_0$ 所发出的资源请求 Request$_0$（0，2，1），也不能实施资源分配，因为它虽然未超过系统当前可提供的资源数量，但是分配资源将导致系统进入不安全状态，所以系统会驳回 P$_0$ 的资源请求，让进程 P$_0$ 等待。

表 2-12　T$_1$ 时刻的安全序列

进程＼资源	Work A B C	Need A B C	Allocation A B C	Work+ Allocation A B C	Finish
P$_3$	2 3 1	0 1 1	2 1 1	4 4 2	true
P$_1$	4 4 2	1 2 2	2 0 0	6 4 2	true
P$_4$	6 4 2	4 3 1	0 0 2	6 4 4	true
P$_2$	6 4 4	5 0 0	4 0 2	10 4 6	true
P$_0$	10 4 6	7 4 2	0 1 1	10 5 7	true

2.8.5　死锁的检测

如果在一个系统中既未采用死锁预防策略，也未采用死锁避免策略，则系统中便有可能发生死锁。一旦发生死锁，系统应能将其找到并加以消除。为此，需要有相应的死锁检测方法和死锁解除手段。

1.资源分配图

为了能对系统中是否已经发生了死锁进行检测，在系统中必须：①保存有关资源的请求和分配信息；②提供一种算法，它利用这些信息来检测系统是否已经进入死锁状态。为了描述进程与资源的关系，我们引入了资源分配图（Resource Allocation Graph）。资源分配图又称进程—资源图，它描述了进程和资源间的申请和分配关系，由一个二元组构成：G=（V，E），其中 V 是结点集，E 是边集。结点集定义为 V=P∪R，其中 P={P$_1$，P$_2$，…，P$_n$} 为系统中所有进程所构成的集合，R={R$_1$，R$_2$，…，R$_m$} 为系统中所有资源类所构成的集合。边集 E={（P$_i$，R$_j$）∪（R$_j$，P$_i$）}，其中 P$_i$∈P，R$_j$∈R。如果（P$_i$，R$_j$）∈E，则有一条由进程 P$_i$ 到资源类 R$_j$ 的有向弧,表示进程 P_i 申请资源类 R_j 中的一个资源实例。如果(R_j , P_i)∈ E,则有一条由资源类 R_j 到进程 P_i 的有向弧,表示资源类 R_j 中的一个资源实例被进程 P_i 占有。将形如(P_i , R_j)的边称为申请边,形如(R_j , P_i)的边称为分配边,如图 2-29 所示。

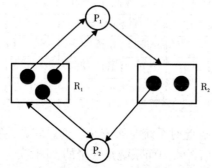

图 2-29　每类资源有多个时的资源分配图

图中将每一个进程表示为一个圆圈,每一个资源类表示为一个方框。由于一个资源类中可能有多个资源实例,在方框中用圆点来表示同一资源类中各子资源实例。请注意申请边只指向方框,表明申请时不指定资源实例;而分配边则由方框中的某一圆点引出,表明那一个资源实例已被占用。当进程 P_i 申请资源实例 R_j 中的一个资源实例时,在资源分配图中增加一条申请边。当该申请可以被满足时,该申请边立即被改为一条分配边。当进程释放该资源实例时,该分配边被去掉。图 2-29 中的资源分配图表示当前有两个进程 P_1 和 P_2;有两类资源 R_1 和 R_2(R_1 有资源实例 3 个, R_2 有资源实例 2 个)。其中, P_1 获得了 2 个 R_1 类资源,想申请一个 R_2 类资源; P_2 获得了 1 个 R_1 类资源和 1 个 R_2 类资源,还想申请一个 R_1 类资源。

根据上述关于资源分配图的定义可知,如果图中没有环路,则系统中没有死锁;如果图中存在环路,则系统中可能存在死锁。

设进程集 P、资源类集 R 及边集 E 如下:

P={ P_1 , P_2 , P_3 }

R={ R_1 (1), R_2 (2), R_3 (1), R_4 (3)}

E={(R_1 , P_2),(R_2 , P_2),(R_2 , P_1),(R_3 , P_3),(P_1 , R_1),(P_2 , R_3),(R_4 , P_3)}

对应的资源分配图如图 2-30 所示。

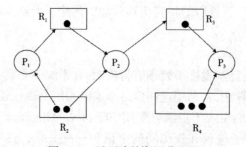

图 2-30　无环路的资源分配图

此时,进程 P_1 占有资源类 R_2 中的一个实例,等待资源类 R_1 中的一个实例;进程 P_2 占有资源类 R_1 和 R_2 中各一个实例,等待资源类 R_3 中的一个实例;进程 P_3 占有资源类 R_3 和

R_4 中各一个实例。由于资源分配图中没有环路,因而不存在死锁,系统是安全的。在此基础上,如果进程 P_3 申请资源类 R_2 中的一个实例,由于没有空闲的资源实例,将增加一条申请边(P_3,R_2),如图 2-31 所示,此时出现 2 个环路:$P_1 \rightarrow R_1 \rightarrow P_2 \rightarrow R_3 \rightarrow P_3 \rightarrow R_2 \rightarrow P_1$ 和 $P_2 \rightarrow R_3 \rightarrow P_3 \rightarrow R_2 \rightarrow P_2$。进一步分析可以验证,此时系统已经发生死锁,且进程 P_1,P_2,P_3 都参与了死锁。再如图 2-32 所示,图中也有一个环路:$P_1 \rightarrow R_2 \rightarrow P_3 \rightarrow R_1 \rightarrow P_1$,然而并不存在死锁,因为此时 P_2 是可以顺利推进并释放资源的,从而使环路断开。

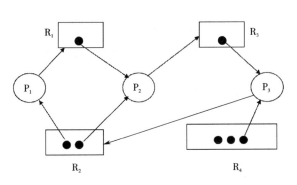

图 2-31 有环路且有死锁的资源分配图   图 2-32 有环路但无死锁的资源分配图

综上所述,如果资源分配图中不存在环路,则系统中不存在死锁。反之,如果资源分配图中存在环路,则系统中可能存在死锁,也可能不存在死锁。可以通过对资源分配图的简化来判断系统是否处于死锁状态。其简化方法如下:

1)寻找一个既不阻塞又非孤立的进程结点 P_i,若无则算法结束;

2)去除 P_i 的所有分配边和请求边,使 P_i 成为一个孤立结点;

3)转步骤 1)。

在进行一系列简化后,若能消去图中所有的边,使所有进程都成为孤立结点,则称该图是能完全简化的;反之,称该图是不能完全简化的。以图 2-30 的资源分配图为例介绍简化过程。

按照上述原则,其简化过程如图 2-33 至 2-35 所示。

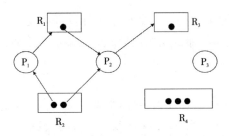

图 2-33 资源分配图的简化(1)

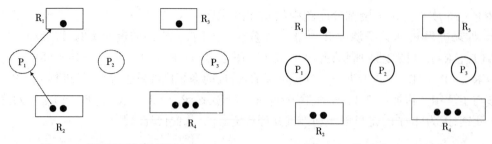

图 2-34　资源分配图的简化（2）　　　　图 2-35　资源分配图的简化（3）

S 为死锁状态的充分必要条件是 S 的资源分配图不可完全简化，这也称为死锁定理。

2.死锁检测算法

1）令 Work 和 Finish 分别是长度是 m 和 n 的向量，初始时设置：

Work=Available；

对于所有 i=1，2，…，n，如果 Allocation[i] $\neq$ 0，则 Finish[i]=false，否则 Finish[i]=true。

2）寻找满足下述条件的 i：

Finish[i]=false；

Request[i]=Work；

如果不存在满足上述条件的 i，则转步骤 4）。

3）Work=Work+Allocation[i]；

Finish[i]=true；

转步骤 2）。

4）如果存在 i，$1 \leqslant i \leqslant n$，Finish[$i$]=false，则系统处于死锁状态，且进程 P_i 参与了死锁。

3.死锁检测时刻

何时进行死锁检测，主要取决以下两个因素：①死锁发生的频率；②死锁涉及的进程数。

如果死锁发生的频率较高，则死锁检测的频率也应较高，否则会影响系统资源的利用率，也可能使更多的进程被卷入死锁，对死锁进程所对应的事件也会带来某种影响。当然，死锁检测会增加系统的开销，影响系统执行效率。通常可以在以下时刻进行死锁检测。

（1）进程等待时检测

因为仅当进程发出资源申请命令且此申请不能立即满足时才有可能发生死锁，所以每当进程等待时便进行死锁检测，那么在死锁形成时就能够被发现。当然，此时系统的开销将很大，与避免死锁的算法相近。

（2）定时检测

为了减少死锁检测带来的系统开销，可以采取每隔一段时间进行一次死锁检测的策略，如每隔 1h 进行一次死锁检测。此时，一次死锁检测可能会在资源分配图中发现多个死锁。

（3）资源利用率降低时检测

为了减少盲目性，通常希望在系统可能发生死锁的时刻进行死锁检测。由于死锁的发生会使系统中可运行的进程数量降低，进而使处理机的利用率下降。因此，可以在 CPU 的利用率降低到某一界限（如 45%）时开始进行死锁检测。

2.8.6　死锁的解除

当死锁已经发生并且被检测到时，应当将其解除，以使系统从死锁状态中恢复过来。通常可以采取以下策略解除死锁。

1.系统重新启动

系统重新启动(system restart)是最简单、最常用的死锁解除方法。不过它的代价是很大的,因为在此之前所有进程已经完成的计算机工作都将付之东流,不仅包括参与死锁的全部进程,也包括并未参与死锁的全部进程。

2.终止进程

终止参与死锁的进程(terminating process),并收回它们所占有的资源,死锁也能得以解除。这又有两种处理策略:一种策略是一次性撤销所有参与死锁的进程,这种处理方法简单,但是代价较高,例如对于那些本身不占有任何资源的进程的撤销是不必要的;另一种策略是逐一撤销参与死锁的进程,即按照某种算法选择一个参与死锁的进程,将其撤销并收回其所占有的全部资源,然后判断是否还存在死锁,如果存在,则选择并淘汰下一个将被淘汰的进程。如此重复,直至死锁被解除。

3.剥夺资源

剥夺资源(resource preemption)即剥夺死锁进程所占有的全部或者部分资源。在实现时又可分为两种情形:①逐步剥夺,剥夺进程所占有的一个或一组资源,如果死锁尚未解除再继续剥夺,直至死锁解除为止;②一次剥夺,一次性剥夺死锁进程所占有的全部资源。

4.进程回退

所谓进程回退(process rollback),就是让参与死锁的进程回退到以前没有发生死锁的某个点处,并由此点开始继续执行,希望进程交叉执行时不再发生死锁。这似乎是死锁恢复的一种比较完善的方法,不过它所带来的开销是惊人的,因为要实现"回退",必须"记住"以前某点处的现场,而且现场应当随进程的推进而动态变化,这需要花费大量的时间和空间。除此之外,一个回退的进程应当"挽回"它在回退点到死锁点之间所造成的影响,如修改某一文件,给其他进程发送信息。这些在实现时是难以做到的。

2.8.7 鸵鸟算法

鸵鸟算法由鸵鸟遇到危险时将头埋在沙子里的传说而得名,即对死锁视而不见的处理方法。这实在不算是一个算法,但却是目前较多系统采用的一种策略。当死锁真正发生且影响系统正常运行时,手动干预——重新启动。

不同的人对此持有不同的态度。数学家们认为这是完全不可接受的,他们认为死锁必须完全摒弃,无论代价如何。而工程师们则考虑死锁发生的频度和可能造成的后果。如果死锁发生的频率远低于诸如程序漏洞等所造成的系统瘫痪,那么避免死锁所付出的代价是没有多大意义的。UNIX 和 Windows 等商用系统都采用这种做法,一般用户宁愿忍受系统的偶然性故障带来的损失,也不愿意经常进行死锁处理而牺牲系统性能。

习题 2

一、选择题

1.某单处理机系统中若同时存在 5 个进程,则处于等待状态的进程最多可有(　　)个。

A. 1　　　　　　　　B. 5　　　　　　　　C. 0　　　　　　　　D. 4

2.一个进程退出等待队列而进入就绪队列,是因为进程(　　)。

A.启动了外设　　　　　　　　　　B.能得到所等待的处理机

C.用完了规定的时间片　　　　　　D.获得了所等待的资源

3.在操作系统的处理机管理中,标识每一个进程的唯一标志是(　　)。

A. FCB　　　　　B.目标程序　　　　C.数据集合　　　　D. PCB

4.当外围设备工作结束后,等待该外围设备传输信息的进程状态可能变为(　　)。

A.运行态　　　　B.终止态　　　　C.等待态　　　　D.就绪态

5.下列进程状态变化中,不可能发生的变化是(　　)。

A.运行态→就绪态　B.等待态→运行态　C.等待态→就绪态　D.运行态→等待态

6.进程创建原语的任务是(　　)。

A.为进程编制程序　　　　　　　　B.为进程分配内存

C.为进程分配 CPU　　　　　　　　D.为进程建立 PCB 表

7.操作系统是通过(　　)对进程进行管理的。

A.数据　　　　　B.代码　　　　　C.进程号　　　　D. PCB

8.在只有 1 个 CPU 的系统中,设系统中有 n 个进程,则处于就绪状态的进程最多为(　　)个。

A.n　　　　　　B.$n-1$　　　　　C.1　　　　　　D.0

9.信箱通信是一种(　　)方式。

A.低级通信　　　B.信号量通信　　C.直接通信　　　D.间接通信

10.利用 fork 创建的子进程,它和父进程之间(　　)。

A.有一样的 PID　B.不共享任何资源　C.共享所有资源　D.地址空间不同

11.在单处理机系统中实现并发技术后,(　　)。

A.进程在一个时刻点上并行运行,CPU 与外设间串行工作

B.进程在一个时间段内并行运行,CPU 与外设间并行工作

C.进程在一个时刻点上并行运行,CPU 与外设间并行工作

D.进程在一个时间段内并行运行,CPU 与外设间串行工作

12.在线程模型中,操作系统分配 CPU 以外的资源以(　　)为单位。

A.程序　　　　　B.进程　　　　　C.线程　　　　　D.指令

13.在操作系统中,当(　　),进程从执行状态转为就绪状态。

A.进程被进程调度程序选中　　　　B.等待的事件发生

C.进程所占用的 CPU 被抢占　　　　D.等待某一事件发生

14.一个进程是(　　)。

A.一个独立的程序　　　　　　　　B.处理机执行的程序

C.PCB 结构与程序和数据的集合　　D.一个独立的程序+数据集

15.在操作系统中,当(　　),进程从执行状态转为等待状态。

A.等待事件发生　　　　　　　　　B.等待某一事件发生

C.时间片用完　　　　　　　　　　D.进程被进程调度程序选中

16.n 个进程有(　　)种调度次序。

A.$n!$　　　　　　B.1　　　　　　C.n　　　　　　D.2

17.若信号量 S 的初始值为 2,当前值为-1,则表示有(　　)个等待进程。

A.0　　　　　　　B.2　　　　　　C.1　　　　　　D.3

18.下面关于临界资源的论述,正确的是(　　　)。

A.并发执行的程序可以对临界资源实现共享

B.对临界资源,应该采取同时访问方式实现共享

C.对临界资源,应该采取互斥访问方式实现共享

D.为临界资源配上相应的设备控制块后(一种用于设备管理的数据结构),就可以实现共享

19.下面关于临界区的论述,正确的是(　　　)。

A.临界区是指进程中用于实现进程互斥的那段代码

B.临界区是指进程中用于实现进程通信的那段代码

C.临界区是指进程中用于访问共享资源的那段代码

D.临界区是指进程中用于实现进程同步的那段代码

20.设有 6 个进程共享一互斥段,若最多允许 3 个进程进入临界区,则采用的互斥信号灯的初始值为(　　　)。

A.0　　　　　　　B.3　　　　　　　C.1　　　　　　　D.6

21.有 3 个进程共享一程序段,而每次最多允许两个进程进入该程序段,则信号量的取值范围是(　　　)。

A.3,2,1,0　　　B.2,1,0,-1　　　C.2,1,0,-1,-2　　　D.1,0,-1,-2

22.在非剥夺方式下,运行进程执行 signal 操作后,其状态(　　　)。

A.可能变　　　　B.可能不变　　　C.不变　　　　　D.要变

23.处于执行状态的进程,执行 wait 操作后,其值为负,则该状态由执行状态变为(　　　)状态。

A.就绪或等待　　B.等待　　　　　C.不就绪、不等待　　D.就绪

24.资源的有序分配可以破坏(　　　)条件。

A.请求和保持　　B.不剥夺　　　　C.互斥　　　　　D.环路等待

25.资源的全部分配可以破坏(　　　)条件。

A.不剥夺　　　　B.环路等待　　　C.互斥　　　　　D.请求和保持

26.设两个进程共用一个临界资源的互斥信号量 mutex,当 mutex=1 时表示(　　　)。

A.一个进程进入了临界区,另一个进程等待　B.没有一个进程进入临界区

C.两个进程都进入临界区　　　　　D.两个进程都在等待

27.要求进程一次性申请所有资源,操作系统阻塞进程直到其所有资源申请得到满足,这破坏的是死锁产生条件中的(　　　)。

A.互斥　　　　　B.占有且等待　　C.不可抢占　　　D.循环等待

28.为了更好地实现人机交互,应采用(　　　)调度算法。

A.响应比高者优先　B.短作业优先　　C.时间片轮转　　　D.先来先服务

29.当系统中(　　　)时,将不会引起系统执行进程调度原语。

A.在非抢占调度中,进程 A 正在运行,而进程 B 恰好被唤醒

B.当前进程执行了 P 操作

C.分时系统中的时间片用完

D.一个新进程被创建

30.现在有三个同时到达的作业 J_1、J_2 和 J_3,它们的执行时间分别是 T_1、T_2 和 T_3,且

$T_1 > T_2 > T_3$。系统采用单道方式运行且采用短作业优先调度算法,则平均周转时间是(   )。

A. $T_1 + T_2 + T_3$ B. $(3T_1 + 2T_2 + T_3)/3$

C. $(T_1 + T_2 + T_3)/3$ D. $(T_1 + 2T_2 + 3T_3)/3$

31.一个进程到达时刻为 2,估计运行时间为 4 个时间单位,若在时刻 6 开始执行该进程,其响应比是(   )。

A.2   B. 4   C. 1   D. 0.5

32.假设就绪队列中有 10 个进程,以时间片轮转方式进行进程调度,时间片大小为 300 ms,CPU 进行进程切换需要花费 10 ms,则系统开销所占比率和进程数目增加到 30 个,其余条件不变时,与系统开销所占的比率相比,其结果是(   )。

A.前者大于后者   B.两者相等   C.前者小于后者   D.不能确定

33.系统里有四个周期性任务 J_1、J_2、J_3、J_4,周期分别为 20 ms, 40 ms, 50 ms, 30 ms,采用速率单调调度算法(RMS),这四个任务里优先级最高的任务是(   )。

A. J_1 B. J_2 C. J_3 D. J_4

34.在实时调度中,当任务具有开始截止时间或完成截止时间时,采用(   )调度策略,可以使超过截止时间(最后期限)的任务数较少。

A.先来先服务   B.多级反馈队列   C.最早截止时间优先   D.固定优先级

35.关于时间片轮转调度算法,下列描述错误的是(   )。

A.属于抢占式调度算法   B.有利于 I/O 繁忙型进程

C.常用于分时系统   D.时间片设置较短会增加系统开销

36.在(   )的情况下,系统出现死锁。

A.计算机系统发生了重大故障

B.有多个进程同时存在

C.若干进程因竞争资源而无休止地相互等待他方释放已占有的资源

D.各进程申请资源数超过资源总数

37.某计算机系统中有 K 台打印机,由 4 个进程竞争使用,每个进程需要 3 台打印机,则系统不会产生死锁的最小 K 值是(   )。

A. 8   B. 9   C. 10   D. 11

38.死锁的避免是根据(   )采取措施实现的。

A.配置足够的系统资源   B.给进程一次性分配所有资源

C.破坏占有且等待条件   D.防止系统进入不安全状态

39.以下有关抢占式调度的论述,错误的是(   )。

A.可防止单一进程长时间独占 CPU

B.系统开销小

C.进程切换频繁

D.调度程序可根据某种原则暂停某个正在执行的进程,将已分配给它的 CPU 重新分配给另一个进程

40.假设一个系统中有 5 个进程,它们到达的时间依次为 0、1、2、3 和 4,运行时间依次为 2、3、2、4 和 1,优先数分别为 3、4、2、1、5。若按照非抢占优先数调度算法(优先数小则优先级高)调度 CPU,那么各进程的平均周转时间为(   )。

A. 其他   B. 5   C. 3.3   D. 5.4

二、填空题

1.当一个进程独占处理机顺序执行时,具有(   )和(   )两个特性。

2.若系统中存在一组可同时执行的进程,则就说该组进程具有(   )。

3.进程的(   )是指当有若干个进程都要使用某一共享资源时,任何时刻最多只允许一个进程去使用。

4.进程通信方式有(   )和(   )两种。

5.在使 P、V 操作实现进程互斥时,调用(   )相当于申请一个共享资源,调用(   )相当于归还共享资源的使用权。

6.临界区是指并发进程中与(   )有关的程序段。(   )是指并发进程中涉及相同变量的那些程序段。

7.进程状态变化时,(   )和(   )都有可能变为就绪态。

8.进程的四个基本属性为(   ),(   ),(   ),(   )。

9.批处理系统中处理机调度算法的选择准则有(   )、(   )、(   )。

10.采用优先级调度算法时,一个高优先级进程占用处理机后可有(   )或(   )两种处理方式。

11.常用的进程调度算法有(   )、(   )、(   )及多级队列调度算法等。

12.解决死锁问题可以采用的方式中,采用(   )策略,如银行家算法虽然保守,但可以保证系统时时处于(   )状态。

13.死锁检测方法要解决两个问题:一是判断系统是否出现了(   ),二是当有死锁发生时怎样去(   )。

14.在有 m 个进程的系统中出现死锁时,死锁进程的个数 k 应该满足的条件是(   )。(请用 C 语言中语法格式填写)

15.一个理想的调度算法应该是既能(   ),又能使进入系统的作业(   )得到计算结果。

16.破坏请求与保持条件,从而预防死锁的发生,其通常使用的两种方法是(   )和(   )。

三、简答题与应用题

1.程序并发执行时为什么会失去封闭性和可再现性?

2.试从动态性、并发性和独立性上比较进程和程序。

3.设有一个可以装 A、B 两种物品的仓库,其容量无限大,但要求仓库中 A、B 两种物品的数量满足下述不等式:$-M \leqslant A$ 物品数量$-B$ 物品数量$\leqslant N$,其中 M 和 N 为正整数。试用信号量和 P、V 操作描述 A、B 两种物品的入库过程。

4.一座小桥(最多只能承重两个人)横跨南北两岸,任意时刻同一方向只允许一人过桥,南侧桥段和北侧桥段较窄只能通过一人,桥中央一处宽敞,允许两个人通过或歇息。试用信号量和 P、V 操作写出南、北两岸过桥的同步算法。

5.某系统有同类资源 m 个,供 n 个进程共享。如果每个进程最多申请 x 个资源(其中 $1 \leqslant x \leqslant m$),请证明:当 $n(x-1)+1 \leqslant m$ 时,系统不会发生死锁。

6.有 5 个批处理作业按 A、B、C、D、E 的顺序几乎同时到达一计算机中心,它们的估计运行时间分别为 10、6、2、4、8 分钟,其优先数(由外部设定)分别为 3、5、2、1、4,其中 5 设为最高优先级,对于下列每种调度算法,计算其平均进程周转时间,可忽略进程切换的开销

（该进程是纯计算的）。

（1）时间片轮转调度算法（时间片为4）；

（2）优先级调度算法；

（3）先来先服务调度算法（按顺序10、6、2、4、8）；

（4）最短作业优先调度算法。

7.在银行家算法中，若出现下表资源分配情况：

资源 进程	Allocation		Need		Available	
	A B C D		A B C D		A B C D	
P_0	0 0 3 2		0 0 1 2			
P_1	1 0 0 0		1 7 5 0			
P_2	1 3 5 4		2 3 5 6		1 6 2 2	
P_3	0 3 3 2		0 6 5 2			
P_4	0 0 1 4		0 6 5 6			

试问：

（1）该状态是否安全？

（2）若进程 P_2 提出请求 Request（1,2,2,2），系统能否将资源分配给它？

8.假定在单道批处理环境下有5个作业，各作业进入系统的时间和估计运行时间如下表所示：

作业	进入系统时间	估计运行时间/分钟
1	8:00	40
2	8:20	30
3	8:30	12
4	9:00	18
5	9:10	5

（1）如果应用先来先服务的作业调度算法，试将下表填写完整。

作业	进入系统时间	估计运行时间/分钟	开始时间	结束时间	周转时间/分钟
1	8:00	40			
2	8:20	30			
3	8:30	12			
4	9:00	18			
5	9:10	5			

作业平均周转时间 $T=$

（2）如果应用最短作业优先的作业调度算法，试将下表填写完整。

作业	进入系统时间	估计运行时间/分钟	开始时间	结束时间	周转时间/分钟
1	8:00	40			
2	8:20	30			
3	8:30	12			
4	9:00	18			
5	9:10	5			

作业平均周转时间 $T=$

第3章 存储管理

3.1 存储管理概述

存储器是计算机系统的重要资源之一。近年来,随着微电子技术的不断发展,存储器容量也不断增大,但仍然不能保证有足够大的空间支持大型软件的运行。因此,作为操作系统主要功能之一的存储管理的优劣直接影响到存储器的利用率,对计算机系统的整体性能也有重大影响。

存储器作为程序、数据和各种控制用数据结构的载体,主要分为内存储器(简称主存或内存)和辅助存储器(简称辅存或外存),通常内存和外存可以采用相似的管理方式,而外存主要用来存放文件,所以我们把对外存的管理放在文件管理一章介绍,本章主要介绍内存的管理。

内存空间一般分为两部分:一部分是系统区(核心区),存放操作系统核心程序、标准子程序、例行程序等,用户不能占用这部分空间;另一部分是用户区,存放用户的程序和数据等,供当前正在执行的应用程序使用,这部分的信息随时都在发生变化。因此,存储管理主要是对用户区进行管理。

3.1.1 存储器的层次结构

计算机运行时,每一条指令的执行几乎都会对存储器进行访问,因此在理想状态下存储器的速度应当非常快(能匹配处理机的速度),容量也非常大,而且价格还应该很低。目前,任何一种存储器都无法在上述条件下满足用户的需求,为了解决这个难题,在现代计算机系统中均采用层次结构的存储系统,以便在速度快慢、容量大小、价格高低等因素中取得平衡,获得较好的性价比。另外,任意高速存储介质都可以作为低速存储介质的缓存,这也是出现存储器层次的主要原因之一。

对于通用计算机而言,存储器层次分为 CPU 寄存器、高速缓存、内存和辅存 4 层。在目前的计算机中,按照具体功能的不同细分为 CPU 寄存器、高速缓存、内存储器、内存缓存、磁盘/可移动存储器等 5 层,如图 3-1 所示。存储介质的访问速度自下而上越来越快,价格也越来越高,相对存储容量越来越小。其中, CPU 寄存器、高速缓存、内存储器和内存缓存均属于操作系统存储管理的管辖对象,掉电后它们存储的信息不复存在;磁盘/可移动存储器属于设备管理的管辖对象,它们所存储的信息即使掉电也不会丢失,将被永久保存。

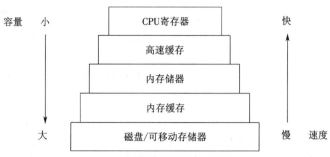

图 3-1　存储器层次结构图

对于 CPU 寄存器，CPU 可以在一个时钟周期内访问它们；之后是一个或者多个小型到中型的基于 SRAM 的高速缓存，可以在几个 CPU 时钟周期内访问它们；然后是一个大型的基于 DRAM 的内存，可以在几十或者几百个 CPU 时钟周期内访问它们；最后是慢速但是容量很大的磁盘和可移动存储器。存储器层次结构的核心是对于每个 k，位于 k 层的更快更小的存储介质作为位于 $k+1$ 层的更大更慢的存储介质的缓存。也就是说，层次结构中的每一层都缓存来自较低一层的数据对象。例如内存缓存即作为磁盘/可移动存储器取出文件的缓存，以此类推直到 CPU 寄存器。

3.1.2　存储管理的功能

早期的计算机系统中，存储器的使用全部由用户负责，不涉及系统和他人。随着计算机系统的发展和多道程序设计技术的引入，存储管理也有了很大的发展。存储管理的主要任务是尽可能方便用户使用、提高内存利用率以及从逻辑上扩充内存，为多道程序的运行提供良好的环境。为此，其需要具备以下功能：内存的分配和回收、地址映射、内存共享和保护、内存扩充。

1.内存的分配和回收

多道程序设计系统允许内存同时容纳多个作业或进程，因此必须解决内存空间如何分配的问题。不同的存储管理方式采用的内存分配策略不同，但都需要硬件的支持。当内存中某个进程撤销、中止或主动归还内存空间时，系统必须及时回收它所占用的全部或部分内存空间。为了合理、有效的使用内存，操作系统在设计内存分配和回收算法时，需要完成下述策略。

1）分配策略：明确以管理方式和实现该管理方式所需要建立的数据结构。

2）存放策略：明确待调入内存的程序和数据在内存中的存放位置，即选择哪个内存空闲区域实施分配。

3）置换策略：当内存空间不够时，需要将一些进程的映像从内存调到辅存对换区，以腾出足够的内存空间。置换策略决定需要调出哪些进程映像。

4）调入策略：当内存空间足够或内存就绪进程队列为空时，需要将辅存对换区的就绪进程映像调入内存。调入策略决定辅存对换区的就绪进程映像何时调入和如何调入内存。

5）回收策略：明确回收的时机和回收时对邻接空闲区的合并。

2.地址映射

地址映射也称为地址转换、地址重定位，是指将用户程序中的逻辑地址转换为内存中的物理地址的过程。

逻辑地址是指用户程序中每条指令的相对地址,也称为虚地址、相对地址、程序地址。每个程序中指令的逻辑地址都是从 0 开始的。如某个程序有 500 条指令代码,则该程序指令的逻辑地址范围是 0~499。

物理地址是指程序调入内存后在内存中分配的存储单元的地址,也称为绝对地址、实地址、内存地址。

由于用户程序中使用的是相对地址,而处理机执行程序时要按物理地址访问内存,所以存储管理必须配合硬件进行地址转换工作,把一组逻辑地址转换成物理地址,以保证处理机的正确执行。如某个程序的 500 条指令被分配到从 1000 开始的物理地址空间,则该程序所占用的物理地址范围是 1000~1499,其每条指令的地址都要作相应的调整,需要重新进行定位。

地址重定位在现代操作系统中广泛使用,其方式有静态重定位和动态重定位两种。

(1)静态重定位

静态重定位是在程序装入内存时由专门的重定位装入程序完成的重定位。对于每个程序来说,这种地址重定位在装入时一次完成,在程序运行期间不再进行重定位。早期的操作系统采用得比较多。在这种方式下,地址重定位表达式为

物理地址=基址+逻辑地址

如程序分配的起始物理地址为 1000,则该程序中逻辑地址为 0~n 的指令的物理地址为 1000~(1000+n),如图 3-2 所示。

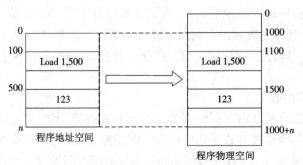

图 3-2　静态重定位示意图

静态重定位的优点:简单,无须增加地址转换机构,不需要硬件支持,可用软件实现。

静态重定位的缺点:分配给程序的内存空间必须是连续的,装入内存的程序在执行时不能移动,不利于内存空间的利用。

(2)动态重定位

动态重定位在程序装入内存时不进行地址转换,而是在指令执行期间 CPU 每次访问内存时进行地址转换,它的实现需要硬件(地址转换机构)的支持。目前,绝大多数操作系统均采用动态重定位。其地址变换机构由基址寄存器(BR)和逻辑地址寄存器(VR)构成。其物理地址(MA)与逻辑地址的转换关系为

MA=(BR)+(VR)

由于有专门的寄存器来存放当前地址重定位所需要的 BR 和 VR,所以重定位过程可以在指令执行时动态逐条完成。动态重定位还可以实现程序在内存中以不连续的方式存放时的动态重定位,它可以通过修改 BR 来完成,如图 3-3 所示。

动态重定位的优点：装入内存的程序在执行时可以移动，从而实现了内存空间的不连续分配，提高了内存空间利用率，有利于程序的数据共享。

动态重定位的缺点：需要硬件（地址转换机构）的支持，增加了系统成本。

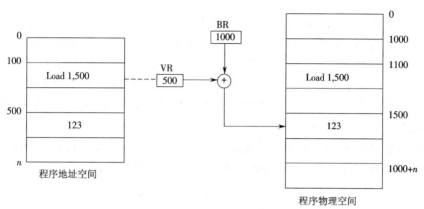

图 3-3　动态重定位示意图

3.内存共享和保护

内存共享是指两个或多个进程共用内存中的相同区域，即它们的物理空间有交叉部分。

如多个进程正在调试并运行 C++程序，都要调用 C++编译程序进行编译，则系统不必把这个编译程序的多个副本都调入内存，只需在内存的某区域中保留该编译程序的一个副本，让多个进程在需要调用编译程序时访问这个内存区域即可，从而实现了内存的共享，节省了内存空间。当然，能被多个进程共享的内存区域的内容既可能是程序代码，也可能是数据。若是程序代码共享则只能是"纯"的，以保证"可再入"，即它在执行过程中不修改自身。

在多道程序系统中，内存中既有系统进程，又有用户进程。为了防止各进程相互干扰和保护各区域内的信息不被破坏，必须实现内存保护。内存保护的工作一般以硬件支持为主，软件配合为辅。操作系统把程序可访问的区域通知硬件，由硬件：①检查进程运行时所产生的地址是否在其地址空间之内，若不在则产生"地址越界"中断；②检查进程访问共享区域时是否具有相应的访问权限，若无则产生"访问越权"中断。上述中断产生后，由操作系统的中断处理程序进行处理。一般来说，对内存区域的保护可采取以下措施：①程序执行时对属于自己的内存区既可读又可写；②程序执行时对共享区只能读不能写；③程序执行时对属于其他程序的非共享内存区既不可读又不可写。

4.内存扩充

内存扩充的目的就是为了提高系统的并发执行能力和运行大型程序，提高内存利用率。因此，内存扩充包括存储器的利用率提高和扩充两方面内容。

由于内存相对所有用户的程序和数据需要的存储容量来说太小，系统一般都允许程序中的相对地址空间比内存的绝对地址空间大得多，这使得用户编程时可以不考虑内存的容量，给用户带来了极大的便利。但当用户要运行比内存大的程序时却会遇到内存不够的问题，解决这个问题的方法有：①让用户花钱购买大容量内存条对内存进行物理扩充，但这种方法治标不治本；②采取软件技术借助系统提供的大容量硬盘来对内存进行逻辑扩充，具体实现是在硬件支持下，软硬件相互协作，将内存和外存有机结合在一起使用，让用户感觉计算机系统提供了极大容量的内存空间，实际上这个内存空间不是物理意义上的内存，而是操作系统中的一种存储管理方式,它为用户提供了一个虚拟存储器。

3.2 分区存储管理

操作系统提供的存储管理方案很多,大体上可分为实存模式和虚存模式。采用实存模式的系统要求进程运行前把作业全部装入内存,而虚存模式则只要求进程运行前把作业部分装入内存。内存分配方式有连续分配方式和离散分配方式,其中连续分配方式是为进程分配一个连续的内存空间,离散分配方式是为进程分配一批分散的内存块作为其内存空间。

根据是否把作业全部装入,全部装入后是否分配到一个连续的存储区域,存储管理方式可以分为如图 3-4 所示的几种。

本节将讨论实存模式下的连续分配方式,包括单一连续区存储管理和分区存储管理。分区存储管理支持多道程序系统和分时系统,可分为固定分区和动态分区。

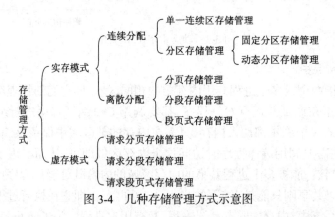

图 3-4　几种存储管理方式示意图

连续分配存储管理在内存分配中存在不可利用的内存空间,即"碎片"。碎片一般可分为内碎片和外碎片,其中分区内不可利用的内存空间就是内碎片,分区之间不可利用的内存空间就是外碎片。不论是内碎片还是外碎片,均会降低内存空间的利用率。

3.2.1 单一连续区存储管理

单一连续区存储管理是最简单的存储管理方式。采用这种存储管理方式时,可把内存分为系统区和用户区两部分:系统区仅提供给 OS 使用,通常是放在内存的低址部分;用户区是指除系统区以外的全部内存空间,提供给用户使用。由于用户区是一个连续的存储区,所以称为单一连续区存储管理。当用户作业空间大于用户区时,该作业不能装入;当用户作业空间小于用户区时,剩余的一部分空间实际上会作为内碎片被浪费。为了避免进程干扰和破坏系统区,装入进程将检查进程的物理地址是否超越栅栏寄存器,达到保护系统的目的,如图 3-5 所示。

在这种管理方式下,存储器利用率极低,仅能用于单用户单任务的操作系统,不能用于多用户系统和单用户多任务系统,CP/M 和 DOS 就采用此种存储管理方式。

单一连续区存储管理的优点:实现简单,不需要复杂的软、硬件支持。

单一连续区存储管理的缺点:存在内碎片,资源利用率低,不允许多个进程并发执行。

3.2.2 固定分区存储管理

固定分区存储管理基本思路:系统预先把内存中的用户区划分成若干个固定大小的连续区域,每一个区域称为一个分区,每个分区可以装入一个作业,一个作业也只能装入一个分区中,这样就可以装入多个作业,使它们并发执行。这是最简单的一种可运行多道程序的存储管理方式,如图3-6所示。

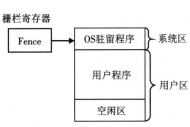

图 3-5 单一连续区分配示意图

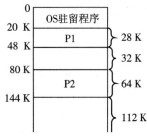

图 3-6 固定分区示意图

固定分区的划分方式有以下两种。

1)分区大小相等,即使所有的内存分区大小相等。其缺点是缺乏灵活性,当程序太小时,会造成内存空间的浪费;当程序太大时,可能因为分区的大小不足以装入该程序而使之无法运行。例如炉温群控系统就是利用一台计算机去控制多台相同的冶炼炉。

2)分区大小不等。为了克服分区大小相等而缺乏灵活性的缺点,可把内存区划分成含有多个较小的分区、适量的中等分区及少量的大分区。这样便可根据程序的大小为之分配适当的分区。

为了实现固定分区的分配,系统需要建立一张固定分区说明表,用以记录内存中划分的分区及使用情况,见表3-1。当有一个进程发出存储空间请求时,由系统检索固定分区说明表,从中找出一个能满足进程要求的、状态标志置为"0"(表示未分配)的尚未分配的分区,将之分配给该进程,并将该表项中的状态标志置为"1"(表示已分配);若未找到大小足够的分区,则拒绝为该进程分配存储空间。

表 3-1 固定分区说明表

分区号	起始地址	大小	状态标志	进程名
1	20K	28K	1	P1
2	48K	32K	0	
3	80K	64K	1	P2
4	144K	112K	0	

固定分区存储管理的优点:易于实现,开销小,内存分配和回收算法简单。

固定分区存储管理的缺点:存在内碎片,造成内存浪费;分区总数固定,限制了并发进程执行数。

3.2.3 动态分区存储管理

动态分区又称为可变分区,动态分区存储管理的基本思路:根据进程的实际需要动态创建分区,为之分配连续的存储空间。这种管理方式使得分区大小和数量均是可变的,分区大小正好满足进程的存储需要,可谓"量体裁衣"。因此,它消除了固定分区的内碎片,但却产生外碎片。

1.动态分区的数据结构

系统初始化时,内存中除操作系统占用的系统区外,整个用户区是一个空闲分区,如图3-7(a)所示。当进程提出存储请求时,系统就从大空闲分区划出一个大小合适的区域分配给进程,剩余部分仍为空闲分区,如图3-7(b)、(c)所示。当一个进程完成后,系统就收回该区域,如图3-7(d)所示。经过一段时间的运行,内存被分成了许多大小不等的分区,这些分区有的被占用,有的是空闲的。内存中分区的数目和大小随着进程的运行和撤销而发生改变,并且在占用分区之间会存在一些进程无法使用的小空闲分区,即外碎片,它也是对内存空间的一种浪费。为了尽可能消除外碎片,在内存回收时还需考虑相邻空闲分区的合并。

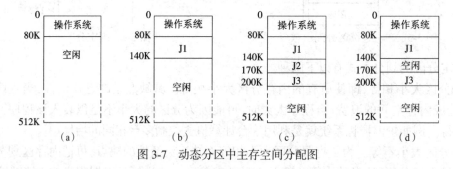

图 3-7　动态分区中主存空间分配图

为了方便内存的分配和回收,系统中必须配置相应的数据结构用来描述空闲分区和已分配分区的情况,为分配和回收提供依据。常用的数据结构有以下两种形式。

(1)空闲分区表

系统将当前的内存空闲区情况集中记录在空闲分区表中,每个空闲分区占一个表目,表目中包括空闲分区号、起始地址、分区大小和状态标志等数据项,见表3-2。当有进程请求空闲分区时,系统在表中依次查找大小满足要求的第一个空闲分区实施分配。表中保留分配后剩余空闲分区的大小,如果是从低址开始分配还需修改起始地址,如果大小刚好相等则将该表目从空闲分区表中删除。

表 3-2　空闲分区表

空闲分区号	起始地址	分区大小	状态标志
1	40K	36K	0
2	97K	25K	0
3	180K	64K	0
4	344K	112K	0
5	...	...	...

(2)空闲分区链

空闲分区也可以使用指针组织成链表的形式,称为空闲分区链。在每个分区的起始部分设置一些用于控制分区分配的信息以及用于链接各分区所用的前向指针;在分区尾部则设置一后向指针,通过前、后向链接指针,可将所有的空闲分区链接成一个双向链,如图 3-8 所示。当有进程请求空闲分区时,系统在链表中依次查找大小满足要求的第一个空闲分区实施分配。链表中保留分配后剩余空闲分区的大小,如果是从低址开始分配还需修改起始地址,如果大小刚好相等则将该结点从空闲分区链中摘除。

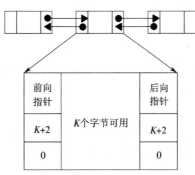

图 3-8 空闲分区链示意图

2.动态分区的内存分配算法

在动态分区中,常常将空闲分区按照一定顺序进行排列,然后按照顺序检索方式去分配。空闲分区采用不同顺序排列方式链接会导致不同的内存分配效果,相应地有以下 5 种动态分区的内存分配算法。

(1)首次适应算法(First Fit,FF)

该算法将空闲分区按照物理地址由低到高的顺序进行链接。其思想是尽可能在低地址实施分配,尽可能保留高地址有较大的剩余空闲区,以便系统满足较大的内存请求。分配内存时,从链首开始顺序查找,直至找到一个大小能满足要求的空闲分区为止;然后再按照作业的大小,从该分区中划出一块内存空间分配给请求者,余下的空闲分区仍留在空闲链中。若从链首直至链尾都不能找到一个能满足要求的分区,则此次内存分配失败,返回。

首次适应算法的优点:算法简单,易于合并邻接空闲分区。

首次适应算法的缺点:查找可用空闲分区的平均开稍较大。

(2)下次适应算法(Next Fit,NF)

为了克服首次适应算法的缺点,又设计了一种称为"下次"适应的算法,它实际上是首次适应算法的一种变形,故也被称为循环首次适应算法。为实现该算法,我们将存储空间中的空白区构成一个循环链,设置一个起始查寻指针,用于指示下一次起始查寻的空闲分区,并采用循环查找方式,在为存储请求查找合适的分区时,总是从上次查找结束的地方开始,只要找到一个足够大的空白区,就将它划分后分配出去,同时调整起始查寻指针,余下的空闲分区仍留在空闲链中。

下次适应算法的优点:内存中的空闲分区分布更均匀,减少了查找空闲分区时的开销。

下次适应算法的缺点:缺乏大空闲分区,无法满足大作业的内存请求。

在为进程分配内存空间时,不再是每次都从链首开始查找,而是从上次找到的空闲分区的下一个空闲分区开始查找,直至找到一个能满足要求的空闲分区,从中划出一块大小与请求相等的内存空间分配给作业。即如果最后一个(链尾)空闲分区的大小仍不能满足要求,则应返回到第一个空闲分区,比较其大小是否满足要求。找到后,应调整起始查寻指针。该算法能使内存中的空闲分区分布得更均匀,从而减少了查找空闲分区时的开销,但这样会缺乏大的空闲分区。

（3）最佳适应算法（Best Fit,BF）

最佳适应算法将空闲分区按照容量大小递增的顺序进行链接。其思想是尽可能分配大小与请求相匹配的空闲分区,从而使得剩余的空闲分区最小。该算法要求将所有的空闲分区按其容量从小到大的顺序形成一空闲分区链以加速寻找。这样,第一次找到的能满足要求的空闲分区肯定是最佳的。事实上最佳适应算法不一定最佳,因为每次分配后所切割下来的剩余部分总是最小的,这样在存储器中会留下许多难以利用的小空闲区。

最佳适应算法的优点:平均查找速度快,容易满足大作业的内存请求。

最佳适应算法的缺点:存储空间利用率不高,空闲分区归还时的插入位置比较费时。

（4）最坏适应算法（Worst Fit,WF）

最坏适应算法将空闲分区按照容量大小递减的顺序进行链接。其思想是尽可能使分配后的剩余空闲分区最大,从而避免极小碎片的产生。该算法要求将所有的空闲分区按其容量从大到小的顺序形成一空闲分区链,查找时只看第一个分区能否满足要求即可。事实上最坏适应算法未必最坏,因为每次分配后所切割下来的剩余部分不会太小,可以延缓小空闲分区的形成。

最坏适应算法的优点:查找效率高,对中、小作业有利。

最坏适应算法的缺点:工作一段时间后无法满足大作业的内存请求。

最坏适应算法与前面所述的首次适应算法、下次适应算法、最佳适应算法一起,也称为顺序搜索法。

（5）快速适应算法（Quick Fit,QF）

快速适应算法又称为分类搜索法,是将空闲分区根据其容量大小进行分类,对于每一类具有相同容量的所有空闲分区,单独建立一个空闲分区链。这样系统中存在多个空闲分区链,同时在内存中建立一张管理索引表,该表的每一个表项对应一种空闲分区类型,并记录了该类型空闲分区链头的指针。空闲分区的分类是根据进程常用的空间大小进行划分,如2 KB、4 KB、8 KB 等,对于其他如 7 KB 这样的空闲区,既可放在 8 KB 的链表中,也可放在一个特殊的空闲区链表中。

实现该算法有以下两种方式:①根据进程的长度,从索引表中查找能容纳它的最小空闲区链;②从该链表中取下第一块进行分配即可。

该算法在进行空闲分区分配时,不会对任何分区产生分割,所以能保留大的分区,也不会产生内存碎片。

快速适应算法的优点:查找效率高,满足对大空间的需求。

快速适应算法的缺点:空闲分区归还时算法复杂,系统开销较大。

从上面对 5 种不同分配策略的讨论可知,每个算法各有其优缺点。那么,究竟如何来评价一个分配算法并作出最好的选择呢? 如果是站在操作系统提高内存利用率的角度来评价,那么针对具体的内存请求序列,能够尽可能多地实施的分配算法即是好的算法,否则就是不好的算法。再则,不管选择哪一种算法,最终将几乎不可避免的形成许多小而无用的分区,并导致某个作业因提出的存储要求不能满足而被阻塞。

3.动态分区的分配和回收

涉及动态分区的主要操作有分配内存和回收内存。这些操作是在程序接口中通过系统调用发出的。

1）分配内存。系统应利用某种分配算法,从空闲分区链(表)中找到所需大小的分区。设请求的分区大小为 u.size,空闲分区的大小可表示为 m.size。若 m.size-u.size≤size(size 是约定的不再切割的剩余分区大小),说明剩余部分太小,可不再切割,将整个分区分配给请求者;否则(即剩余部分超过 size)从该分区中按请求的大小划分出一块内存空间并分配出去,剩余的部分仍留在空闲分区链(表)中,然后将分配区的首址返回给调用者。动态分区内存分配流程图如图 3-9 所示。

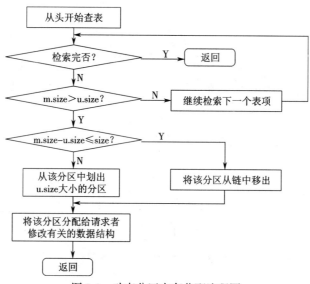

图 3-9　动态分区内存分配流程图

2）回收内存。当进程运行完毕释放内存时,系统根据该进程所占内存的始址和大小,从空闲分区链(表)中找到相应的插入点,同时修改空闲分区链(表)相应的信息。此时,可能出现以下四种情况之一,如图 3-10 所示(斜线部分为已占有的内存区域)。

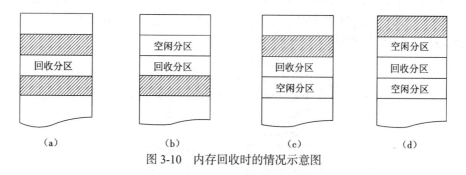

图 3-10　内存回收时的情况示意图

①回收分区前后没有邻接的空闲分区,如图 3-10(a)所示。此时应为回收区单独建立一新表项,填写回收区的首址和大小,并根据其首址插入到空闲链(表)中的适当位置。

②回收分区的前面有邻接的空闲分区,如图 3-10(b)所示。此时应将这两个分区合并,在空闲链(表)中找到这个空闲分区,修改其分区的大小(两者之和),始址不变。

③回收分区的后面有邻接的空闲分区,如图 3-10(c)所示。此时应将这两个分区合并,形成新的空闲分区,其始址为回收分区的始址,大小为两者之和。

④回收分区的前后都有邻接的空闲分区,如图 3-10(d)所示。此时应将这三个分区合

并,在空闲链(表)中找到这两个空闲分区,修改前一空闲分区的大小(为三者之和),始址不变,然后删除后一空闲分区的信息。

图 3-11 给出了回收内存的流程图。

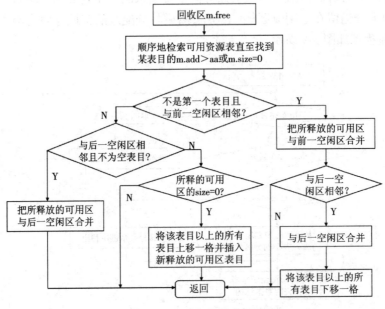

图 3-11　回收内存的流程图

3.2.4　内存不足的存储管理技术

1.拼接技术

分区管理存在的一个主要问题是碎片问题,为了进一步提高存储器的利用率,必须设法减少这些碎片。分区管理中解决碎片问题的方法是采用"拼接技术"(也称为紧凑技术),即采用移动的方法将已分配区集中在一起,从而使空闲区连续,如图 3-12 所示,其中拼接前如图 3-12(a)所示,拼接后如图 3-12(b)所示。

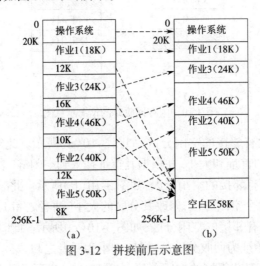

图 3-12　拼接前后示意图

移动内存中已分配区是要付出时间开销的,尤其是在已分配区比较多的情况下,系统所付出的时间开销很大。因此,拼接的时机就是一个需要考虑的问题。通常,拼接时机的选择有以下两种方案:①在空闲分区回收时立即进行拼接(算法简单,但拼接频繁);②仅当内存每一空闲分区都不能满足请求的容量,而所有空闲分区容量相加又可以满足时才进行拼接(拼接频率小,但算法复杂)。

不论采取哪种方案都需要移动已分配区,要采用动态重定位技术才能实现,这就要耗费CPU 时间,这实际上是以"时间"换取"空间",同时还需修改其相应的数据结构,这是一件非常麻烦的工作,也影响了系统的效率。因此,即使它能提高存储空间利用率,但其使用得也不多。

2.对换技术

对换技术又称为交换技术,是指把内存中暂时不能运行的进程或暂时不用的程序和数据部分或全部移出到外存上,腾出足够的内存空间,以便让已具备运行条件的进程或进程所需要的程序和数据调入内存。它主要解决内存空间容量不足的问题,目前在多道程序环境中得到广泛使用。

若对换是以整个进程为单位的,称为"整体对换"或"进程对换",主要用于分时系统中;若对换是以"页"或"段"为单位的,称为"页面对换"或"分段对换",统称为"部分对换"。这种对换方法是实现请求分页存储管理及请求分段存储管理的基础,将在虚拟存储管理中介绍,这里简单介绍进程对换。

为了实现进程对换,系统需提供以下三个方面的功能。

1)对换区的管理。进程在对换区驻留时间短、对换操作又频繁,故对换区管理的主要目标是提高进程换入和换出的速度。为此,对换区通常设置在高速磁盘中,只占其中的一小部分,采取连续分配方式对其分配与回收,与动态分区方式时的内存分配与回收方法雷同,这里不再赘述。

2)进程的换出。每当一个进程由于创建子进程而需要更多的内存空间,但又无足够的内存空间等情况发生时,系统应将某进程换出。其过程是系统首先选择处于阻塞状态且优先级最低的进程作为换出进程,然后启动磁盘,将该进程的程序和数据传送到磁盘的对换区上;若传送过程未出现错误,便可回收该进程所占用的内存空间,并对该进程的进程控制块做相应的修改。

3)进程的换入。系统应定时查看所有进程的状态,从中找出"就绪"状态但已换出的进程,将它们按某种策略(如换出时间越久者优先)依次换入,直至无可换入的进程或无可换出的进程为止。

3.覆盖技术

所谓覆盖,是指同一内存区可以被若干程序段或数据段按照时间先后重复使用。实现方法是将程序运行必要的代码和数据常驻内存,其他部分则分阶段根据需要动态地从外存调入内存。不存在调用关系的模块(覆盖段)不必同时装入内存,从而可以相互覆盖。如图3-13 所示,在运行时并不要求调入的 B、C 共享覆盖区 1,其容量大小为 B、C 中的大者;同理,D、E、F 共享覆盖区 2,其容量大小为 D、E、F 中的大者;A 因为是程序运行必要的代码,所以常驻内存。

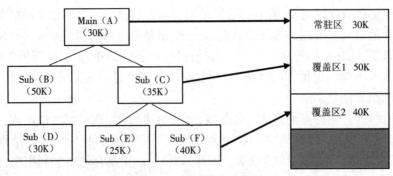

图 3-13　覆盖技术示意图

覆盖技术的优点是打破了必须将一个程序的全部信息装入内存后才能运行的限制,在一定程度上解决了小内存运行大程序的矛盾。覆盖技术的缺点是程序员编程时必须清楚程序模块之间的覆盖关系,清楚它们的执行和覆盖顺序,因而增加了编程的复杂性。

3.3　分页存储管理

在连续分配方式的存储管理中存在许多"碎片",为了解决这些"碎片",可以采用"拼接"技术,但系统开销太大。为此可以采用离散分配方式的存储管理,它允许进程的存储空间不连续(离散的),把地址空间与存储空间分离,增加存储管理的灵活性。根据分配时所采用的基本单位的不同可将其分为三种,即分页存储管理、分段存储管理和段页式存储管理。分页存储管理相关内容如下。

3.3.1　分页存储管理的概念

分页存储管理的基本思路:将一个进程的地址空间分成若干个大小相等的片,称为页(Page)或页面,每页从 0 开始依次编号,这个编号称为页号。相应地,把存储空间也分成与页面大小相等的若干个存储块,称为(物理)块或页框(Frame),每块也从 0 开始依次编号,这个编号称为(存储)块号。在为进程分配存储空间时,以块为单位为进程的每一页分配一个物理块并装入,从而实现了将若干连续的页装入不相邻的块中的离散分配。由于进程的最后一页经常装不满一块从而形成不可利用的碎片,称为页内碎片。

1.地址结构

在分页存储管理中,页面大小是由机器的地址结构所决定的。对于某一机器只能采用一种大小的页面。通常设置为 2 的幂,一般为 512 B~8 KB。随着存储容量的不断增大,页面大小也应适度增大。

在分页存储管理中,逻辑地址的结构如图 3-14(a)所示,物理地址的结构如图 3-14(b)所示。

图 3-14　分页存储管理的地址结构

若给定一个逻辑地址空间中的地址为 A,页面的大小为 L,则页号 P 和页内地址 W 可按下列公式求得：

$$P=INT（A/L），W=A\ MOD\ L$$

其中,INT 是整除函数,MOD 是取余函数。

2.页表

在分页存储管理中,由于允许将进程的各个页离散地存储在不同的物理块中,为了保证进程的正确运行,即能在内存中找到每个页面所对应的物理块,系统为每个进程分配了一张页面映像表(简称页表),它记录该进程中每一页相对应的物理块号、状态以及用于分页保护的存取控制信息。配置了页表后,进程执行时通过查找该表即可找到每页在内存中的物理块号,如图 3-15 所示。由此可见,页表是 OS 实现分页存储管理的数据结构。

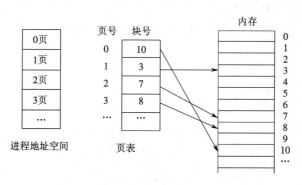

图 3-15   分页存储管理中页表功能

3.3.2   分页存储管理的地址变换机构

在分页存储管理中利用地址变换机构可以实现进程地址空间与进程存储空间的分离,因此需要地址变换机构的硬件支持,从而实现逻辑地址到物理地址的变换。

1.基本的地址变换机构

通常页表是存放在内存中的,为了方便查找页表,在系统中设置一个页表寄存器(Page-Table Register,PTR),它存放正在运行进程的页表在内存的始址和页表的长度。

当进程要访问某个逻辑地址的指令或数据时,根据该逻辑地址(页号 P ∣ 位移量 W)所给出的页号 P 去检索页表,若失败则产生越界中断,若成功则表示获得相对应的存储块号,形成指令或数据的物理地址(存储块号 Q ∣ 位移量 W),这样便完成了逻辑地址到物理地址的变换,如图 3-16 所示。

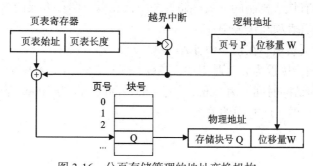

图 3-16   分页存储管理的地址变换机构

2.具有快表的地址变换机构

由于页表是存放在内存中的,这使得 CPU 每访问内存中的一个操作数时都需要访问内存两次。首先是访问页表,读出指定页号 P 的页表项之后将物理块号 Q 与内偏移量 W 拼接形成物理地址;然后再访问内存,完成真正的数据读/写操作。这样访问将使计算机处理数据效率减半,无疑会影响系统的性能。

为此,可在地址变换机构中增设一组"联想寄存器"(Associative Registers),或称为"快表"(Translation Lookaside Buffer, TLB),用于存放当前访问的那些页表项。由于成本原因,快表中所含的表项不宜过多,通常在 64 K~512 K 之间。当访问一个页面时,首先根据指定页号 P 在快表的所有页号中进行查找,若匹配成功则读出指定页号 P 的页表项,之后将物理块号 Q 与内偏移量 W 拼接形成物理地址;若匹配不成功则再去访问页表,读出指定页号 P 的页表项,之后将物理块号 Q 与内偏移量 W 拼接形成物理地址,同时将此页表项写入快表中以更新快表,如图 3-17 所示。

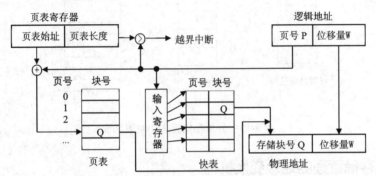

图 3-17　分页存储管理具有快表的地址变换机构

把指定页号的页表项能在快表中被查找到的概率称为快表命中率。如果设计合理,其快表命中率可达 90%以上。因此,应用快表和页表相结合方式能有效提高系统动态地址变换的速度。

3.有效的内存访问时间

从进程发出指定逻辑地址的访问请求,经过地址变换,到在内存中找到对应的实际物理地址单元并取出数据所需要花费的总时间,称为内存的有效访问时间(Effective Access Time, EAT)。

在基本分页存储管理方式中,有效内存访问时间不仅要考虑访问页表和访问实际物理地址数据的时间,还必须考虑访问快表的处理时间。设访问一次内存的时间为 t,查找快表的时间为 λ,则在具有快表机制的分页存储管理中存在以下两种方式的内存访问操作。

1)被访问页的页表项在快表中:EAT=$\lambda+t$。

2)被访问页的页表项不在快表中:EAT=$\lambda+t+t=2t+\lambda$。

若考虑快表命中率(设为 a),则:EAT=$(\lambda+t)\times a+(2t+\lambda)(1-a)=2t+\lambda-t\times a$。

例如,设快表的访问时间 λ 为 20ns,对内存的访问时间 t 为 100ns,表 3-3 中列出了不同的快表命中率 a 与有效访问时间的关系。

表 3-3　快表命中率与访问时间关系表

命中率 a(%)	有效内存访问时间 EAT
0	220
50	170
80	140
95	125

因此,快表命中率越高,有效内存访问时间越短。

3.3.3　多级页表与反置页表

1.多级页表

现代的大多数计算机系统,都支持非常大的逻辑地址空间($2^{32}\sim2^{64}$)。在这种情况下,页表本身就非常大。例如,对于长度为 2^{32} 的逻辑地址空间,页面大小定义为 2^{12} B,则在每个进程页表中的页表项可达 2^{20} 个。假设每个页表项占用 2 B,那么每个进程仅其页表就要占用 2MB 的连续内存空间,显然这是不现实的。解决这一问题的一个简单方法是采用多级页表机制。

两级页表是最简单的多级页表。我们仍以长度为 2^{32} 的逻辑地址空间,页面大小为 2^{12} B 为例,若采用两级页表结构,将 2^{20} 的页表分页划分为 $2^{10}\times2^{10}$ 两级,一级称为外页表,另一级称为内页表(或直接称为页表),即外页表中含有 2^{10} 个页表,在每个页表中含有 2^{10} 个页表项。此时的二级页表地址结构如图 3-18 所示。

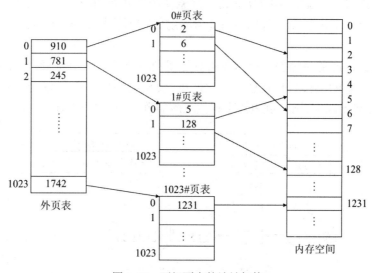

图 3-18　两级页表的地址机构

为了方便地实现地址变换,在地址变换机构中同样需要增设一个外页表寄存器,用来存放外页表的始址及大小。图 3-19 展示了采用两级页表结构图的地址变换过程。此时,存取数据需要三次访问主存(一次外页表,一次页表,最后是数据所在物理地址),所需时间是原来的三倍。

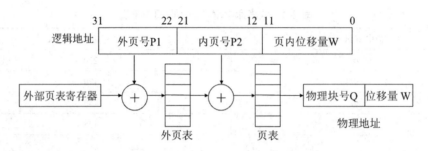

图 3-19　两级页表的地址变换过程

对于 32 位计算机系统,采用两级页表结构是合适的;但对于 64 位计算机系统,可作如下简单分析。设页面大小仍为 2^{12}B,那么还剩下 52 位,假定仍按物理块的大小(2^{12})来划分页表,则将余下的 40 位用于外页号。此时,在外层页表中可能有 1T 个页表项,若每个页表项占用 2 B,要占用 2 TB 的连续内存空间。显然,这个结果是不能令人接受的,因此必须将两级页表扩展为三级乃至四级页表,虽然这样会延缓地址变换的速度,但通过快表仍然可以将效率保持在合理范围内。例如,对于四级页表,假定快表命中率为 95%,快表和内存的访问时间分别为 20 ns 和 100 ns,则有效内存访问时间 EAT=（ 20+100 ）× 95%+（ 20+500 ）× 5%=

140 ns。

2.哈希页表

对于 32 位及以上的逻辑地址空间,除了可采用多级页表外,另一种常见的方法是使用哈希页表,它以逻辑页号为哈希值。在哈希页表中每个页表项都包含一个链表,该链表中元素的哈希值都指向同一位置,相同哈希值的元素使用队列处理冲突。因此,哈希页表中的每个页表项都包含三个字段:①逻辑页号;②所映射的物理块号;③指向链表中的下一元素的指针。

哈希页表的地址变换过程是根据逻辑页号得到哈希值查找哈希页表,并将此页号与链表中的第一个元素的字段进行比较。如果匹配,则相应的物理块号 Q 与位移量 W 拼接形成物理地址;如果不匹配,则沿链表依次查找匹配的页表项,如图 3-20 所示。

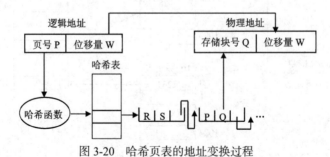

图 3-20　哈希页表的地址变换过程

3.反置页表

在分页存储管理中,针对 32 位及以上的逻辑地址空间,前面介绍的传统页表和哈希页表都存在一个缺点,即会含有上百万个页表项,消耗了大量内存空间。为了解决这个问题,引入了反置页表(Inverted Page Table)。在反置页表中按物理地址排序,对于每个物理块有一个表项,每个表项包含保存在物理块中页的逻辑地址以及拥有该页的进程的信息。因为整个系统中只有一张反置页表,所以在反置页表中通常需要一个地址空间标识符,以确保一个特定进程的一个逻辑页可以映射到相应的物理块上。在利用反置页表进行地址变换时,会根据进程标识符和页号去检索反置页表。如果检索到与之匹配的页表项,则该页表项(中)的序号便是该页所在的物理块号,可用该物理块号与页内地址一起形成物理地址送至内存地址寄存器。若检索了整个反置页表仍未找到匹配的页表项,则表明此页尚未装入内存(对于不具有请求调页功能的存储管理系统,此时则表示地址出错)。图 3-21 展示了分页存储管理中采用反置页表的地址变换过程。

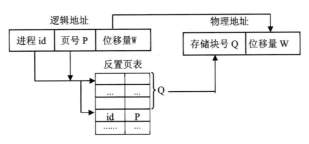

图 3-21　反置页表的地址变换过程

虽然这种方案减少了存储每个页表所需要的内存空间,但是当引用页时都增加了查找页表所需要的时间。由于反置页表按物理地址排序,而查找是根据逻辑地址,因此可能需要查找整个表来寻求匹配,这种查找会花费很长时间。为了解决这一问题,可以结合哈希页表来将查询限制在一个或少数几个页表项。当然,每次访问哈希页表也为整个过程增加了一次内存引用,因此一次逻辑地址引用至少需要两次内存读:一次查找哈希页表,另一次查找页表。为了改善性能,可以在访问哈希页表时先查找 TLB。

3.4　分段存储管理

促使存储管理方式从固定分区到动态分区进而发展到分页存储管理的主要原因是想要提高内存利用率。分段存储管理的引入,则是为了满足用户(程序员)在编程和使用上的以下要求,但其他存储管理方式难以满足这些要求。

1)便于访问。用户在编程时一般会把自己的作业按照逻辑关系划分为若干个段,每个段都是从 0 开始编址,有自己的名字和长度,希望可以通过每段的段名(段号)和长度(段内偏移量/段内地址)来访问。

2)分段共享。程序和数据的共享是以信息的逻辑单位为基础的。如共享某个例程和函数。分页系统中的"页"只是存放信息的物理单位(块),并无完整的意义,不便于实现共享;而段恰好是信息的逻辑单位,实现段的共享也希望存储管理能与用户程序分段的组织方式相适应。

3)分段保护。信息保护同样是对具有相对完整意义的逻辑单位进行保护,采用按段来组织的方式,对于实现保护功能将更有效且更方便。

4)动态链接。作业运行前要先将主程序对应的目标程序装入内存并启动运行,当运行过程中又需要调用某段时,再将该段(目标程序)调入内存并进行链接。可见,动态链接也是以段为基础的。

5）动态增长。在实际应用中,有些段特别是数据段,在使用过程中会由于数据量的不断增加而使其不断增长,而数据段到底增长到多大,事先又无法预知。前述的几种存储管理方式,都难以应付这种动态增长的情况,而分段存储管理方式则能较好地解决这一问题。

3.4.1　分段存储管理的概念

分段存储管理的基本思路:在分段存储管理中,作业的地址空间被划分为若干个段,每个段定义了一组逻辑信息。例如,作业由主程序段、子程序段、数据段及工作区段等组成,如图 3-22 所示。

图 3-22　作业的分段结构

每个段都从 0 开始编址,并采用一段连续的地址空间,有自己的名字和长度,且能够实现不同功能。为了简单起见,通常可用一个段号来代替段名,段的长度由相应的逻辑信息长度决定,因而各段长度往往不等。整个作业的地址空间由于是分成多个段的,因而是二维的,亦即其逻辑地址由段号(段名)和段内地址所组成。

1.地址结构

在分段存储管理中,地址结构对用户是可见的,用户知道逻辑地址是如何划分段和长度的,因此对所有地址空间的访问均需要两个成员:段名(段号)和段内位移量。所以,地址结构如图 3-23 所示。

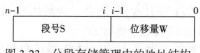

图 3-23　分段存储管理中的地址结构

2.段表

分段存储管理的实现是基于动态分区存储管理的原理。动态分区是以整个作业/进程为单位分配分区并连续存放,独立作业之间不一定连续存放。分段存储管理是以段为单位分配分区并连续存放,各段之间不一定连续存放。在进行存储分配时,应为每个进入内存的作业/进程建立一张段映射表,简称"段表"。每个段在表中占有一个表项,记录该段在内存中的起始地址(又称为"基址")和段的长度。在配置了段表后,执行中的进程可通过查找段表找到每个段对应的内存区。可见,段表可用于实现从逻辑段到物理内存区的映射,如图3-24 所示。

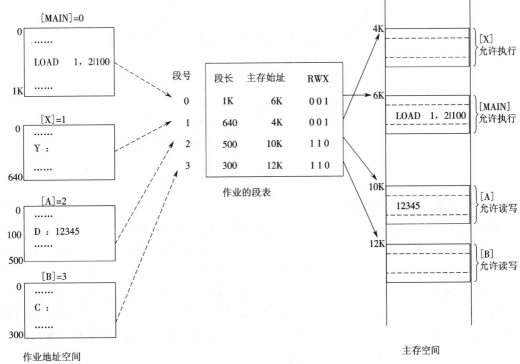

图 3-24 分段存储管理中的段表功能

3.4.2 分段存储管理的地址变换机构

在分段存储管理中,采用了与分页存储管理类似的用地址变换机构来实现进程的逻辑地址到物理地址的变换,只不过使用段表代替了页表。

1.基本的地址变换机构

段表可以存放在一组寄存器中,这样有利于提高地址变换速度。但通常是将段表放在内存中,为了方便查找段表,在系统中设置一个段表寄存器(Segment-Table Register,STR),它存放正在运行进程的段表在内存的始址和段表的长度。

进行地址变换时,系统将逻辑地址中的段号 S 与段表长度 TL 进行比较。若 S>TL 成立,表示段号太大(访问越界),产生越界中断信号;否则根据段表的始址和该段的段号计算出该段对应段表项的位置,从中读出该段在内存的起始地址 d,然后再检查段内位移量 W 是否超过该段的段长 SL。若 W>SL 成立,同样发出越界中断信号;否则将该段的基址 d 与段内位移量 W 相加,即可得到要访问的内存物理地址。图 3-25 展示了分段存储管理的地址变换过程。

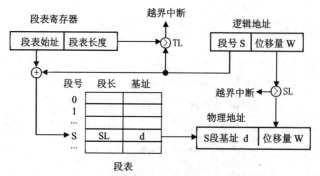

图 3-25　分段存储管理的地址变换机构

2.具有快表的地址变换机构

从上面的地址变换过程可知,由于段表是存放在内存中的,这使得 CPU 每访问内存中的一个操作数时,需要访问内存两次,令计算机处理数据效率减半,这无疑会影响系统的性能。其解决方案与分页存储管理类似,可在地址变换机构中增设一组"快表",用于存放当前访问的那些段表项。由于一般情况下,段比页大,因而段表项的数目比页表项的数目少,其所需的联想存储器也较小,便可以显著减少存取数据的时间,比没有地址变换的常规存储器的存取速度仅慢 10%~15%。图 3-26 给出了具有快表的分段存储管理的地址变换机构。

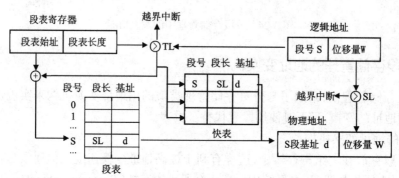

图 3-26　具有快表的分段存储管理的地址变换机构

3.4.3　分段的共享和保护

由于段保持了逻辑上的完整性,因此分段存储管理能够方便地实现内存信息的共享和保护,即允许若干个进程共享一个或多个分段,且对段的保护也十分简单易行。

1.段的共享

当多个进程共享某些段时,可在其段表中设置指向同一共享段的地址指针来实现段的共享。如图 3-27 所示,进程 P 中的段 2 与进程 Q 中段 1 共享同一段,进程 P 中的段 m 与进程 Q 中段 2 共享同一段,只要将两个进程各自段表中的段起始地址设置为相同值即可实现。

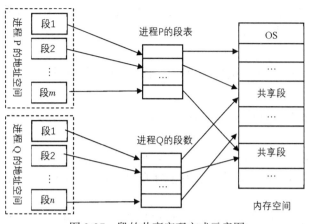

图 3-27　段的共享实现方式示意图

还有一种方式是在系统中配置一张共享段表,各共享段都在共享段表中占有一表项,表项中记录了共享段的段号、段长、内存始址、存在位等信息,并记录了共享此分段的每个进程的情况。共享段表如图 3-28 所示。

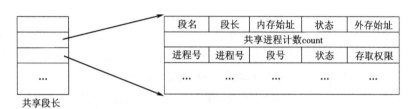

图 3-28　共享段表示意图

1)共享进程计数 count。由于共享段是为多个进程所需要的,当某进程不再需要而释放它时,系统并不回收该段所占内存区,仅当所有共享该段的进程全都不再需要它时,系统才回收该段所占内存区。为了记录有多少个进程需要共享该分段,特设置了一个整型变量 count。

2)存取权限。对于一个共享段,应给不同的进程以不同的存取权限。例如,对于文件的主要进程,通常允许它读和写;而对于其他进程,则可能只允许读,甚至只允许执行。

3)段号。对于一个共享段,不同的进程可以各用不同的段号去共享该段。

2. 共享段的分配与回收

（1）共享段的分配

在为共享段分配内存时,对第一个请求使用该共享段的进程,由系统为该共享段分配一存储区,再把共享段调入该区,同时将该区的始址填入请求进程的段表的相应项中,然后在共享段表中增加一表项,填写相关数据,把 count 置为 1;之后,当又有其他进程需要调用该共享段时,由于该共享段已被调入内存,故此时无须再为该段分配内存,而只需在调用进程的段表中增加一表项,填写该共享段的物理地址;在共享段的段表中,填写调用进程的进程名、存取权限等,再执行 count++ 操作,以表明有两个进程共享该段。

（2）共享段的回收

当共享此段的某进程不再需要该段时,应将该段释放,包括撤销在该进程段表中共享段所对应的表项,以及执行 count-- 操作。若减 1 结果为 0,系统需回收该共享段的物理内存,并取消在共享段表中该段所对应的表项,表明此时已没有进程使用该段;否则(减1结果不为0)只是取消调用者进程在共享段表中的有关记录。

3.段的保护

在分段存储管理中,对于段的保护可以采用以下几种方式来实现。

(1)地址越界检查

在段表寄存器中保存有段表长度信息,在段表中也有每个段的段长信息。在进行存储访问时,首先将逻辑地址中的段号与段表长度进行比较,若段号不小于段表长度,将发出地址越界中断信号;然后还要检查段内位移量是否不小于段长,若大于或等于段长,也将产生地址越界中断信号。从而保证每个进程只能在自己的地址空间内运行。

(2)存取权限检查

在段表的每个表项中,增设一个"存取权限"字段,用于规定对该段的访问权限。这个存取权限字符通常由3个二进制位组成(RWE),它们分别是"可读""可写""可执行"三种存取权限的标志位。当值为1时,允许此种存取操作;当值为0时,不允许此种存取操作。

对于共享段而言,存取权限尤为重要,因而对不同的进程应赋予不同的读写权限。这时,既要保证信息的安全性,又要满足运行需要。

(3)环保护机构

这是一种功能较完善的保护机制。在该机制中规定低编号的环具有高优先权。OS核心处于环0内;某些重要的应用程序和OS服务放置在环1中;而一般的应用程序则被安排在环2上。在环系统中,程序的访问和调用应遵循以下规则。

1)一个程序可以调用驻留在相同环或较高特权环中的服务,如图3-29(a)所示。

2)一个程序可以访问驻留在相同环或较低特权环中的数据,如图3-29(b)所示。

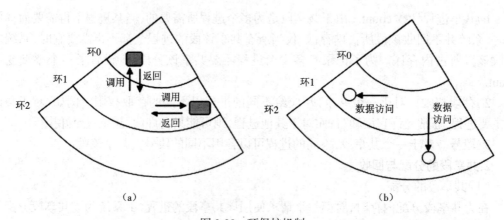

图3-29　环保护机制

3.4.4　分段与分页的区别

尽管分段和分页系统有许多相似之处,如它们都采用离散分配方式,都要利用硬件的地址映射机构来实现地址变换等。但二者在概念上是完全不同的,主要表现在以下几个方面。

1)页是信息的物理单位,其内容通常无完整意义,只是为消减内存的外碎片,提高内存的利用率;段则是信息的逻辑单位,它含有一组意义相对完整的信息。分页仅仅是由于系统管理的需要,分段则是为了能够更好地满足用户的需要。

2）页的大小固定，且由系统把逻辑地址划分为页号和页内地址两部分，是由机器硬件实现的，因而在系统中只能有一种大小的页面；段的长度却不固定，它取决于用户所编写的程序，通常由编译程序在对源程序进行编译时根据信息的性质来划分。系统对内存分页是静态的，对内存分段则是动态的。

3）分页的作业地址空间是一维线性连续的，程序员只需利用一个记忆符即可表示一个地址；分段的作业地址空间则是二维的，程序员在表示一个地址时既需给出段名，又需给出段内地址。

4）分页对于用户是透明的，它仅用于内存管理；分段则对用户是可见的。

5）分段存储管理可以利用段的共享实现内存共享；而分页存储管理则较难实现内存共享。

3.5　段页式存储管理

由于分页存储管理解决了碎片问题，有效提高了存储空间利用率，而分段存储管理易于实现共享和保护，可动态链接，方便用户使用。综合考虑这两种存储管理的优点可以形成一种新的存储管理方式——段页式存储管理。

3.5.1　段页式存储管理的概念

段页式存储管理的基本思路：用分段的思维去管理地址空间，用分页的思维去管理内存空间，即先将用户程序分成若干个段，再把每个段分成若干个页，并为每一个段赋予一个段名。图 3-30 为一个作业地址空间的结构，该作业有 3 个段，页面大小为 8KB。

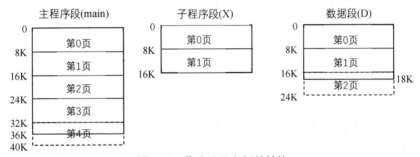

图 3-30　作业地址空间的结构

1.地址结构

在段页式存储管理中地址结构由段号、段内页号及页内位移量 3 部分组成，如图 3-31 所示。

段号（S）	段内页号（P）	页内位移量（W）

图 3-31　作业的地址结构

2.段表和页表

在段页式存储管理中，为了实现逻辑地址到物理地址的映射，需要同时配置段表和页表。段表的内容与分段存储管理中的段表内容有所不同，它是页表始址和页表大小；而页表内容与分页存储管理中的页表内容一致。图 3-32 示出了段页式存储管理中利用段表和页表实现的地址映射。

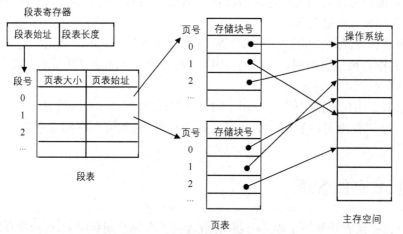

图 3-32　段页式存储管理的地址映射

3.5.2　段页式存储管理工作原理

　　在段页式存储管理中，为了便于实现地址变换，需配置一个段表寄存器，其中存放段表始址和段表长 TL。进行地址变换时，首先将段号 S 与段表长 TL 进行比较。若 S<TL，表示未越界，于是利用段表始址和段号来求出该段所对应的段表项在段表中的位置，从中得到该段的页表始址，并利用逻辑地址中的段内页号 P 来获得对应页的页表项位置，从中读出该页所在的物理块号 Q，再利用块号 Q 和页内地址 W 构成物理地址。图 3-33 示出了段页式存储管理中的地址变换机构。

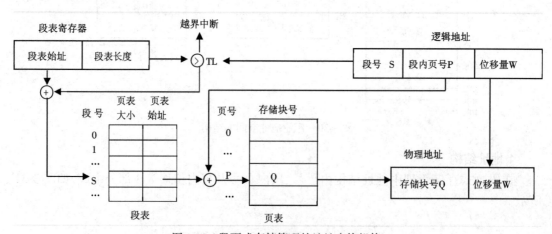

图 3-33　段页式存储管理的地址变换机构

　　在段页式存储管理中，为了获得一条指令或数据，需访问内存 3 次。第 1 次访问是访问内存中的段表，从中取得页表始址；第 2 次访问是访问内存中的页表，从中取出该页所在的存储块号，并将该块号与页内地址一起形成指令或数据的物理地址；第 3 次访问才是真正从第 2 次访问所得的地址中取出指令或数据。为了提高执行速度，在地址变换机构中增设一

120

个高速缓冲寄存器（TLB），它保存了正在运行进程的段表和页表的部分表项，如图 3-34 所示。每次访问它时，都需同时利用段号和页号去检索高速缓存，若找到匹配的表项，便可从中得到相应页的物理块号，用来与页内地址一起形成物理地址；若未找到匹配的表项，则需再访问内存 3 次。

段号	段内页号	存储块号
…	…	…
s	p	q
…	…	…

图 3-34　段页式存储管理中的快表

3.6　虚拟存储管理

前面所介绍的几种存储管理有一个共同的特点，要求必须为作业分配足够的内存空间，装入全部信息后方能运行，统称为实存储管理。实存储管理有以下两种问题。

1）假若一个作业的程序比内存可用空间还大，则该作业的程序不能全部被装入内存，进而导致该程序无法运行。

2）若有大量作业申请运行，但由于内存空间不足以装入所有这些作业，则只能将少数作业装入内存让它们先运行，而将其他大量作业留在外存上等待。

出现上述两种问题的根源是由于内存空间不够大。一个显而易见的解决方法是从物理上增加内存容量，但会受到机器自身的限制且增加系统成本，因此这种方法是受到一定限制的。另一种方法是从逻辑上扩充内存容量，这正是虚拟存储技术所要解决的主要问题。

3.6.1　虚拟存储器的概念

1.实存储器管理的特征

1）一次性。在实存储管理中，要求将作业一次性全部装入内存后方能运行，这一特征导致了上述两种问题的存在。此外，大部分作业运行时并非全部程序和数据都要用到，如果一次性地装入其全部程序，也是一种对内存空间的浪费。

2）驻留性。在实存储管理中，作业装入内存后便一直驻留在内存中，直至作业运行结束。尽管运行中的进程会因 I/O 而长期等待，或者有的程序模块在运行过一次后就不再需要（运行）了，但它们都仍将继续占用宝贵的内存资源。

由此可以看出，上述的一次性及驻留性，使许多在进程运行中不用或暂不用的程序（数据）占用了大量的内存空间，导致一些需要运行的作业无法装入运行。现在要研究的问题是一次性及驻留性在进程运行时是否是必需的和不可改变的。

2.局部性原理

进程运行时存在的局部性现象在很早就被人发现了。如在 1968 年，P.Denning 曾指出：程序的执行和数据的访问将呈现出局部性规律，即在一较短的时间内，程序的执行仅局限于某个部分；相应地，它所访问的存储空间也局限于某个区域。他提出了下述几个论点。

1）程序执行时，除了少部分的转移和过程调用指令外，在大多数情况下仍是顺序执行的。该论点也在后来的许多学者对高级程序设计语言规律的研究中被证实。

2）过程调用将会使程序的执行轨迹由一部分区域转至另一部分区域，但过程调用的深度在大多数情况下都不超过 5。即程序将会在一段时间内都局限在这些过程的范围内运行。

3）程序中存在许多循环结构，这些结构虽然只由少数指令构成，但是它们将多次执行。

4）程序中还包括许多对数据结构的处理，如对数组进行操作，它们往往都局限在很小的范围内。

局限性还表现在以下两个方面。

1）时间局限性。如果程序中的某条指令一旦执行，则不久以后该指令可能再次执行；如果某数据被访问过，则不久以后该数据可能再次被访问。产生时间局限性的典型原因是在程序中存在大量的循环操作。

2）空间局限性。一旦程序访问了某个存储单元，在不久之后，其附近的存储单元也将被访问，即存在聚集成群的倾向，其典型情况便是程序的顺序执行。

3.虚拟存储器的定义和特征

基于局部性原理，作业在运行之前没有必要全部装入内存，仅需将那些当前要运行的少数页面或段先装入内存便可，其余部分暂留在盘上。程序在运行一段时间后，如果继续运行所需要的程序段不在内存，则产生缺页（段）中断，此时程序利用 OS 提供的请求调页（段）功能，将它们调入内存，以使程序继续运行下去；如果内存已满，无法再装入新的页（段），则还需再利用页（段）的置换功能，将内存中暂时不用的程序段调至磁盘，腾出足够的内存空间后，再将它们调入内存，以使程序继续运行下去。于是，一个大的用户程序能在较小的内存空间中运行；也可以在内存中同时装入更多的进程使它们并发执行。从用户角度看，该系统所具有的内存容量将比实际内存容量大得多。需要说明的是，用户所看到的大容量只是一种感觉，是虚的。

由上述可知，虚拟存储器是指将用户逻辑内存和物理内存分离，具有请求调入功能和置换功能，为用户提供了一个比物理内存容量大得多的存储器系统。其逻辑容量由内存容量和外存容量之和决定，运行速度接近于内存速度，而每位的成本却又接近于外存。因此，虚拟存储技术是一种性能非常优越的存储器管理技术，它既方便了用户，又提高了内存的利用率和系统吞吐量，故被广泛应用于大、中、小型机和微型机中。

虚拟存储器的特征有离散性、多次性、对换性和虚拟性。

1）离散性是指在内存分配时采用离散分配方式，它是其他几个特征的基础。

2）多次性是指一个作业在运行过程中被分成多次调入内存运行，它是虚拟存储器最重要的特征，其他存储管理方式都不具有此特征。

3）对换性是指允许在作业的运行过程中换进、换出，能有效提高内存利用率。

4）虚拟性是指能够从逻辑上扩充内存容量，使用户所看到的内存容量远大于实际内存容量。这是虚拟存储器所表现出来的最重要的特征，是实现虚拟存储器的最重要目标。

3.6.2 虚拟存储器的实现方法

在虚拟存储器中，允许将一个作业分多次调入内存。因此，虚拟存储器的实现都毫无例外地建立在离散分配的存储管理方式的基础上。目前，所有的虚拟存储器都是采用下述方式之一实现的。

1.请求分页系统

这是在实分页存储管理的基础上,增加了请求调页功能和页面置换功能所形成的页式虚拟存储系统。它允许只装入少数页面的程序(及数据)便启动运行,之后再通过调页功能及页面置换功能,陆续把即将运行的页面调入内存,同时把暂不运行的页面换出到外存上,置换以页面为单位进行。为了实现请求调页、页面置换两大功能,系统必须提供以下硬件支持。

1)请求分页的页表机制。它是在纯分页的页表机制上增加若干项而形成的,作为请求分页的数据结构。

2)缺页中断机构。即每当用户程序要访问的页面尚未调入内存时,便产生一缺页中断,以请求 OS 将所缺的页调入内存。

3)地址变换机构。它同样是在实分页地址变换机构的基础上发展形成的。

此外,还需得到实现请求调页、页面置换两大功能的软件以及 OS 的支持,它们在硬件的支持下将程序正在运行时所需的页面(尚未在内存中的)调入内存,再将内存中暂时不用的页面从内存置换到磁盘上。有关请求式分页的具体实施将在后文中加以说明。

2.请求分段系统

类似地,它是在实分段存储管理的基础上,增加了请求调段功能和分段置换功能所形成的段式虚拟存储系统。它允许只装入少数段(而非所有的段)的用户程序和数据即可启动运行,之后再通过调段功能和分段置换功能将暂不运行的段调出到外存上,同时调入即将运行的段,置换是以段为单位进行的。为了实现请求调段、分段置换两大功能,系统必须提供以下硬件支持。

1)请求分段的段表机制。它是在实分段的段表机制上增加若干项而形成的,作为请求分段的数据结构。

2)缺段中断机构。即每当用户程序要访问的段尚未调入内存时,便产生一缺段中断,以请求 OS 将所缺的段调入内存。

3)地址变换机构。它同样是在实分段地址变换机构的基础上发展形成的。

此外,还需得到实现请求调段、分段置换两大功能的软件以及 OS 的支持,它们在硬件的支持下,将程序正在运行时所需的段(尚未在内存中的)调入内存,再将内存中暂时不用的段从内存置换到磁盘上。有关请求式分段的具体实施将在后文中加以说明。

3.段页式虚拟存储系统

目前,有不少虚拟存储器是建立在段页式存储系统基础上的,通过增加请求调页和页面置换功能而形成了段页式虚拟存储器系统,而且把实现虚拟存储器所需支持的硬件集成在处理器芯片上。例如,早期的 Intel 80386 处理器芯片便支持段页式虚拟存储器功能,以后的 80486、80586、奔腾,乃至目前的酷睿系列都无一例外地具有支持段页式虚拟存储器的功能。

3.6.3 请求分页存储管理

请求分页存储管理是实现虚拟存储管理最基本、最重要的方法,其实现原理:作业运行时,只将当前运行需要的那一部分装入内存,其余的放在外存;运行过程中一旦发现访问的页不在内存,则发出缺页中断,由 OS 将其从外存调入内存;如果内存无空块,则根据某种算法选择一个页淘汰以便装入新的页面。利用这种方法可使更多的作业处于就绪状态,且能支持比内存容量大的作业在系统中运行,从而提高存储空间利用率。

前面已谈到,请求分页系统是建立在实分页基础上的,为了能支持虚拟存储器功能而增加了请求调页功能和页面置换功能。为了实现请求调页、页面置换两大功能,计算机系统除了要具有一定容量的内存及外存外,还需要有请求页表机制、缺页中断机构以及地址变换机构等硬件支持。

1.请求页表机制

在请求分页系统中使用的主要数据结构仍是页表,其作用是实现用户地址空间的逻辑地址到内存空间中的物理地址的映射。由于只将作业的一部分调入内存,还有一部分仍在外存上,故其页表项有了新的扩充,这是进行地址变换所必需的。请求分页系统的页表项如图 3-35 所示。

页号 P	存储块号 Q	状态位 D	访问位 A	修改位 M	外存地址	存取权限

图 3-35　请求分页系统的页表项

1)状态位(存在位)D:用于说明该页是否已调入内存,供程序访问时参考。D=0,该页不在内存;D=1,该页在内存。

2)访问位 A:用于记录该页在一段时间内被访问的次数或最近已有多长时间未被访问,提供给置换算法选择换出页面时作参考。A=0,该页未被访问;A=1,该页被访问过。

3)修改位 M:用于表示该页在调入内存后是否被修改过,也是提供给置换算法在换出页面时是否将该页面写回外存作参考。M=0,该页在内存中未被修改;M=1,该页在内存中已经被修改。

4)外存地址:用于指出该页在外存上的地址,通常是存储块号,供调入该页时使用。

2.缺页中断机制

由上述页表机制可知,状态位说明了访问页面是否在内存。在请求分页系统中,每当所要访问的页不在内存时,便产生一缺页中断(也称为缺页故障)。OS 接到此中断信号后就调出缺页中断处理程序,根据页表中给出的外存地址将该页调入内存,使作业继续运行下去。缺页中断是一种特殊的中断,与一般中断相比,主要有以下表现。

1)在指令执行期间产生和处理缺页中断信号。通常 CPU 外部中断是在每条指令完毕后才检查是否有中断请求到达;而缺页中断是要求在一条指令的执行中间发现所要访问的指令或数据不在内存时产生和处理的。

2)一条指令在执行期间可能引起多次不同的缺页中断。图 3-36 示出了一个十分极端的例子,这条指令的执行需要访问 6 个不同的页面,对它们的访问都可能引起缺页中断。

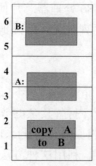

图 3-36　涉及 6 次缺页中断的指令

由于缺页中断的独特性,系统中需要提供硬件寄存器或其他机构,在出现缺页中断时,保存部分完成的指令的状态。此外,还需要使用一条特殊的返回指令,确保在出现缺页中断处恢复该指令的处理。图 3-37 示出了缺页中断处理算法的流程图。

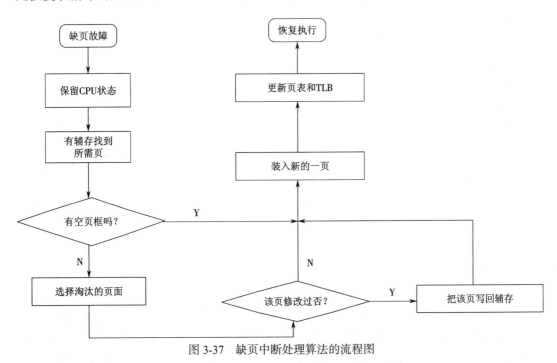

图 3-37　缺页中断处理算法的流程图

3.地址变换机制

请求分页系统中的地址变换机制是在实分页系统地址变换机构的基础上,为实现虚拟存储器而增加了某些功能而形成的,如产生和处理缺页中断以及从内存中换出一页的功能等。图 3-38 示出了请求分页系统中的地址变换过程。在进行地址变换时,首先去检索快表或页表,试图从中找出所要访问的页。若找到,便修改页表项中的访问位。对于写指令,还需将修改位置成"1",然后利用页表项中给出的存储块号和页内地址形成物理地址。若未找到,表明所访问的页不在内存,还需先将所缺的页通过缺页中断处理程序调入内存,并修改页表,然后才能利用页表进行地址变换。

4.内存页面分配策略

在请求分页存储管理中为进程分配内存时,还需考虑以下 3 个问题。

问题一:能保证进程正常运行所需的最小物理块数的确定。

问题二:当发生缺页中断时,物理块的分配策略。

问题三:在内存容量和进程数量确定的前提下,物理块的分配算法。

对于问题一,进程应获得的最小物理块数与计算机的硬件指令系统有关,取决于指令的格式、功能和寻址方式。例如,某些简单系统是单地址指令,若采用直接寻址方式,则所需的最少物理块数为 2;若采用间接寻址方式,则所需的最少物理块数为 3。(为什么?请思考)

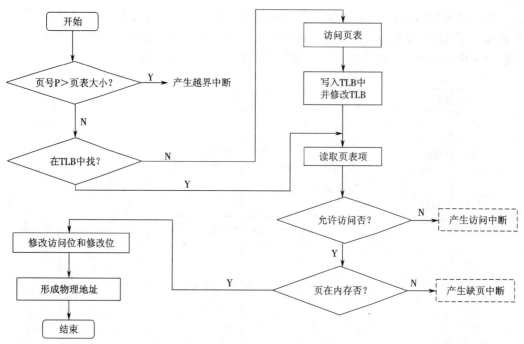

图 3-38　请求分页系统中的地址变换流程图

又如,某些复杂的指令长度有 4 个字节,且指令本身可能跨 2 个页面,其源地址和目标地址也可能跨 2 个页面,则最少物理块数为 6。(为什么? 请思考)

对于问题二,主要采取两种内存分配策略,即固定和可变分配策略;在进行置换时,也可采取两种策略,即全局置换和局部置换。于是可组合出 3 种适用的策略(为什么只有 3 种? 请思考)。

1)固定分配局部置换(Fixed Allocation, Local Replacement):基于进程的类型(交互型或批处理型等)为每个进程分配固定物理块数的内存空间,且在整个运行期间都不再改变。采用该策略时,如果进程在运行中发现缺页,则只能从该进程在内存的 N 个页面中选出一个页换出,然后再调入一页,以保证分配给该进程的内存空间不变。实现这种策略的困难在于应为每个进程分配多少个物理块难以确定。若太少,会频繁出现缺页中断,降低系统的吞吐量;若太多,又必然使内存中驻留的进程数目减少,进而可能造成 CPU 空闲或其他资源空闲的情况,而且在实现进程对换时,会花费更多的时间。

2)可变分配全局置换(Variable Allocation, Global Replacement):这可能是最易于实现的一种物理块分配和置换策略,已应用于若干个 OS 中。采用这种策略时,先为系统中的每个进程分配固定数目的物理块,而 OS 本身也保持一个空闲物理块队列。当某进程发生缺页中断时,由系统从空闲物理块队列中取出一个物理块分配给该进程,并将欲调入的(缺)页装入其中。仅当空闲物理块队列中的物理块用完时,OS 才能从内存中选择一页调出,该页可能是系统中任一进程的页,这样自然又会使那个进程的物理块数减少,进而使其缺页率增加。

3)可变分配局部置换(Variable Allocation, Local Replacement):这同样是基于进程的类型,为每个进程分配固定物理块数的内存空间,但在整个运行期间可能发生改变。例如,当某进程发现缺页时,只允许从该进程在内存的页面中选出一页换出,这样就不会影响其他进

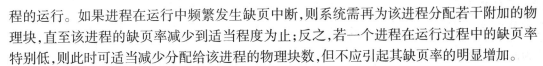

程的运行。如果进程在运行中频繁发生缺页中断,则系统需再为该进程分配若干附加的物理块,直至该进程的缺页率减少到适当程度为止;反之,若一个进程在运行过程中的缺页率特别低,则此时可适当减少分配给该进程的物理块数,但不应引起其缺页率的明显增加。

对于问题三,有以下几种分配算法供选择。

1)平均分配算法,即将内存中所有物理块等分给进入系统的各个进程。这种算法简单易实现,貌似公平,但会导致“内碎片”和缺页率的增大,因而现在很少使用。(为什么? 请思考)

2)按进程大小比例分配算法,即根据进程的大小按比例分配物理块数。设系统有 n 个进程,每个进程的页面数为 S_i,则系统中各进程页面数的总和为

$$S=\sum_{i=1}^{n}S_i$$

又设系统中可用物理块总数为 m,每个进程所能分到的物理块数为 b_i,则有:

$$b_i = S_i / S\times m$$

此处 b_i 应该取整,它必须大于最小物理块数。

3)按进程优先级分配算法。这是一种给优先级高的进程分配更多物理块,以加速高优先级进程的算法。重要的实时控制系统就是按优先级来为各进程分配物理块的。

4)按进程大小和优先级分配算法,即 2)和 3)的结合,把内存中可供分配的所有物理块分成两部分:一部分按进程大小比例分配给各进程;另一部分则根据各进程的优先级适当地增加其相应份额后,分配给各进程。

5.内存页面调入策略

为使进程能正常运行,必须事先将要执行的那部分程序和数据所在页面调入内存。现在的问题是系统应在何时调入所需页面? 又应从何处调入这些页面? 它是如何进行调入的?

(1)何时调入所需页面

针对进程运行时所缺的页面调入内存的时机,通常有以下两种策略。

1)如果出现缺页中断,表明企图对一个不在主存的页面要求访问。显然,那时必须立即装入该页面,这种仅当需要时才提取页面的策略称为请求调页策略(Demand Paging)。由请求调页策略所确定调入的页是一定会被访问的,再加之请求调页策略比较易于实现,故目前的虚拟存储器中大多采用此策略。但这种策略每次仅调入一页,故需花费较大的系统开销,增加了磁盘 I/O 的启动频率。

2)如果对一个页面的访问是可以预先期望的,那么事先装入页面也是可能的,这样就可以防止当页面实际访问时产生缺页故障,这种把事先提取页面的策略称为预调页策略(Prepaging)。显然,如果预测较准确,那么这种策略显然是很有吸引力的。但遗憾的是,目前预调页的成功率仅约 50%。故这种策略主要用于进程的首次调入时,由程序员指出应该先调入哪些页。

(2)从何处调入页面

在请求分页系统中的外存分为两部分:①文件区,用于存放文件,采用离散分配方式;②对换区(交换区),用于存放对换页面,采用连续分配方式。通常,对换区的磁盘 I/O 速度比文件区的高,这是因为对换区所规定的盘块要比文件区的大得多。因此,对于不同的系统

有以下三种情况。

1）系统拥有足够的对换区空间，则可以全部从对换区调入所需页面，以提高调页速度。为此，在进程运行前，需将与该进程有关的文件全部从文件区拷贝到对换区。

2）系统缺少足够的对换区空间，则凡是未被修改的页面都直接从文件区调入，在内存中被置换时直接用换入页面覆盖而不需换出，以后再调入时，仍从文件区直接调入；但对于在内存中已被修改的页面在被置换时需换出到对换区，以后需要时再从对换区调入。

3）UNIX 方式。针对 2），由于 UNIX 系统允许页面共享，因此某进程所请求的页面有可能已被其他进程调入内存，此时也就无须再从对换区调入。

（3）页面调入过程

每当所要访问的页面未在内存时（状态位为"0"），便会产生缺页中断，中断处理程序首先保留 CPU 环境，分析中断原因后转入缺页中断处理程序。该程序通过查找页表得到该页在外存的物理块后，若此时内存能容纳新页，则启动磁盘 I/O 将所缺页调入内存，然后修改页表；若内存已满，则需按照某种置换算法先从内存中选出一页准备换出；若该页未被修改过（修改位为"0"），则可直接覆盖；若此页已被修改（修改位为"1"），则需将它写回磁盘，然后再覆盖。上述过程需修改页表中的相应表项，置其状态位为"1"，并同时写入快表中。在缺页调入内存后，利用修改后的页表去形成所要访问数据的物理地址，再去访问内存数据。整个页面的调入过程对用户是透明的。

（4）缺页率

如果在进程的运行过程中访问页面成功（即所访问页面在内存中）的次数为 S，访问页面失败（即缺页，需要从外存调入）的次数为 F，则该进程总的页面访问次数为 $A = S + F$，定义：

$$f=F/A$$

称 f 为缺页中断率（简称缺页率）。

通常，影响缺页率 f 的因素有以下几点。

1）页面大小：页面大，则缺页率低；反之，缺页率就高。

2）进程物理块数：进程分得的物理块数多，则缺页率低；反之，缺页率就高。

3）页面置换算法：算法的优劣影响缺页次数。

4）程序固有特性：根据程序执行的局部性原理，程序编制的局部性越好，则缺页率低；反之，缺页率就高。

在实际的缺页中断处理过程中，若需选择被置换页面还应考虑到置换代价，即该页面是否被修改过。若该页面没有修改过则可以直接置换，而修改过的则必须先写回外存，所以处理这两种情况的时间也是不同的。设被置换的页面被修改的概率是 β，其缺页中断处理时间为 t_a，被置换页面没有被修改的缺页中断时间为 t_b，那么缺页中断处理时间为

$$t=\beta \times t_a+(1-\beta) \times t_b$$

3.6.4　页面置换算法

在缺页中断处理过程中若需选择被置换页面，究竟选择哪个页面，需根据一定的算法来确定。通常，把选择换出页面的算法称为页面置换算法（Page-Replacement Algorithms）。而页面置换算法的选择，在虚拟存储管理中是一个核心问题。它的实质是希望为系统提供一种算法，当从主存中需要移出页面时，应避免选择那些不久后会再次被访问的页面。

实际上,选择的算法对整个系统的性能有着重大的影响,不适当的算法可能会引起进程的某些页面频繁在内存与外存之间替换,这种现象称为"抖动"(Thrashing,也称为颠簸)。"抖动"会导致进程在运行中将大部分时间都花费在页面置换上,此时系统效率急剧下降,甚至导致系统崩溃。理论上讲,一个好的置换算法应将那些永不再被访问的或在较长时间内不再被访问的页面换出。另外,置换算法的选择在一定程度上还取决于可用的硬件设施。目前已有多种置换算法都试图去接近理论目标。下面介绍几种常用的置换算法。

1.最佳(Optimal,OPT)置换算法

这是由 Belady 于 1966 年提出的一种理论上的算法。该算法是从内存中淘汰永远不再需要的页面;如无这样的页面存在,则应淘汰最长时间不需要被访问的页面。

显然,采用这种算法会保证最低缺页率,但它无法实现,因为页面访问的未来顺序是不可知的。但该算法仍有一定意义,可作为衡量其他置换算法的一个标准。现举例说明如下。

设系统为某进程分配了 3 个存储块(假定最初存储块为空),访问页面的页面号引用串如下:

7,0,1,2,0,3,0,4,2,3,0,3,2,1,2,0,1,7,0,1

则采用 OPT 的缺页及置换情况如图 3-39 所示。

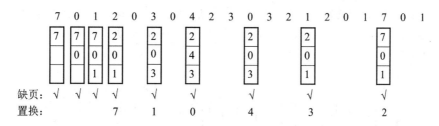

图 3-39　采用 OPT 的缺页及置换情况

从图 3-39 中可知,采用 OPT,发生了 9 次缺页中断,缺页率 f=缺页次数 F/访问次数 A=9/20=0.45,发生了 6 次页面置换。

2.先进先出(First In First Out,FIFO)置换算法

这是最早出现的置换算法。该算法总是淘汰最先进入内存的页面,理由是最早调入内存的页面,其不再被访问的概率比最近调入内存的页面要大。该算法实现简单,只需把进程已调入内存的页面,按先后次序链接成一个队列,并设置一个所谓的替换指针,使它总是指向驻留时间最长(即最老)的页面。但该算法效率不高,它与进程实际的运行规律不相适应,如常用的全局变量或者循环体所在的页面都可能被选为淘汰对象,而这些页面经常被访问。

此处我们仍用上例的条件和数据,但采用 FIFO,则其缺页及置换情况如图 3-40 所示。从图 3-40 中可知,采用 FIFO,发生了 15 次缺页中断,缺页率 f=缺页次数 F/访问次数 A=15/20=0.75,发生了 12 次页面置换。

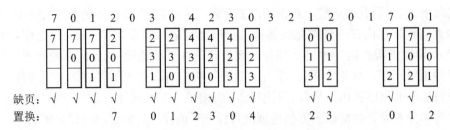

图 3-40　采用 FIFO 的缺页及置换情况

3.最近最久未使用(Least Recently Used,LRU)置换算法

LRU 置换算法是利用局部性原理,根据页面调入内存后的使用情况进行决策的。由于无法预测各页面将来的使用情况,只能根据一个作业在执行过程中过去的页面访问踪迹来推测未来的行为。该算法认为过去一段时间里不曾被访问过的页面,在最近的将来可能也不会再被访问。所以,这种算法的实质是当需要置换一页面时,选择在最近一段时间内最久不用的页面予以淘汰。实现该算法需要赋予每个页面一个访问字段,用来记录它自上次被访问以来所经历的时间 t,当要淘汰一个页面时,选择现有页面中 t 值最大的,即最近最久未使用的页面予以淘汰。LRU 算法比较普遍地适用于各种类型的程序。

此处我们仍用上例的条件和数据,但采用 LRU,则其缺页及置换情况如图 3-41 所示。

从图 3-41 中可知,采用 LRU,发生了 12 次缺页中断,缺页率 f=缺页次数 F/访问次数 A=12/20=0.6,发生了 9 次页面置换。

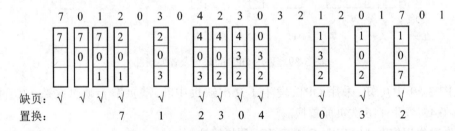

图 3-41　采用 LRU 的缺页及置换情况

LRU 算法实现的关键之处是确定页面最后访问以来所经历的时间,其有以下几种实现方法。

1)计时法。为每个页面增设一个访问计时单元,每当页面被访问时,把当时的绝对时钟值记入计时单元,这样系统便记录了内存中所有页面最后一次被访问的时间。页面置换时,系统对各页面的计时值进行比较,值最小的页面就是最近最久未使用的页面,从而置换掉。

2)计数器法。每当页面访问时,硬件计数器自动计数,更换访问页面时,把硬件计数器的值记录到页面所对应的页表项的计数值单元,经过时间 t 后,将所有计数器清零。页面置换时,系统检查所有页表项,计数值最小的页面就是最近最久未使用的页面,从而置换掉。

3)堆栈法。利用一个特殊的栈来保存当前使用的各个页面的页面号。每当进程访问某页面时,便将其对应页面号压入栈顶(包括新页面访问后其页面号直接压入栈顶,以及已在内存页面的页面号从栈中移出将它压入栈顶)。因此,栈顶始终是最新被访问页面的编号,而栈底则是最近最久未使用页面的页面号。例如,现有一进程,它分有 5 个存储块,所访问的页面的页面号序列为 4, 7, 0, 7, 1, 0, 1, 2, 1, 2, 6。随着进程的访问, 栈中页面号的变化情况如图 3-42 所示。在访问页面 6 时发生了缺页, 此时页面 4 是最近最久未被访问的页, 应将它置换出去。

4	7	0	7	1	0	1	2	1	2	6
							2	1	2	6
				1	0	1	1	2	1	2
		0	7	7	1	0	0	0	0	1
	7	7	0	0	7	7	7	7	7	0
4	4	4	4	4	4	4	4	4	4	7

图 3-42　用栈保存当前使用页面时栈的变化情况

4）移位寄存器法。为了记录某进程在内存中各页的使用情况, 可为每个在内存中的页面配置一个移位寄存器, 可表示为 $R = R_{n-1}R_{n-2}R_{n-3} \cdots R_2R_1R_0$

当进程访问某物理块时, 要将相应寄存器的 R_{n-1} 位置成 1。此时, 定时信号将每隔一段时间（如 100 ms）将寄存器右移一位。如果我们把 n 位寄存器的数看作是一个整数, 那么具有最小数值的寄存器所对应的页面就是最近最久未使用的页面。图 3-43 示出了某进程在内存中具有 8 个页面, 为每个内存页面配置一个 8 位寄存器时的 LRU 访问情况。这里把 8 个内存页面的序号分别定为 1~8。由图 3-43 可以看出, 第 3 个内存页面的 R 值最小, 当发生缺页时, 首先将它置换出去。

R 实页	R_7	R_6	R_5	R_4	R_3	R_2	R_1	R_0
1	1	1	0	0	1	0	1	1
2	0	1	0	1	1	1	0	1
3	0	0	1	1	0	0	0	0
4	1	0	0	1	1	0	1	0
5	1	1	1	0	0	0	1	0
6	0	0	0	0	1	0	1	1
7	1	0	0	0	1	1	1	0
8	0	1	1	0	0	1	1	1

图 3-43　某进程具有 8 个页面时的 LRU 访问情况

从上述内容可知, LRU 的实现开销很大, 而且需要硬件的支持, 若完全由软件实现速度至少会降低 90%, 因此 LRU 的近似算法更实用些。下面介绍几个常用的 LRU 近似算法。

（1）二次（Second Chance, SC）置换算法

这是一种 LRU 近似算法, 是通过对 FIFO 算法进行简单改造, 结合页表中的访问位而形成的, 该算法采用链式数据结构。首先检查位于 FIFO 链首的页, 如果它的访问位为 0, 则选择该页置换；如果它的访问位为 1, 则置访问位为 0, 将其移至链尾。重复上述查找过程, 直到找到新链首页是访问位为 0 的较早进入内存的页, 并将其置换成功为止。图 3-44 示出了 SC 算法置换前（图 3-44（a））、后（图 3-44（b））链表情况。

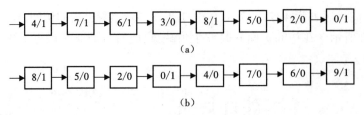

图 3-44　SC 算法置换前、后链表情况

（2）时钟（Clock）置换算法

这是一种简单实用的 LRU 近似算法，是 SC 置换算法的改进和变形。它是把进程所访问的页面组织成一个环形，再设一个指针指向当前位置，于是形成了 Clock 置换算法。该算法首先检测指针所指的页面，如果它的访问位为 0，则置换该页，新装入的页插入到此位置，然后指针前进一个位置；如果它的访问位为 1，则置该访问位为 0，并将指针前进一个位置，继续检查访问位。重复此过程，直到找到访问位为 0 的页面为止。

Clock 置换算法与 SC 置换算法的置换效果基本相同，主要差别在于二者所采用的数据结构不同：SC 置换算法使用的链表需要额外的存储空间，且出链入链速度较慢；而 Clock 置换算法直接利用页表中的访问位，只需增加一个指针，速度快且节省存储空间。

（3）最近未用（Not Recently Used，NRU）置换算法——改进型 Clock 置换算法

这也是一种广泛使用且比较容易实现的 LRU 近似算法。它是把 FIFO 算法的思想与页面的访问位和修改位结合起来的一个接近 LRU 算法的置换算法，Clock 算法就是 NRU 算法的简化。

在 NRU 置换算法中增加了置换代价的因素。选择换出页面时，既要是未使用过的页面，又要是未修改过的页面。访问位 A 和修改位 M 有以下四种组合。

1）A=0，M=0：表示该页最近既未被访问过、又未被修改过，是最佳淘汰页面。

2）A=0，M=1：表示该页最近既未被访问过、但已被修改过，不是很好的淘汰页面。

3）A=1，M=0：表示该页最近已被访问过、但未被修改过，可能再次被访问。

4）A=1，M=1：表示该页最近既被访问过、又被修改过，可能再次被访问。

在进行页面置换时，要采用与 Clock 置换算法类似的方法，其差别在要对访问位和修改位同时检查，以确定其置换的页面，所以称为改进型 Clock 置换算法。其执行过程如下（将所有的页面组成一个循环队列）。

1）从指针所指示的当前位置开始，扫描循环队列，寻找 A=0 且 M=0 的第一类页面，将所遇到的第一个页面作为所选中的置换页。在第一次扫描期间，不改变访问位 A。

2）如果 1）失败，即查找一周后未遇到第一类页面，则开始第二轮扫描，寻找 A=0 且 M=1 的第二类页面，将所遇到的第一个这类页面作为置换页。在第二轮扫描期间，将所有扫描过的页面的访问位都置 0。

3）如果 2）也失败，亦即未找到第二类页面，则将指针返回到开始的位置，并将所有的访问位复 0。然后重复 1），如果仍失败，必要时再重复 2），此时就一定能找到被置换的页。

（4）最少使用（Least Frequently Used，LFU）置换算法

该置换算法是选择在最近时期使用最少的页面作为置换页。在实现时为每个页面设置一个访问次数计数器。当一个页面由外存移到内存时，对应的计数器清零；当需要页面置换时，选取计数器值最小的页面。其算法依据是活动页面的计数器值最大，应当留在内存。因此，存在一个问题，就是以前曾经多次使用的页面，虽然目前不用也会留在内存，而刚刚移入

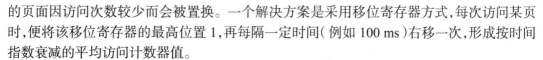

的页面因访问次数较少而会被置换。一个解决方案是采用移位寄存器方式,每次访问某页时,便将该移位寄存器的最高位置 1,再每隔一定时间(例如 100 ms)右移一次,形成按时间指数衰减的平均访问计数器值。

(5)最多使用(Most Frequently Used,MFU)置换算法

该置换算法与 LFU 算法完全相反,认为计数器值最小的页面很可能是刚刚调入内存正等待使用,因而置换时选择计数器值最大的页面。

LFU 和 MFU 都有缺点,如系统开销很大,并且它们不能很好地近似 OPT。

(6)页面缓冲算法(Page Buffering Algorithm;PBA)

该算法是对 FIFO 置换算法的发展,采用了前述的可变分配和局部置换方式,置换算法采用的是 FIFO。它规定将一个被置换的页放入两个链表中的一个,即如果页面未被修改,就将它直接放入空闲链表中;否则便放入已修改页面的链表中。注意,这时页面在内存中并不做物理上的移动,而只是将页表中的表项移到上述两个链表之一中。

空闲页面链表实际上是一个空闲物理块链表,其中的每个物理块都是空闲的,因此可在其中装入程序或数据。当需要读入一个页面时,便可利用空闲物理块链表中的第一个物理块来装入该页。当有一个未被修改的页要换出时,实际上并不将它换出内存,而是把该未被修改的页所在的物理块挂在自由页链表的末尾。类似地,在置换一个已修改的页面时,也将其所在的物理块挂在修改页链表的末尾。利用这种方式可使已被修改的页面和未被修改的页面都仍然保留在内存中。当该进程以后再次访问这些页面时,只需花费较小的开销,使这些页面又返回到该进程的驻留集中。当被修改的页面数目达到一定值时,例如 64 个页面,再将它们一起写回到磁盘上,从而显著减少磁盘 I/O 的操作次数。该算法不需要特殊的硬件支持,容易实现,还可改善分页系统的性能。Windows NT 内核系列操作系统便使用此种方法。

4.访问内存的有效时间

与实分页存储管理方式不同,在请求分页管理方式中,内存有效访问时间不仅要考虑访问页表和访问实际物理地址数据的时间,还必须考虑到缺页中断的处理时间。其有效访问时间:①未发生缺页时,等于存储器的访问时间 t;②发生了缺页时,等于 $(1-f) \times t + f \times \varepsilon$(缺页中断时间),缺页中断时间=缺页中断服务时间+缺页读入时间+进程重新执行时间,其中 f 是缺页率。由于 CPU 速度太快,缺页读入时间和进程重新执行时间可以忽略不计。

在具有快表机制的请求分页管理系统中,存在以下三种方式的内存访问操作,其中 EAT 表示访问实际物理地址所需时间,λ 表示查找/更新快表时间。

1)被访问页在内存中,其对应的页表项在快表中。此时不存在缺页中断现象,访问内存的有效时间包含查找快表时间和访问实际内存地址时间。因此,访问内存的有效时间为

$$EAT=\lambda+t$$

2)被访问页在内存中,其对应的页表项不在快表中。此时也不存在缺页中断现象,但需要访问内存两次,一次读取页表,一次读取数据,另外还需更新快表。因此,访问内存的有效时间包含查找快表时间、读取页表时间、更新快表时间、访问实际内存地址时间:

$$EAT=\lambda+t + \lambda+t =2(\lambda+t)$$

3)被访问页不在内存中。此时存在缺页中断,需要进行缺页中断处理。因此,访问内存的有效时间包含查找快表时间、读取页表时间、处理缺页中断时间、更新快表时间、访问实际内存地址时间:

$$EAT=\lambda+t +\varepsilon+ \lambda+t =2(\lambda+t)+\varepsilon$$

若考虑快表命中率和缺页率,则(p 表示快表命中率,f 表示缺页率):

$$EAT=p\times(\lambda+t)+(1-p)(2(\lambda+t)\times(1-f)+f\times(\varepsilon+2(\lambda+t)))=2(\lambda+t)+f\varepsilon-p(\lambda+t+f\varepsilon)$$

若只考虑缺页率,不考虑快表命中率,则:

$$EAT=t+f\times(\varepsilon+t)+(1-f)\times t=2t+f\varepsilon$$

5.抖动(Thrashing)和工作集

Thrashing 又可译为"颠簸"。前面已经提到,抖动是指进程的某些页面频繁在内存与外存之间替换,导致系统调用进程页面的时间比进程运行所占用的时间还长。显然,抖动会严重影响系统的性能,甚至可能使系统崩溃,因此需对其产生的原因进行分析并处理。

（1）产生抖动的原因

由于抖动是缺页率过高所引起的,因此产生抖动的主要原因如下。

1）在系统中运行的进程太多,由此分配给每一个进程的物理块太少,不能满足进程正常运行的基本要求,致使每个进程在运行时频繁出现缺页,必须请求系统将所缺页调入内存。这会使得在系统中排队等待页面调入/调出的进程数目增加。

2）页面置换算法的不合理。一个不合理的置换算法可能将近期就要访问的页面置换出去,这也是形成抖动的一个原因。

3）在程序结构中滥用的转移指令、分散的全局变量都会破坏程序的局部性,从而增大缺页率,导致抖动。

（2）工作集模型

"抖动"是在进程运行中出现的严重问题,必须采取相应的措施来解决它。为此有不少学者对它进行了深入的研究,提出了许多非常有效的解决方法,具体内容如下。

1）增加分配给每一个进程的物理块数,使得一个进程在运行过程中所需的"活动"页面都能装入内存,这是解决抖动最有效的方法。至于一个进程的"活动"页面数究竟有多少与进程有关,也与进程的执行时刻有关,这在后面的工作集中会给出介绍。

2）改进页面置换算法。首先可以考虑 LRU 置换算法,如果硬件支持力度不够,可以采用 LFU 置换算法。

3）改进程序结构。尽量避免使用转移语句(如 goto),根据大型矩阵的存放方式来设计相应的访问操作。

由于"抖动"的产生与系统为进程分配的物理块数有关,1968 年由 Denning 提出了关于进程"工作集(Working Set)"的理论并进行了推广。该理论是基于程序运行时的局部性原理,认为程序在运行期间对页面的访问是不均匀的;如果能够预知程序在某段时间间隔内要访问哪些页面,并提前把它们调入内存,则会大大降低缺页率,提高置换效率及 CPU 利用率。

工作集是指在某段时间间隔内进程实际要访问的页面集合。Denning 指出,虽然程序只需要少量的几页在内存便可运行,但为了进程能有效运行,较少缺页,就应将进程的工作集全部装入内存中。然而,由于无法预知进程在不同时刻将访问哪些页面,因而只能像置换算法那样,将进程过去某段时间内的行为作为进程在将来某段时间内行为的近似。

具体地说,一个进程在时间 t 的工作集 $W(t,\varDelta)$ 可以形式化地定义为:对于给定的访问序列选取定长的区间 $\varDelta$, $W(t,\varDelta)=\{$进程在 $t\sim t+\varDelta t$ 之间引用页面的集合$\}$。其中,$\varDelta$ 为工作集窗口尺寸(Windows Size)。图 3-45 示出了某进程访问页面的序列和窗口大小分别为 3、4、5 时的工作集。

$W(t,\varDelta)$ 是二元函数,即在不同时间 t 的工作集大小不同,所含的页面数也不同。工作集与窗口尺寸 $\varDelta$ 有关,是窗口尺寸 $\varDelta$ 的非降函数(nondecreasing function),即 $W(t,\varDelta)\subseteq W(t,\varDelta+1)$。

引用页序列	窗口大小		
	3	4	5
19	19	19	19
35	19、35	19、35	19、35
22	19、35、22	19、35、22	19、35、22
20	35、22、20	19、35、22、20	19、35、22、20
19	22、20、19	—	—
31	20、19、31	35、22、20、31	19、35、22、20、31
22	19、31、22	—	—
19	—	22、20、31、19	—
22	—	—	—
31	—	—	—
35	31、22、35	20、31、19、35	—
31	—	—	—
19	22、35、19	—	—
31	35、19、31	—	—
22	19、31、22	31、19、35、22	—

图3-45 进程引用页序列和窗口大小分别为3、4、5时的工作集

正确选择工作集窗口尺寸 Δ，对于有效提高内存利用率和系统吞吐率都将产生影响。如 Δ 过大，虽不易产生缺页中断，但内存的利用率不高；如 Δ 过小，则会产生频繁缺页中断（抖动），反而会降低系统吞吐量。

（3）抖动的预防方法

为了保证系统吞吐量，目前已有许多预防"抖动"产生的方法。下面介绍几个较常用的预防"抖动"产生的方法。

1）采取局部置换策略。在页面分配和置换策略中，若是可变分配方式，则为了预防产生"抖动"，可采取局部置换策略。根据这种策略，当某进程发生缺页时，只能在分配给自己的内存空间内进行置换，不允许从其他进程获得新的物理块。这样即使该进程发生了"抖动"，也不会对其他进程产生影响，于是可把该进程"抖动"所造成的影响限制在较小的范围内。该方法虽然简单易行，但效果不是很好，因为在某进程发生"抖动"后，它还会长期处在磁盘 I/O 的等待队列中，使队列的长度增加，这会延长其他进程缺页中断的处理时间，也就是延长了其他进程对磁盘的访问时间。

2）把工作集算法融入 CPU 调度中。当系统发现 CPU 利用率下降时，将试图从外存调入一个新作业进入内存来改善 CPU 利用率。如果在调度中融入了工作集算法，则在系统从外存调入作业之前，必须先检查每个进程在内存的驻留页面是否足够多。如果是，便可以从外存调入新的作业，此时不会因新作业的调入而导致缺页率的增加；反之，则应首先为那些缺页率居高的作业增加新的物理块，此时将不再调入新的作业。

3）利用" $L=S$ "准则调节缺页率。Denning 于 1980 年提出了" $L=S$ "的准则来调节多道程序度，其中 L 是缺页之间的平均时间，S 是平均缺页服务时间（置换一个页面所需时间）。如果 L 远比 S 大，说明很少发生缺页，磁盘的能力尚未得到充分的利用；反之，如果 L 比 S 小，则说明频繁发生缺页，缺页的速度已超过磁盘的处理能力。只有当 L 与 S 接近时，磁盘和处理机都可达到它们的最大利用率。理论和实践都已证明，利用" $L=S$ "准则对于调节缺页率是十分有效的。

4）选择暂停一些进程。当多道程序度偏高时，已影响到处理机的利用率，为了防止发生"抖动"，系统必须减少多道程序的数目。此时应基于某种原则选择暂停某些当前活动的进程，将它们调出到磁盘上，以便把腾出的内存空间分配给缺页率发生偏高的进程。系统通

常都采取与调度程序一致的策略,即首先选择暂停优先级最低的进程,若需要则再选择优先级较低的进程。当内存还显拥挤时,还可进一步选择暂停一个并不十分重要、但却较大的进程,以便能释放出较多的物理块,或者暂停剩余执行时间最多的进程等。

3.6.5　请求分段存储管理

请求分段存储管理的实现原理是程序运行之前,只需先调入当前运行需要的若干个段(不必调入所有的段)便可启动运行。运行过程中当所访问的段不在内存中时,则发出缺段中断,由 OS 将所缺的段从外存调入内存。如果内存无空闲区域,则可根据某种算法选择一个段或若干段置换以便装入新的段。

像请求分页系统一样,请求分段系统是建立在实分段基础上的,为实现请求分段存储管理,同样需要一定的硬件支持和相应的软件。如请求调段功能和分段置换功能,一定容量的内存及外存,请求段表机制、缺段中断机构以及地址变换机构等硬件支持。

1.请求段表机制

在请求分段系统中使用的主要数据结构仍是段表。在该表中除了像请求分页管理中增加四个信息标识位外,还增加了增补位,如图 3-46 所示。

段号S	段长	段基址	状态位 D	访问位 A	修改位 M	外存地址	增补位	存取权限

图 3-46　请求分段系统的段表项

1)状态位(存在位)D:用于说明该段是否已调入内存,供程序访问时参考。D=0,该段不在内存;D=1,该段在内存。

2)访问位 A:用于记录该段在一段时间内被访问的次数,或最近已有多长时间未被访问,提供给置换算法选择换出段时作参考。A=0,该段未被访问;A=1,该段被访问过。

3)修改位 M:用于表示该段在调入内存后是否被修改过,也是提供给置换算法在换出段时是否将该页面写回外存作参考。M=0,该段在内存中未被修改;M=1,该段在内存中已经被修改。

4)外存地址:用于指出该段在外存上的起始地址,供调入该段时使用。

5)增补位:说明该分段是否允许扩展,此外如该段已被增补,则在写回外存时,需另选择外存空间。

2.缺段中断机制

与请求分页存储管理类似,由上述请求段表机制可知,状态位说明了访问段是否在内存。在请求分段系统中,每当所要访问的段不在内存时,便产生一缺段中断(也称为缺段故障)。OS 接到此中断信号后便调出缺段中断处理程序,根据段表中给出的外存地址,将该段调入内存,使作业继续运行下去。与缺页中断机构类似,缺段中断同样需要在一条指令的执行期间产生和处理中断,且在一条指令执行期间可能产生多次缺段中断。只是由于段是信息的逻辑单位,因而不可能出现一条指令被分割在两个段中和一组信息被分割在两个段中的情况。图 3-47 示出了缺段中断处理算法的流程。注意:由于段不是定长,因此缺段中断处理比缺页中断处理要更复杂一些。

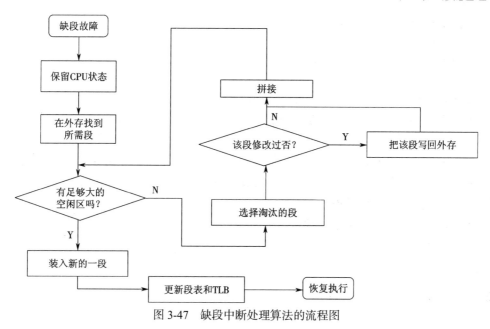

图 3-47　缺段中断处理算法的流程图

3.地址变换机构

请求分段系统中的地址变换机构是在实分段系统地址变换机构的基础上,再为实现虚拟存储器而增加了某些功能形成的,如产生和处理缺段中断以及从内存中换出一段的功能等。在进行地址变换时,首先去检索快表,试图从中找出所要访问的段。若找到便修改段表项中的访问位。对于写指令,还需将修改位置成"1",然后利用段表项中给出的段基址和段内地址形成物理地址。若未找到,表明所访问的段不在内存,还需先将所缺的段通过缺段中断处理程序调入内存并修改段表,然后才能利用段表进行地址变换。图 3-48 示出了请求分段系统中的地址变换过程。

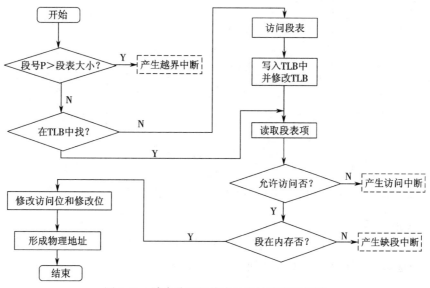

图 3-48　请求分段系统中的地址变换流程图

3.6.6 请求段页式存储管理

为保持请求分页存储管理和请求分段存储管理各自的优点,克服各自的缺点,将两者结合起来就形成了请求段页式存储管理。

1.请求段页式存储管理的段表机制和页表机制

在请求段页式存储管理中,与实段页式存储管理类似,每个进程有一个段表,其段表项如图 3-49(a)所示;每一段有一个页表,其页表项如图 3-49(b)所示。在这种请求段页式系统中,一个作业的整个一段或若干段以及某些分段的某些页面不在主存中是完全可能的。因此,在段表项中设有"段在主存"标识,在页表项中设有"页在主存"标识。此外,在段表项中还包括一个存取权限字段和一个页表大小字段。在这种情况下,页表项中不再设置存取权限信息,但仍然保持"页面访问"和"页面修改"标识位;而涉及段的访问或修改信息在段表不予记录。段表控制寄存器、段表、页表与主存空间的关系如图 3-50 所示。

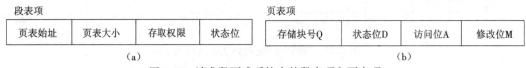

图 3-49　请求段页式系统中的段表项和页表项

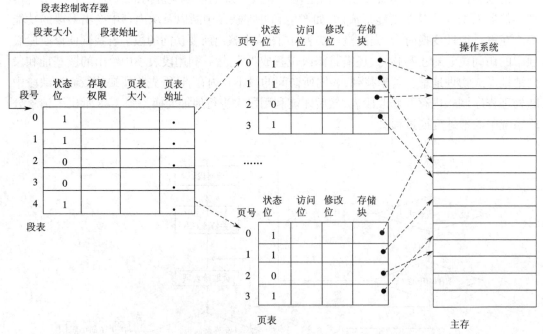

图 3-50　段表控制寄存器、段表、页表与主存空间的关系图

2.地址变换机构

结合请求分页存储管理和请求分段存储管理各自的地址变换过程,在请求段页式存储管理中,逻辑地址到物理地址的地址变换过程如图 3-51 所示。

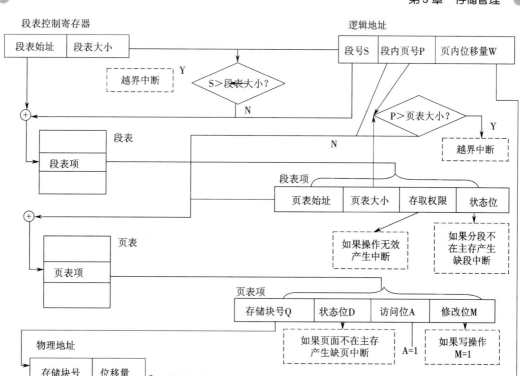

图3-51　请求段页式系统中的地址变换流程图

请求段页式存储管理的缺点主要有以下两点:①增加了软件复杂性和管理开销,需要的硬件支持也增加了;②各种表格要占用存储空间,与在请求分页或分段系统中一样存在系统抖动的危险,和分页管理一样存在零头问题,且更为严重。

最后作为总结,表3-4示出了3种请求存储管理系统以及各自的优缺点。

表3-4　3种请求式存储管理系统特性比较

存储管理方式 ＼ 特性	地址空间	存储分配	存储碎片	存储共享	存储保护	动态扩充	动态链接
请求分页	一维	简单	无	不便	不便	不可以	不可以
请求分段	二维	复杂	有	方便	方便	可以	可以
请求段页式	二维	简单	无	方便	方便	可以	可以

习题3

一、选择题

1.动态重定位是在作业的(　　　)中进行的。

A.修改过程　　　　　　B.装入过程　　　　　　C.执行过程　　　　　　D.编译过程

2.可变分区存储管理方式按作业需求量分配主存分区,所以(　　　)。

A.分区的个数是确定的　　　　　　　　　　B.分区的长度和个数都是确定的

C.分区的长度是固定的　　　　　　　　D.分区的长度和个数是不确定的

3.虚拟内存的容量只受(　　　)的限制。

A.计算机地址位数　　　　　　　　　B.物理内存的大小

C.磁盘空间的大小　　　　　　　　　D.数据存放的实际地址

4.分页存储管理中的页表由(　　　)建立。

A.装入程序　　　　　B.操作系统　　　　C.编译程序　　　　D.用户

5.以下有关可变分区存储管理中采用的主存分配算法说法,错误的是(　　　)。

A.首次适应算法实现简单,但碎片过多,使主存空间利用率低

B.最佳适应算法是最好的算法,但后到的较大作业很难得到满足

C.最差适应算法总是挑选最大空闲区用于分割,使得剩下的分区仍可使用

D.可变分区存储管理常采用的主存分配算法包括首次适应、最佳适应和最坏适应等算法

6.操作系统采用基本分页存储管理格式,要求(　　　)。

A.每个进程拥有一张页表,但只有执行进程的页表驻留在内存中

B.每个进程拥有一张页表,且进程的页表驻留在内存中

C.所有进程共享一张页表,只有页表中当前使用的页面必须驻留在内存中,以最大限度节省有限的内存空间

D.所有进程共享一张页表,以节约有限的内存空间,且页表必须驻留在内存中

7.一个 32 位地址的计算机使用两级页表。虚拟地址被分成 9 位的顶级页表域、11 位的二级页表域和一个偏移量,在地址空间中一共有(　　　)个页面。

A. 2^{20}　　　　　B. 2^9　　　　　C. 2^{11}　　　　　D.上述三个都不对

8.内存管理的主要目的是(　　　)。

A.方便用户　　　　　　　　　　B.增加内存物理容量

C.方便用户和提高内存利用率　　　D.提高内存利用率

9.为保证进程空间不被非法访问,内存保护由(　　　)完成。

A.操作系统独立完成　　　　　　　B.硬件机构独立完成

C.操作系统和硬件机构合作完成　　D.操作系统或硬件机构独立完成

10.运行时重定位的缺点是(　　　)。

A.进程无法在内存中移动

B.进程必须连续存储

C.不利于代码共享

D.同一逻辑地址可能需要多次转换为物理地址

11.动态式分区存储管理中,实施拼接技术的目的是(　　　)。

A.集中空闲分区　　B.增加物理内存　　C.缩短访问时间　　D.简化分配算法

12.某动态分区存储管理系统,用户可用内存容量为 55 MB(初始为空闲)。若采用最佳适应算法,分配和释放的顺序为分配 15 MB,分配 30 MB,释放 15 MB,分配 6 MB,分配 8 MB,则内存中最大空闲分区的大小是(　　　)。

A. 7 MB　　　　　B. 9 MB　　　　　C. 10 MB　　　　　D. 11 MB

13.若在动态分区中,采用最坏适应分配算法,则空闲分区(　　　)。

A.按地址从大到小排列　　　　　B.按地址从小到大排列

C.按尺寸从大到小排列　　　　　D.按尺寸从小到大排列

14.采用分页或分段存储管理后,提供给用户的物理地址空间(　　　)。

A.分页支持更大的物理地址空间　　　　　　B.分段支持更大的物理地址空间

C.不能确定　　　　　　　　　　　　　　　D.一样大

15.分页存储管理系统的页面为(　　　)。

A.用户所感知　　　　　　　　　　　　　　B.操作系统所感知

C.编译系统所感知　　　　　　　　　　　　D.链接、装载程序所感知

16.下列关于分页存储管理系统说法,正确的是(　　　)。

A.分页存储有利于提高内存利用率　　　　　B.分页存储有利于实现信息共享

C.分页存储有利于提高内存访问速度　　　　D.分页存储有利于实现信息保护

17.(　　　)不是引入分段存储管理方式的原因。

A.信息保护　　　　　B.信息共享　　　　　C.提高内存利用率　　　D.段可以动态增长

18.分页存储管理不会引起(　　　)。

A.内部碎片　　　　　B.外部碎片　　　　　C.访存时间增加　　　D.权限控制复杂

19.虚拟存储技术是(　　　)。

A.扩充输入输出缓冲区的技术　　　　　　　B.补充相对地址空间的技术

C.补充内存物理空间的技术　　　　　　　　D.扩充外存空间的技术

20.请求分页存储管理常用的替换策略之一有(　　　)。

A. BF　　　　　　　B. SCBF　　　　　　　C. FPF　　　　　　　D. LRU

21.在请求分页存储系统中,主要的硬件支持有页表机制、缺页中断机构和(　　　)。

A.时间支持　　　　　B.空间支持　　　　　C.地址变换机构　　　D.虚拟存储

22.下列描述不是局部性原理体现的是(　　　)。

A.进程在一段时间内频繁访问某一段存储区域

B.进程在一段时间内频繁执行某些指令

C.进程在一段时间内访问缓存命中率很高

D.进程在一段时间内频繁进行 I/O 操作

23.在请求分页存储管理中,若所需页面不在内存中,则会引起(　　　)。

A.输入输出中断　　　B.时钟中断　　　　　C.越界中断　　　　　D.缺页中断

24.虚拟存储器的最大容量(　　　)。

A.为内外存容量之和　　　　　　　　　　　B.由计算机的地址结构决定

C.是任意的　　　　　　　　　　　　　　　D.由作业的地址空间决定

25.在虚拟存储系统中,若进程在内存中占 3 块(开始时为空),采用先进先出页面淘汰算法,当执行访问页号序列为 1、2、3、4、1、2、5、1、2、3、4、5、6 时,将产生(　　　)次缺页中断。

A. 7　　　　　　　　B. 8　　　　　　　　C. 9　　　　　　　　D. 10

26.进程在执行中发生了缺页中断,经操作系统处理后,应让其执行(　　　)指令。

A.被中断的后一条　　B.启动时的第一条　　C.被中断的　　　　　D.被中断的前一条

27.在某请求分页管理系统中,一个进程共 5 页,进程执行时一次访问如下页面:2、3、2、1、5、2、4、5、3、2、5、2。若分配给该进程的页框数为 3,采用 LRU 页面置换算法,其页面置换次数为(　　　)。

A. 6　　　　　　　　B. 4　　　　　　　　C. 5　　　　　　　　D. 3

28.系统颠簸是指(　　　)。

A.系统盘不净,系统不稳定的现象

B.使用机器时,屏幕闪烁的现象

C.刚被调出的页面又立刻被调入所形成的频繁调入调出现象

D.由于内存分配不当,偶然造成内存不够的现象

29.下面关于虚拟存储器的叙述,正确的是(　　　　)。

A.要求程序运行前必须全部装入内存且在运行过程中一直驻留在内存

B.要求程序运行前必须全部装入内存但在运行过程中不必一直驻留在内存

C.要求程序运行前不必全部装入内存但在运行过程中必须一直驻留在内存

D.要求程序运行前不必全部装入内存且在运行过程中不必一直驻留在内存

30.在以下的存储管理方案中,能扩充主存容量的是(　　　　)。

A.固定分区分配　　　　　　　　　　B.动态分区分配

C.请求分页存储管理　　　　　　　　D.基本分页存储管理

31.在页面置换算法中,常利用(　　　　)评价其他算法。

A.Clock 置换算法　　　　　　　　　B.先进先出置换算法

C.最近最久未使用置换算法　　　　　D.最佳置换算法

32.选择在最近的过去最久未访问的页面予以淘汰的算法称为(　　　　)置换算法。

A. FIFO　　　　　　B. Clock　　　　　　C. OPT　　　　　　D. LRU

33.在请求分页存储管理中,若采用 FIFO 页面置换算法,则当分配的页面数增加时,缺页中断的次数(　　　　)。

A.可能增加也可能减少　　　　　　　B.减少

C.无影响　　　　　　　　　　　　　D.增加

二、填空题

1.地址重定位的方式有(　　　　)和(　　　　)两种。

2.在动态分区算法中,(　　　　)倾向于优先利用内存中的低地址部分的空闲分区,从而保留了高地址部分的大空闲分区。(　　　　)的空白区是按大小递增顺序连在一起。

3.存储器一般分成(　　　)、(　　　)和(　　　)三个,其中(　　　)造价最高、存取速度最快。

4.一般说来,用户程序中所使用的地址是(　　　　),而内存中各存储单元的地址是(　　　　)。

5.在段页式存储管理系统中,面向(　　　　)的地址空间是段式划分,面向(　　　　)的地址空间是页式划分。

6.分段式存储系统必须至少具有两种硬件支持机构:(　　　　)和(　　　　)。

7.分区存储管理方法的主要优点是易于(　　　　),缺点是容易产生(　　　　)。

8.在存储管理系统中,允许一个程序的若干(　　　　)或几个程序的某些部分共享某一个存储空间,这种技术称为(　　　　)。

9.请求分页式虚拟存储系统必须至少具有三种支持机构:(　　　　)、(　　　　)和(　　　　)。

10.在一个请求分页系统中,采用先进先出页面置换算法时,假如一个作业的页面走向为 1,2,3,4,1,2,5,1,2,3,4,5,当分配给该作业的物理块数 M 为 4,访问过程中发生的缺页次数为(　　　　)次。(假定开始时物理块中为空)(填数字)

11.请求调页系统中的调页策略有(　　　　),它是以预测为基础的;另一种是(　　　　),由

于较易实现,故目前使用较多。

12.置换算法是在内存中没有( )时被调用,它的目的是选出一个被淘汰的页面,如果内存中有足够的( )存放所调入的页,则不必使用置换算法。

13.段的共享是通过( )实现的;能方便地实现信息共享的存储管理方式有( )和( )。

14.在存储管理中常用( )方式来摆脱内存容量的限制;( )容量的扩大是以牺牲 CPU 工作时间以及内外存交换时间为代价的。

15.在虚拟存储管理系统中,虚拟地址空间是指( ),实地址空间是指( )。

16.实现虚拟存储器的日的是从逻辑上( ),虚拟存储器实现的理论基础是( )。

三、简答应用题

1.为什么要引入动态重定位? 如何实现?

2.采用可变分区方式管理主存空间时,若主存中按地址顺序依次有五个空闲区,空闲区的大小分别为 15 KB,28 KB,10 KB,226 KB,110 KB。现有五个作业 J_a, J_b, J_c, J_d 和 J_e,它们所需的主存依次为 10 KB,15 KB,102 KB,26 KB 和 80 KB,如果采用首次适应分配算法能把这五个作业按 J_a~J_e 的次序全部装入主存吗? 用什么分配算法装入这五个作业可使主存的利用率最高?

3.若在一分页存储管理系统中,某作业的页表如下表所示。已知页面大小为 1024 B,试将逻辑地址 1011,2148,4000,5012 转化为相应的物理地址。

页号	物理块号
0	2
1	3
2	1
3	6

4.何为页表和快表? 它们各起什么作用?

5.虚拟存储器的基本特征是什么? 虚拟存储器的容量主要受到哪两方面的限制?

6.对一个将页表存放在内存中的分页存储管理系统,请回答:

1)如果访问内存需要 0.2 μs,一个数据的有效访问时间是多少?

2)如果加一个快表,且假定在快表中找到页表项的命中率为 90%,则访问一个数据的有效访问时间又是多少?(假定查快表需要花费的时间为 0)

7.在某个分页存储管理系统中,某一个作业有 4 个页面,被分别装入到主存的第 3、4、6、8 块中,假定页面和块大小均为 1024 B,当作业在 CPU 上运行时,执行到其地址空间第 500 号处遇到一条传送命令:MOV 2100,3100。请计算出 MOV 指令中两个操作数的物理地址。

第4章　文件管理

对普通用户来说,操作系统中最为明显的部分是文件系统。内存的容量对于永久保存数据和程序来说太小,内存的易失性也使得它不能永久保存程序和数据。文件系统用于持久保存用户的数据或程序,现代计算机系统通常采用磁盘作为存储程序和数据的介质。

文件是由它的创建者定义的一组相关信息的集合,文件系统为存储介质上的文件提供了一种访问机制。文件系统由文件和目录两部分组成,每个文件存储相关数据或者程序;目录用于组织系统内所有文件并提供文件的概要信息。

操作系统中文件系统的主要功能是将逻辑文件映射到物理介质(固态硬盘、磁盘、光盘等),实现"按名存取",即用户不需要知道信息存放在辅助存储器中的物理位置,也无须考虑如何将信息存放在存储介质上,只要知道文件名,给出有关操作要求便可存取信息。

本章主要介绍文件及文件系统的概念,文件的逻辑结构与文件的物理结构,实现"按名存取"的文件目录结构和文件系统,实现管理文件系统的共享与安全等内容。

通过本章的学习可以了解文件的概念、分类和文件的组织,掌握文件存储空间的分配和管理、文件目录的管理、文件系统的实现思想、文件的保密与保护方法以及文件的使用等。

4.1　文件与文件系统

数据的组织、存储和访问是操作系统的一个重要部分。用户进行输入输出是以文件为基本单位的。用户并不关心文件是如何存放在外存上的,只是希望通过文件名(包括路径)就能使用它。文件系统负责管理文件,提供高效和方便的文件访问功能。

4.1.1　文件与文件系统概述

1.文件

文件是一种抽象机制,是具有文件名的相关信息的集合。这种机制可以使用户方便地访问数据,而不必了解存储信息的方法、位置和实际磁盘的工作方式等细节。文件名称通常为字符串,当文件被命名后,它就独立于进程、用户甚至操作系统。例如一个用户创建了一个文本文件,用户可以将它写入 u 盘或者通过邮件发送给其他人,虽然其他人可能使用的是其他操作系统。

不同的操作系统有不同的文件命名规则,有的区分大小写、有的不区分,有的系统要求文件名不能超过 255 个字符,有的系统文件名不能包含特殊字符等。

许多操作系统支持文件名用圆点隔开分为两部分,如"myfile.c",圆点后面部分称为扩展名。通常微软的 Windows 操作系统规定扩展名表示文件的类型。而另一些系统中,文件扩展名不强迫采用,如 Linux/Unix 操作系统。

程序通常也以文件的形式存放在外存,Windows 用"exe"扩展名表明它是可执行文件,而在 Linux/Unix 中则通过文件的权限来区分是否可执行。需要注意的是,因为操作系统的差别,在 Windows 下编译的程序,不能在 Linux 和 Unix 下直接执行。

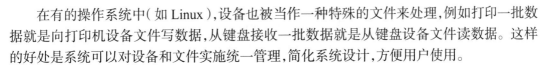

在有的操作系统中（如 Linux），设备也被当作一种特殊的文件来处理，例如打印一批数据就是向打印机设备文件写数据，从键盘接收一批数据就是从键盘设备文件读数据。这样的好处是系统可以对设备和文件实施统一管理，简化系统设计，方便用户使用。

2. 文件系统

文件系统是操作系统中负责管理和访问文件的程序模块。它由管理文件所需的数据结构（如文件控制块、文件分配表）、相应的管理程序和访问文件的系统调用组成。从系统角度看，文件系统对文件的存储空间进行组织和分配。从用户角度看，文件系统主要实现"按名存取"。

文件系统的功能有以下几点。

1）方便文件访问和控制：以符号名称作为文件标识，便于用户使用。

2）并发文件访问和控制：在多道程序系统中支持对文件的并发访问和控制。

3）统一用户接口：在不同设备上提供同样的接口，方便用户操作和编程。

4）多种文件访问权限：在多用户系统中的不同用户对同一文件会有不同的访问权限。

5）优化性能：提高存储效率、检索性能、读写性能。

6）差错恢复：能够验证文件的正确性，并具有一定的差错恢复能力。

随着操作系统的不断发展，越来越多的功能强大的文件系统不断涌现。这里列出一些常见的文件系统。

1）Ext2/Ext2/Ext4：Linux 中最为常用的文件系统，设计向后兼容，新版的文件系统代码不必改动就可以支持已有的文件系统。

2）NFS：网络文件系统，允许多台计算机之间共享文件系统，易于从网络中的计算机上存取文件。

3）FAT：包含 FAT12，FAT16 和 FAT32，兼容性非常好，几乎所有操作系统均支持。

4）NTFS：微软为了配合 Windows NT 的推出而设计的文件系统，为系统提供了极大的安全性和可靠性。

5）APFS：苹果公司较新的文件系统，替代之前所使用的 HFS+文件系统。该系统的核心为加密功能，内置有针对每个文件的密钥。

3. 虚拟文件系统（VFS）

传统的操作系统中仅能支持一种类型的文件系统，随着技术的发展，出现了更多的需求，例如要求在 UNIX 系统中支持非 UNIX 文件系统，要求 Windows 系统在支持新的高性能文件系统的同时支持 FAT 文件系统，Linux 在设计时便能同时支持多达几十种文件系统。现代操作系统应能支持分布式文件系统和网络文件系统，因此虚拟文件系统应运而生，并成了事实上的标准。

虚拟文件系统要实现以下目标：①同时支持多种文件系统；②系统中可以安装多个文件系统，且它们应在用户的面前表现为一致的接口；③对通过网络共享的文件提供完全支持，访问远程结点上的文件系统应与访问本地结点的文件系统一致；④可以支持未来的文件系统，能以模块的方式加入操作系统中。

虚拟文件系统的主要设计思想有两个层次：①在对多个文件系统的共同特性进行抽象的基础上，形成一个与具体文件系统实现无关的虚拟层，并在此层次上定义与用户的一致性接口；②文件系统具体实现层使用类似开关表技术进行文件系统转接，实现各文件系统的具体细节，每个文件系统是自包含的，包含文件系统的具体实现，如图 4-1 所示。

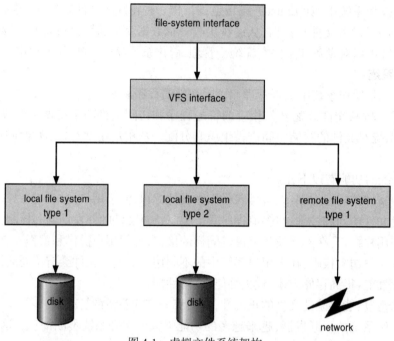

图 4-1　虚拟文件系统架构

最高层：文件系统接口，提供 open, read, write, close 等系统调用。

中间层：VFS 接口，能通过一个清晰的接口将文件系统的通用操作和具体实现分开。

VFS 接口以下则是各种具体文件系统实现，如 Ext3、NTFS 等。通过 NFS 等技术可以将网络上的文件当作本地文件系统一样操作，NFS 通过 VFS 集成到文件系统里。

4.1.2　文件的类别

操作系统中有各种各样的文件类别，大致可以分为普通文件、特殊文件和目录文件。目录的本质是管理文件系统结构的系统文件，有的系统中将目录作为文件进行管理，称为目录文件，将在后面讨论。特殊文件包括 Unix/Linux 系统的字符特殊文件和块特殊文件、链接文件等，字符特殊文件与串行输入输出设备有关，块特殊文件用于磁盘类设备。这里只讨论普通文件。

普通文件一般分为文本文件和二进制文件，文本文件最大的优势是可以直接显示和打印。它由多行文本组成，每行文本由若干字符组成，各行的长度不一定相同，每行用回车符或换行符结束，有的系统同时采用回车符和换行符结束。每个字符的表示形式需要考虑字符编码的问题，特别是非英文字符。

二进制文件则直接由二进制字节组成，不可直接打印和显示，如果直接显示，则无法被人理解。通常二进制文件具有一定的内部结构，如图片、声音等，使用此类文件的应用程序才能理解这种结构。

编译后得到的程序也属于二进制文件，如 Windows 下的 exe 文件。需要注意的是，一些文本文件也是可以执行的，这些文件是文本形式的脚本（script），如 Windows 下的 bat 文件和 Linux 下的 sh 文件。

操作系统要考虑是否应识别和支持文件的类型，针对不同的类型进行不同的处理，如

Windows 操作系统中遇到 doc 文件则调用 word 应用程序打开它,遇到 exe 文件则由操作系统执行。

识别文件系统的常见技术是把文件类型作为文件名的一部分,如 Windows 通过扩展名来标明文件类型,表 4-1 列出了常见文件的扩展名。

表 4-1 常见文件类型扩展名表

文件类型	常用扩展名	功能
可执行文件	exe, com	可运行的机器语言程序
目标文件	obj, o	已编译、还未链接的机器语言
源代码文件	c, java, py, asm	各种语言的源代码
批处理文件	bat, sh	命令脚本,纯文本文件,可以执行
文档文件	xls ,doc, ppt	各种文档
图片文件	gif, jpg	图像
压缩文件	rar, zip, tar	用于归档,有时压缩
多媒体文件	mov, avi, mp3	

Unix 操作系统通过"幻数"(magic number)大致标明文件类型,幻数位于文件开始部分,但不是所有文件都有幻数。Linux 也允许扩展名,但操作系统不强制也不依赖这些扩展名,扩展名可以被应用程序识别,但不是在操作系统层面。

4.2 文件的组织形式

文件的组织形式又指文件结构。对任何一个文件,都存在以下两种形式的结构。

1)文件的逻辑结构。这是从用户观点出发所观察到的文件组织形式,是用户可以直接处理的数据及其结构,它独立于文件的物理特性,又称为文件组织(File Organization)。

2)文件的物理结构,又称为文件的存储结构,是指文件在外存上的存储组织形式。

文件的逻辑结构与存储设备特性无关,但文件的物理结构与存储设备的特性有很大关系。

4.2.1 文件的逻辑结构和组织方式

1.文件的逻辑结构

文件的逻辑结构可分为两类:①有结构文件,它是由一个以上的记录构成的文件,故又称为记录式文件;②无结构文件,它是指由二进制流(字节流)构成的文件,故又称为流式文件。

(1)记录式文件

用户把文件内的信息按逻辑上独立的含义划分信息单位,每个单位称为一条逻辑记录,一个文件由若干条记录构成,每条记录有着相同或不同数目的数据项。数据项又称为数据元素或字段,它的命名往往与其属性一致。例如,用于描述一个学生的基本数据项有学号、姓名、年龄、所在班级等,每个学生是一条记录,若干个学生的记录构成一个记录式文件。

在记录式文件中,每个记录都用于描述实体集中的一个实体,各记录有着相同或不同数目的数据项,记录的长度可分为定长和变长两类。

1)定长记录,即文件中所有记录的长度都是相同的。可以把这种文件看作是一张二维表,所有记录中各数据项都处在记录中相同的位置,具有相同的顺序及相同的长度,文件的长度用记录的数目表示。记录的处理方便、开销小,所以这是目前较常用的一种记录格式,被广泛用于数据处理中。但是,当记录中的某些数据项没有值时,也必须占用一定的空间,这样就浪费了存储空间。

2)变长记录,即文件中各记录的长度是不相同的,此时各记录中包含的数据项目数或相同数据项的长度都可能不同,其特点是记录构成灵活、存储空间浪费小。变长记录文件通过特定分隔符来划分记录,新记录总是添加到文件末尾,检索必须从头开始。值得一提的是,有的教材用半结构文件或累积文件(pile)来表示不变长记录文件。

(2)流式文件

流式文件的特点是文件内信息不可划分为独立的单位,流式文件内的数据不再组成记录,只是一连串的字节流,文件的长度直接按字节来计算。对流式文件的访问,则是采用读/写指针来指出下一个要访问的字节(字符)。可以把流式文件看作是记录式文件的一个特例。在 UNIX 系统中,所有的文件都被看作是流式文件,即使是有结构文件,也被视为流式文件,系统不对文件进行格式处理。

流式文件就像将一张白纸给用户,用户可将信息任意写到纸上,没有任何格式上的限制。记录式文件就像将一张表格给用户,用户要按表格规定的格式填写信息。显然,记录式文件对用户的限制更大。

2.文件的组织方式

根据用户和系统管理上的需要,可采用多种方式来组织这些记录,形成下述的几种文件。

(1)顺序文件

顺序文件的文件体为大小相同的排序记录序列,它由一个主文件和一个临时文件组成。其记录大小相同,按某个关键字排序,存放在主文件中。新到来的记录暂时保存在临时文件里,这个临时文件被称为日志或事务文件(Log File 或 Transaction File),系统定期将这个临时文件归并入主文件。例如,每 4 个小时将临时记录文件与原来的主文件加以合并,产生一个按关键字排序的新文件。对顺序记录式文件,可对关键字利用某种查找算法,如折半查找法来提高检索效率。

在进行大批量存取时,采用顺序文件是比较合适的。但在交互应用的场合,顺序文件就不太合适,因为如果用户(程序)要求查找或修改单个记录,为此系统便要去逐个查找记录。

(2)索引文件

对于定长记录文件,如果要查找某个记录,可通过计算直接获得某个记录相对于第一个记录的地址。但是对于变长记录文件,要查找其第 i 个记录,需顺序地从头查找,十分低效。另外,文件中记录的访问并非总是按关键字进行,很多应用对记录的访问都是随机的。例如,交互式查询系统往往需要根据用户给定的条件查询文件中的某条或某几条记录,而非顺序访问文件的每一条记录。为了解决这些问题,可为记录文件建立一张索引表,对主文件中的每个记录,在索引表中设有一个相应的表项,用于记录该记录的长度及指向该记录的指针。由于索引表是按记录键排序的,因此索引表本身是一个定长记录的顺序文件,从而也就可以方便地实现直接存取。图 4-2 说明了索引文件(Index File)的组织形式。

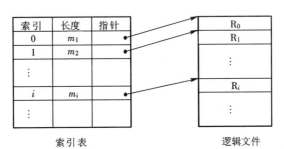

图 4-2　索引文件的组织形式

索引文件中主文件的记录可以不必按关键字排序。在对索引文件进行检索时,首先根据用户(程序)提供的关键字利用折半查找法去检索索引表,从中找到相应的表项;再利用该表项中给出的指向记录的指针值去访问所需的记录。而每当要向索引文件中增加一个新记录时,需要同时对索引表进行修改

(3)索引顺序文件

索引顺序文件是在顺序文件(主文件)的基础上另外建立索引。将主文件的所有记录按照某种标准分组,例如首字母相同的记录为一组或按每小时或某固定长度的时间将记录分组,分组后为主文件建立一张索引表。索引表记载每一组的第一条记录的关键字和指向该记录的指针,如图 4-3 所示。

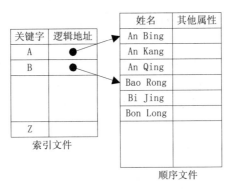

图 4-3　索引顺序文件

在对索引顺序文件进行检索时,首先根据提供的关键字以及某种查找算法去检索索引表,找到该记录所在记录组中第一个记录的表项,从中得到该记录组第一个记录在主文件中的位置;然后再利用顺序查找法去查找主文件,从中找到所要求的记录。在记录数量较大时,可以大大缩短检索时间。例如,有 1 000 000 条记录的顺序文件的平均检索长度为 500 000,而在添加一个有 1 000 条索引项的索引文件后,平均检索长度为 1 000(500+500)。

索引文件与索引顺序文件的区别有:①主文件不排序;②建立的索引中每个索引项指向一个记录,而不是一组记录;③对同一主文件,可以针对不同的关键字域相应建立多个索引;④索引文件的记录项通常较小,查找速度快,便于随机访问。

(4)哈希文件或直接文件(Hashed File or Direct File)

上述文件结构对记录进行访问均需利用给定的记录键值先对线性表或链表进行查找,从而找到记录的物理地址。而直接文件的记录键值本身就包含了记录的地址,我们可以根据记录键值直接得到指定记录的地址。哈希(Hash)文件是目前应用最广泛的一种直接文

件。它利用 Hash 函数将记录键值转换为相应记录的地址,常用于访问速率要求高、一次存取一条记录且记录为定长文件的场合。需要注意的是,目前通常由 Hash 函数所求得的并非是相应记录的直接地址,而是指向目录表项的指针,这个目录表项的内容指向相应记录所在的物理块。关于目录的相关内容将在后面介绍。

4.2.2 文件的物理结构

文件的物理结构指文件在外存上的存储组织形式,它与存储介质的具体特性有关。为有效利用文件存储空间和便于系统管理,一般将存储设备划分为若干大小相等的物理块,物理块长度一般是固定的,与操作系统和具体的存储设备有关。物理块是分配及传输信息的基本单位,若物理块太小,文件分配到的物理块数目将会很多,用于管理物理块(已分配和未分配的)的数据结构如表格等将会很大,增加管理复杂度;若物理块太大,则每个文件占用的最后一个块往往不满,会浪费存储空间。因此,确定物理块大小时需要综合考虑。

与物理块相对应,一般将每个文件也划分成与物理块大小相等的逻辑块。文件的逻辑块和物理块的关系就如同内存管理部分的页面和页框的关系一样。

由于逻辑记录是按信息在逻辑上的独立含义划分的单位,而块是存储介质上连续信息所组成的区域。因此,一个逻辑记录被存放到文件存储器的存储介质上时,可能占用一块或多块,也可以一个物理块包含多个逻辑记录。若干个逻辑记录合并成一组,写入一个块称记录成组,反之称记录分解,每个块中的逻辑记录的个数称块因子。成组操作一般先在输出缓冲区内进行,凑满一块后才将缓冲区内的信息写到存储介质上。

记录成组和分解处理时,用户的第一个读请求导致文件管理程序将包含逻辑记录的整个物理块读入内存输入缓冲区,使用户获得所需的第一个逻辑记录。随后的读请求可直接从输入缓冲区取得后面的逻辑记录,直到该块中的逻辑记录全部处理完毕,紧接着的读请求便重复上述过程。用户写请求的操作过程相反,开始的若干命令仅将所处理的逻辑记录依次传送到输出缓冲区装配。当某一个写请求传送的逻辑记录恰好填满缓冲区时,文件管理才发出一次 I/O 请求,将该缓冲区的内容写到存储介质的相应块中,如图 4-4 所示。

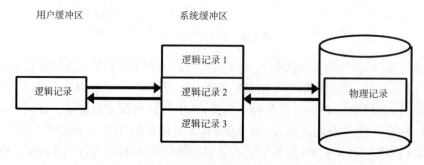

图 4-4   记录成组与分解

当处理的记录大于块长时,会发生逻辑记录跨越物理块的情形,这就是记录跨块。在记录跨块的情况下,逻辑记录被分割成段写到块中,读出时再作装配,段的分割和装配工作不需用户承担,由文件系统自动实现。文件在不同物理特性的设备类型之间传送时,跨块记录特别有用。

常见的文件物理结构有以下几种形式。

1.顺序结构

顺序结构又称连续结构,是最简单的一种物理结构。顺序结构将一个文件的连续逻辑块依次存放在外存连续的物理块中,即所谓的逻辑上连续,物理上也连续。以顺序结构存放的文件称为顺序文件或连续文件。一个有 4 个逻辑块的文件顺序存放在物理块 33、34、35、36 中,如图 4-5 所示。

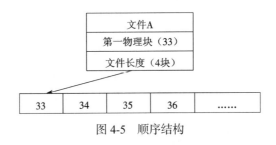

图 4-5 顺序结构

顺序结构的主要优点是结构简单,实现容易,顺序存取时速度较快,当文件为定长记录文件时,还可以根据文件起始地址及记录长度进行随机访问;缺点是文件存储要求连续的物理块,并且会产生碎片,同时也不利于文件的动态扩充。

2.链接结构

解决顺序结构缺点的方法之一是采用链接结构,链接结构又称串联结构,它将一个逻辑文件的信息存放在外存的若干个物理块中,这些物理块可以不连续。为了使系统能方便地找到后续的文件信息,在每个物理块中设置一个指针,指向该文件的下一个物理块的位置,从而使得存放同一个文件的物理块链接起来。图 4-6 为一个采用链接结构的文件,它分别存放在 3 个不连续的物理块中。

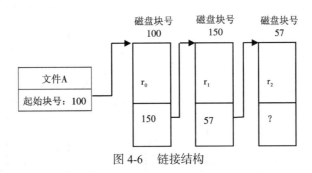

图 4-6   链接结构

使用链接结构时,用户创建文件不必指出文件的大小,只要指明该文件存放的第一个物理块号即可。链接文件可以解决外存的外部碎片问题,因而提高了外存空间的利用率,同时文件的动态增长也很方便。但链接文件只能按照文件的指针链顺序访问,如果访问文件中最后的内容,实际上是要访问整个文件,查找效率较低。链接文件的访问方式由于是顺序访问,不宜随机存取。此外,链接指针本身需要占用一定的存储空间。

3.索引结构

索引结构为每个文件建立逻辑块号与物理块号的对照表,这张表称为该文件的索引表。索引文件由数据和索引表构成。索引结构如图 4-7 所示。

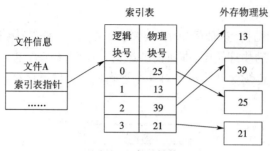

图 4-7　索引结构

索引文件在存储区中占索引区和数据区两个区。索引区存放索引表,数据区存放数据文件本身。访问索引文件需要两步操作:查文件索引,由逻辑块号查得物理块号;由此磁盘物理块号获得所要求的信息。

索引文件的优点是既适合顺序访问,又可方便地实现随机存取,还可以满足文件动态增长的需要。但是当文件的记录数很多时,索引表就会很庞大,会占用较多的存储资源。一个较好的解决办法是采用多级索引,为索引表再建立索引,如图 4-8 所示。

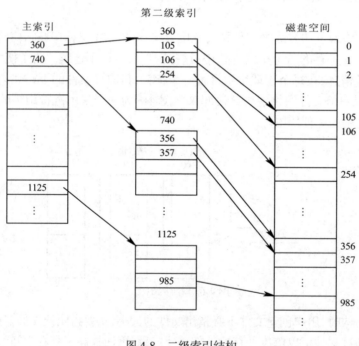

图 4-8　二级索引结构

4.2.3　文件的存取方法

文件的基本作用是存储信息。当使用文件时,必须将文件信息读入计算机内存中。文件的存取方法是指用户在使用文件时按何种次序存取文件。通常有 3 种文件存取方法:顺序存取、随机存取和按键存取。

1）顺序存取是按照文件信息的逻辑顺序依次存取,访问中间的记录必须从第一条记录开始。在记录式文件中,顺序存取反映为按记录的排列顺序存取。

2）随机存取（又称直接存取）允许直接存取文件中的任何一条记录,可以根据记录的编号来随机存取文件中的任意一个记录,也可以根据存取命令把读写指针任意移到需要读写信息处。

3）按键存取的实质也是随机存取,但它是根据文件记录中的键的内容进行存取。在直接存取存储设备上,记录的关键字与其地址之间可以通过某种方式建立对应关系,记录不考虑顺序。关键字与其地址之间建立对应关系常用 Hash 函数,这种方式多用在不能采用顺序组织方法、次序较乱又需在极短时间内存取的场合。另外,按键存取不需要索引,节省了索引存储空间和索引查找时间。

4.3　文件目录

系统中的文件种类多、数量大,为了能对这些文件实施有效的管理,必须对它们加以妥善组织。文件的组织是通过目录实现的,目录是一种数据结构,用于标识系统中的文件及其物理地址,供检索时使用。目录在 Windows 操作系统中称为文件夹。

4.3.1　文件目录的基本概念

从系统的角度,为了能对文件进行正确的管理,需要为每个文件设置用于描述和控制它的数据结构,这个数据结构就是文件控制块（File Control Block,FCB）,也称文件说明。文件管理程序借助于文件控制块中的信息,实现对文件的各种操作。文件控制块与文件一一对应,文件控制块的有序集合就是文件目录,即一个文件控制块就是一个文件目录项。

在不同的系统中,文件控制块的内容和格式也不完全相同,通常应含有基本信息、存取控制信息及使用信息。

1.基本信息

文件的基本信息包括标识符、用户名、物理位置、逻辑结构和物理结构。

1）标识符:供用户使用的标识文件的符号,即常说的文件名。

2）用户名:标识文件属于哪个用户。

3）物理位置:具体说明文件在外存的物理位置和范围,包括存放文件的设备名、文件在外存上的块号、指示文件所占用的磁盘块数或字节数的文件长度等。

4）逻辑结构:指示文件是流式文件还是记录式文件,对记录式文件还应说明是定长记录还是变长记录。

5）物理结构:指示文件是属于顺序结构、链接结构还是索引结构。

2.存取控制信息

存取控制信息主要是文件的存取权限,相应的用户是否可读、可写、可执行、可更新、可删除等。

3.使用信息

使用信息包括文件的建立时间、最近修改的时间、文件在内存中是否已被修改但尚未拷贝到磁盘上等。

目录的实质是一张表,包含多条记录,每条记录为一个文件对应文件控制块的有关信息。文件目录建立了文件名和文件在外存的存储地址的映射。

当用户需要存取指定文件时,给出相应文件名,系统就会查找该目录表,找到相应的目录项(即文件控制块),在通过存取权限验证之后,就可以访问物理块中的数据,从而实现"按名存取"。

在有的系统中,文件目录本身也被看成一个特殊的文件,称为目录文件,它建立在外存上。UNIX/Linux 就把目录文件和普通文件一样对待,均存放在磁盘上。

目录结构的组织关系到文件系统的存取速度、文件的共享性和安全性,必须组织好文件的目录。目前,常用的目录结构形式有一级目录、二级目录、多级目录。

4.3.2 一级目录

一级目录也称为单级目录,是最简单的目录结构。在操作系统中构造一张线性表,与每个文件有关的属性占用一个目录项就形成一级目录结构。例如,单用户操作系统 CP/M 的软盘文件便采用一级目录,每个磁盘上设置一张一级文件目录表,不同磁盘驱动器上的文件目录互不相关。文件目录表由长度为 32 B 的文件目录项组成,文件目录项 0 称目录头,记录有关文件目录表的信息,其他每个文件目录项就是文件控制块。文件目录中列出了磁盘上全部文件的有关信息,如图 4-9 所示。

文件名	物理地址	其他属性
文件 1		
文件 2		
…		
文件 n		

图 4-9　一级目录结构

文件系统通过该目录表提供的信息对文件进行创建、搜索和删除等操作。

1)当建立新文件时,首先确定该文件名在表中是否已经存在,若不与现有的文件名冲突,则从目录表中找一个空表目,将新文件的相关信息填入。

2)当删除文件时,首先从目录表中找到该文件的目录项,从中找到该文件的物理地址,对它们进行回收,然后再清除所占用的目录项。

3)当对文件进行访问时,首先根据文件名去查找目录表,找出该文件的物理地址,经过合法性检查后完成对文件的操作;如果没有这个文件名,则显示文件不存在。

一级目录结构易于实现,管理简单,但存在若干缺点,具体内容如下:①存在命名冲突,系统中不能有重名文件,人为地限制文件名命名规则,对用户来说又极不方便;②文件多时目录表检索时间长。

为了解决上述问题,操作系统可以采用二级目录结构,使得每个用户有各自独立的文件目录。

4.3.3 二级目录

为克服一级目录存在的缺点,一级目录可被扩充成二级目录,将文件目录分成主文件目录和用户文件目录两级。

系统为每个用户建立一个单独的用户文件目录,每个用户目录表的表项里记录了该用户拥有的所有文件及其相关信息。主文件目录则记录系统中所有用户目录的情况,每个用户占一个表项,表项中包括用户名及相应用户目录的存储位置等。这样就形成了二级目录,如图4-10所示。

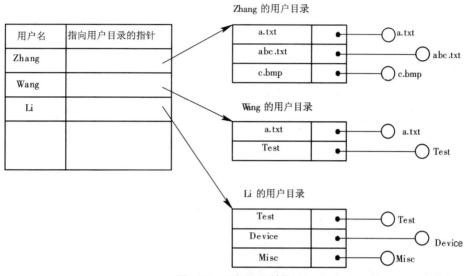

图 4-10　二级目录结构

用户可以根据自己的需要创建新文件。此时,操作系统只需检查该用户的用户文件目录,判定在该用户文件目录中是否已有同名的另一个文件。若有,用户必须为新文件重新命名;若无,便在用户文件目录中建立一个新目录项,将新文件名及其有关属性填入目录项中,并置其状态位为"1"。当用户要删除一个文件时,OS 也只需查找该用户的用户文件目录,从中找出指定文件的目录项,在回收该文件所占用的存储空间后,将该目录项删除。

两级目录结构基本上克服了单级目录的缺点,并具有以下优点。

1)提高了检索速度。如果在主目录中有 n 个子目录,每个用户目录最多有 m 个目录项,则为查找一指定的目录项,最多只需检索 $n+m$ 个目录项。但如果是采用单级目录结构,则最多需检索 $n \times m$ 个目录项。假定 $n=m$,可以看出,采用两级目录可使检索效率提高 $n/2$ 倍。

2)在不同的用户目录中,可以使用相同的文件名。例如,用户 Wang 和用户 Li 都可以用 Test 来命名。

3)可实现对文件的保护,可以为用户设置口令,进而保护用户文件。

二级文件目录虽然解决了不同用户之间文件同名的问题,但同一用户的文件不能同名。当一个用户的文件很多时,这个矛盾就比较突出了。

4.3.4　多级目录

为解决用户文件同名的问题,可以把二级目录的层次关系加以推广,就形成了多级目录。对于大型文件系统,通常采用三级或三级以上的目录结构,以提高对目录的检索速度和文件系统的性能。多级目录又称为树形目录。

图 4-11 示出了多级目录结构。图中,用方框代表目录,圆圈代表文件。在该树形目录

结构中,主(根)目录中有三个目录 A、B 和 C,目录 B 中又包括四个子目录 F、E、D 和 B,每个子目录中又可以包含多个目录。为了提高文件系统的灵活性,应允许在一个目录文件中的目录项既是目录文件的 FCB,又是数据文件的 FCB,如图中根目录下 A 的子目录,这一信息可用目录项中的一位来指示。

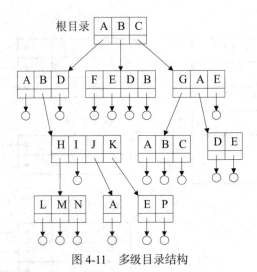

图 4-11　多级目录结构

在树形目录结构中,从根目录到任何数据文件都只有唯一的一条通路。在该路径上从树的根(即主目录)开始,把全部目录文件名与数据文件名依次用"/"连接起来(Windows 操作系统用"\"),即构成该数据文件的路径名(path name)。系统中的每一个文件都有唯一的路径名。例如,在图中访问文件 P,应使用其路径名/A/B/K/P 来访问。像这种从树根开始直到树叶(数据文件)为止的包括各中间结点(目录)名的全路径名称为"绝对路径"。还可以为每个进程设置一个"当前目录",又称为"工作目录"。进程对各文件的访问都相对于"当前目录"而进行。此时,各文件所使用的路径名,只需从当前目录开始,逐级经过中间的目录文件,最后到达要访问的数据文件。把这一路径上的全部目录文件名与数据文件名用"/"连接形成路径名。如当前目录是 F,则此时文件 J 的相对路径名仅是 J 本身。这样,把从当前目录开始直到数据文件为止所构成的路径名,称为"相对路径"。

采用多级目录层次清楚,解决了用户文件重名的问题,并且搜索速度也很快。

4.4　文件共享

文件共享是指不同用户(进程)共同使用同一个文件。文件共享有时不仅为不同用户完成共同的任务所必需,而且还可以节省大量的外存空间,减少由于文件复制而增加的访问外存次数。但如果用户不加限制地随意使用文件,文件的安全性和保密性将无法保证。因此,文件共享要解决如何实现共享和操作权限的控制两个问题。

文件共享可以有多种形式,早在 20 世纪六七十年代,就已经出现了不少实现文件共享的方法,如绕道法、连访法,以及利用基本文件实现文件共享的方法;而现代的一些文件共享方法也是在早期这些方法的基础上发展起来的。下面仅介绍当前常用的两种文件共享方法。

4.4.1　基于索引结点的共享方式

在 Linux/UNIX 系统中采用了一种比较特殊的目录项建立方法,即把文件目录项(即一个 FCB)中的文件名和其他信息分开,除文件名外其他信息单独组成一个定长的数据结构,称为索引结点(I-Node)。索引结点中包含文件属性,文件共享目录数、与时间有关的文件管理参数以及文件存放的物理地址的索引区等。

文件在创建时,系统在目录项中填入其文件名和分配相应的索引结点号。当某用户希望共享该文件时,则在某目录的一个目录项中填入该文件的别名,而索引结点仍然填写创建时的索引结点号,如图 4-12 所示。

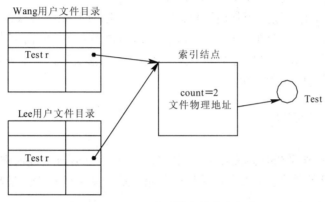

图 4-12　基于索引结点的共享方式

这时两个具有不同文件名的文件指向同一个索引结点,共享该文件的用户对文件的操作都将引起对同一索引结点的访问,从而提供了多用户对该文件的共享。在索引结点中包含一个链接计数,用于表示链接到该索引结点上目录项的个数。每当有一个用户要共享该文件时,则索引结点中的链接计数加 1,当用户使用自己的文件名删除该文件时,链接计数减 1,只要链接计数不为 0,则该文件一直存在。仅当链接计数为 0 时,该文件才真正被删除。这种基于索引结点的共享方法也称硬连接。

在树形结构的目录中,当有两个(或多个)用户要共享一个子目录或文件时,必须将共享文件或子目录链接到两个(或多个)用户的目录中,才能方便地找到该文件。此时,该文件系统的目录结构已不再是树形结构,而是一个有向无环图(Directed Acyclic Graph, DAG),如图 4-13 所示。

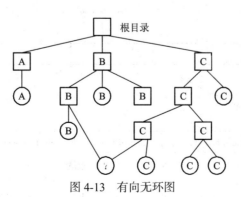

图 4-13　有向无环图

4.4.2 利用符号链实现文件共享

为共享一个文件,由系统创建一个链接类型的新文件(类似一个指针,指向被共享的文件),新文件中包含被共享的路径名,这样的链接方法为符号链,又称软连接,类似 Windows 的快捷方式。

在利用符号链实现文件共享时,只有文件拥有者才拥有指向其索引结点的指针(索引结点号),而共享该文件的其他用户只有该文件的路径名,而没有指向索引结点的指针。符号链方式的一个优点是它能够用于链接计算机网络上的文件。

当文件的拥有者把一个共享文件删除后,其他用户试图通过符号链去访问一个已被删除的共享文件时,会因系统找不到该文件而使访问失败。

符号链实现共享的问题是当其他用户访问被共享文件时,系统会根据给定的文件路径去查找目录,直至找到此文件的索引结点,故每次访问共享文件可能需多次读取,每次访问文件的开销较大;另外,由于符号链实际上是一个文件(虽然文件内容非常简单),需要一个索引结点,会耗费一定的磁盘空间。

4.5 文件系统的实现

普通用户使用操作系统时会关心文件怎样命名、对文件的操作、目录树是什么样的等问题,而操作系统实现者则关心文件和目录如何存储以及磁盘空间怎样管理等问题。

4.5.1 文件系统布局

文件系统存放在磁盘上,磁盘的 0 号扇区存放主引导记录(MBR),作用是引导计算机启动。MBR 的结尾是分区表,分区表给出每个分区在磁盘上的起始地址和结束地址,其中一个分区被标记为活动分区。计算机冷启动时,BIOS 读入并执行 MBR;MBR 则找到活动分区,读入这个分区的第一块并执行,这一块被称为引导块;引导块中的程序将装载该分区中的操作系统程序。每个分区都有引导块,即使这个分区上没有可启动的操作系统。

有的文件系统中(图 4-14),每个分区除了有一个引导块之外还有一个超级块,里面包含文件系统的关键参数(如文件系统中每个物理块的大小等),在计算机启动的时候或者这个文件系统刚开始被使用的时候,超级块会被读入内存。

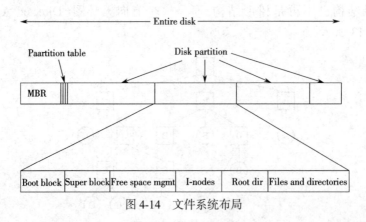

图 4-14　文件系统布局

图 4-14 中超级块的后面是空闲空间管理块,里面存放的是本分区空闲块的信息。这个

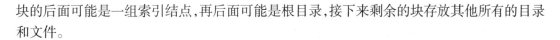

块的后面可能是一组索引结点,再后面可能是根目录,接下来剩余的块存放其他所有的目录和文件。

4.5.2 文件存储空间分配

文件存储空间的分配有两种方式:预分配和动态分配。预分配是在文件建立时一次性分配所需的全部空间(要求已知文件长度)。动态分配则是根据动态增长的文件长度进行分配,有时甚至可以一次只分配一个物理块。

与文件的物理结构相对应,常用的文件存储空间分配方法有连续分配、链接分配、索引分配等。

1.连续分配

连续分配要求为文件分配连续的磁盘区域,即要求若干个连续的物理块。用户必须在分配前说明创建文件所需要的存储空间大小,然后系统查找空闲区的管理表格,查看是否有足够大的空闲区供其使用。图 4-15 给出了连续分配的示例。

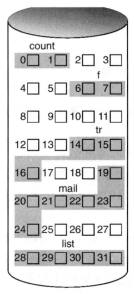

directory

file	start	length
count	0	2
tr	14	3
mail	19	6
list	28	4
f	6	2

图 4-15　连续分配

连续分配的优点是查找速度比其他方法要快,目录中表示文件物理存储位置的信息简单,只需要起始块号和文件大小。但是随着磁盘文件的增加和删除,将形成已占用物理块与空闲物理块交错的情形,那些较小的、无法再利用的物理块即成为外碎片。虽然可以使用存储紧缩技术,但代价较高。另外,文件的大小不能动态增长。因此这种分配方式主要用于早期的文件系统,但在当今的 CD-ROM、DVD 和其他一些一次性写入的光学存储介质中,也有着广泛的应用。

2.链接分配

对于文件长度需要动态增减以及用户不知道文件大小的情况下,往往采用链接分配。把文件的各个逻辑块依次存放在若干个(可以)不连续的物理块当中,各块之间通过指针连接,前一个物理块指向下一个物理块,如图 4-16 所示。

在图 4-16 中,文件 jeep 的起始块号为 9,从 9 号块中的链接指针可以知道文件下一个物理块为 16,依次类推。当文件需要增长时,就为文件分配新的空闲块,并将其链接到文件链上。同样,当文件缩短时,将释放的空闲块归还给系统。

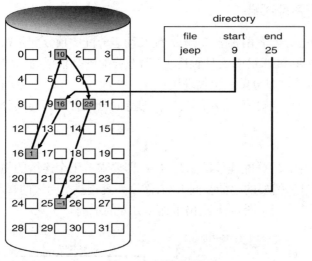

图 4-16　链接分配

在每个物理块中必须利用若干个字节作为指针指向下一个物理块;只需记住链表结构的首结点指针(也可再加上尾结点),即可定位到文件的每一个物理块。

链接分配的优点是克服了连续分配的问题,每一个物理块都能够用上,不存在外部碎片问题,而且文件的大小也可以动态变化。

链表分配的缺点是只能进行顺序访问,不能进行随机访问,为了访问一个文件的第 n 个逻辑块,必须从文件的第一个物理块开始,按照指针所指向的地址顺序访问前 n 个块,速度非常慢;大量数据块依靠块内指针逐一相连,其可靠性较差;每个数据块必须包含指针信息,这将占用额外存储空间。

为了提高文件检索速度及减少块内指针占用的存储空间,有的操作系统设置了若干个(数目相同或不同)连续的数据块,称为簇(Cluster)。为文件分配存储空间时,以可变大小的簇为单位。文件的存储空间不再由若干离散的、小的数据块构成,而是由数目相对少的、局部连续的簇组成。

为了解决链接分配方式的问题,还引入了带有文件分配表的链接分配,这是一种应用较多的分配策略,其实质是连续分配和非连续分配的结合。其基本思路是在链表结构的基础上,把每一个物理块当中的链表指针抽取出来,单独组成一个表格,即文件分配表(File Allocation Table,FAT)。

这种方式实现了链表指针与文件数据的分离,整个物理块都可以用来存放数据。FAT可放在内存当中,速度很快。若要随机访问文件的第 n 个逻辑块,可以先从 FAT 中查到相应的物理块编号(地址),然后再去访问外存,这样只需访问一次外存,速度快。

FAT 的实现方法是在文件系统中,设置一个一维的线性表格,其项数等于磁盘物理块个数,并按物理块编号的顺序建立索引。对于每一个文件,在它的 FCB 中记录了每个物理块的编号,从而形成一个链表,如图 4-17 所示。

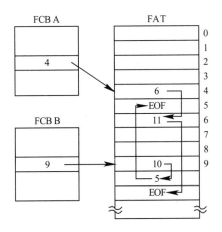

图 4-17　带有文件分配表的链接分配

3.索引分配

链接分配方式虽然解决了连续分配方式中存在的问题,但又出现了新的问题。

1)不能支持高效的直接存取,要对一个较大的文件进行直接存取,需首先在 FAT 中顺序查找许多盘块号,十分缓慢。

2)FAT 需占用较大的内存空间。由于一个文件所占用盘块的盘块号是随机分布在 FAT 中的,因而只有将整个 FAT 调入内存,才能保证在 FAT 中找到一个文件的所有盘块号。当磁盘容量较大时,FAT 可能要占用很大的内存空间。

事实上,在打开某个文件时,只需把该文件占用的盘块的编号调入内存即可,完全没有必要将整个 FAT 调入内存。为此,应将每个文件所对应的盘块号集中放在一起。索引分配方法就是基于这种想法所形成的一种分配方法。它为每个文件分配一个索引块(表),再把分配给该文件的所有盘块号都记录在该索引块中,因而该索引块就是一个含有许多盘块号的数组。在建立一个文件时,只需在为之建立的目录项中填上指向该索引块的指针即可。图 4-18 表示了磁盘空间的索引分配图。

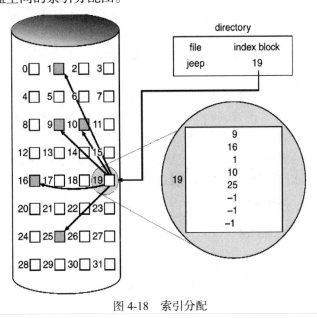

图 4-18　索引分配

索引分配方式支持随机访问。当要读文件的第 i 块时,可以方便地直接从索引块中找到第 i 个块的块号;能满足文件的动态增长需要,只需要更新索引表的内容,就可以把新增加的分区记录下来;另外,索引分配不会产生外部碎片。但在索引分配方式中,系统中通常小文件居多,如采用链接分配只需设置很少的几个指针,而如采用索引分配方式,则需每个文件分配一索引块。索引块的大小选择很重要,索引块太小,则无法支持大文件;但是索引块太大,对小文件来说就浪费了空间。另外,存取文件需要两次访问外存(首先要读取索引块,然后再访问具体的磁盘块),因而降低了文件的存取速度。为此,可以在访问文件时先将索引表调入内存。

当 OS 为一个大文件分配磁盘空间时,可能索引表太大,一个块装不下,那么可以建立两级索引甚至多级索引。具体可以参考内存管理中多级页表的原理。

4.5.3 目录的实现

目录的主要功能是根据用户给出的文件名,迅速地定位到相应的文件控制块。目录表中目录项的内容不同的系统采用不同的实现方法,一般分为以下两类。

1)直接法:目录项=文件名+FCB(属性信息、在外存上的存放位置)。如 MS-DOS/Windows。

2)间接法:目录项=文件名+FCB 的地址(索引号)。如 Unix/Linux(i-node)。

不管是何种方法,给定一个文件名即可返回相应的 FCB。在读文件前,必须先打开文件。打开文件时,操作系统利用路径名找到相应目录项,目录项中提供了查找文件磁盘块所需要的信息。

选择合适的目录实现算法可能会显著提高系统的性能,目录实现的基本方法有线性列表和哈希表两种。

1)线性列表。最简单的目录实现方法是使用存储文件名和数据块指针的线性表。创建新文件时,必须首先搜索目录表以确定没有同名的文件存在,然后在目录表后增加一个目录项。删除文件则根据给定的文件名搜索目录表,接着释放分配给它的空间。若要重用目录项,有许多方法:可以将目录项标记为不再使用,或者将它加到空闲目录项表上,还可以将目录表中最后一个目录项复制到空闲位置,并降低目录表长度。采用链表结构可以减少删除文件的时间。其特点是实现简单,但文件的每个操作(创建、删除、更新等)使系统变得低效。

2)哈希表。哈希表根据文件名得到一个值,并返回一个指向线性列表中元素的指针。这种方法的优点是查找非常迅速,插入和删除也较简单,不过需要一些预备措施来避免冲突。最大的困难是哈希表长度固定以及哈希函数对表长的依赖性。

目录查询是通过在磁盘上反复搜索完成的,需要不断进行 I/O 操作,开销较大。所以,为了减少 I/O 操作,可以把当前使用的文件目录复制到内存,以后要使用该文件时只需在内存中操作,从而降低了磁盘操作次数,提高了系统速度。

4.5.4 空闲存储空间的管理

为了记录磁盘的空闲空间,系统维护了一个空闲空间的列表,它记录了磁盘上所有的空闲物理块。下面介绍几种常用的空闲存储空间管理方法。

1.位示图

这种方法是为文件存储器建立一张位示图(也称位图),以反映整个存储空间的分配情况。在位示图中,把磁盘的每一个物理块用 1 bit 来表示,若物理块是空闲的,则相应位的值为 1;若物理块已分配,则相应位的值为 0。当然,也可以相反,用 0 表示空闲, 1 表示已分配。位示图本身存放在磁盘上。假设磁盘大小 16 GB,物理块大小 1 KB,则需要 $2^{34}/2^{10} = 2^{24}$ 位,即 2 MB、2048 个物理块,如图 4-19 所示。

当请求分配存储空间时,系统顺序扫描位示图并按需要从中找出一组值为"0"的二进制位,再经过简单的换算就可以得到相应的盘块号,再将这些位置"1"。当回收存储空间时,只需将位示图中的相应位清"0"即可。可以把位示图全部或大部分保存在主存中,再配合现代计算机都具有的位操作指令,实现高速物理块的分配和回收。

0 位	1 位	2 位	…	23 位
1	1	0		1
	0	1		1
1	1	0		0

图 4-19　位示图

2.空闲区表

空闲区表与内存的动态分配方式类似,属于连续分配方式,它为每个文件分配一组连续的物理块。系统为外存上的所有空闲区建立一张空闲表,每个空闲区对应于一个空闲表项,其中包括表项序号、该空闲区的第一个盘块号、该区的空闲盘块数等信息,再将所有空闲区按某种次序排列,如图 4-20 所示。

空闲区号	分区起始块号	空闲分区长度
1	2	4
2	9	3
3	15	5
4	—	—

图 4-20　空闲区表

空闲区的分配可采用首次适应算法、循环首次适应算法等。例如,在系统为某新创建的文件分配空闲盘块时,先顺序检索空闲表的各表项,直至找到第一个大小能满足要求的空闲区,再将该盘区分配给用户(进程),同时修改空闲表。系统在对用户所释放的存储空间进行回收时,也采取类似于内存回收的方法,即要考虑回收区是否与空闲表中插入点的前区和后区相邻接,对相邻接者应予以合并。

当文件存储空间中只有少量空闲区时,这种方法有较好的效果。如果系统中存在大量的小空闲区,则空闲区表将变得很大,效率降低。

3.空闲链表

空闲链表是把所有空闲块连接在一起,系统保持一个指针指向第一个空闲块,每一空闲块中包含指向下一空闲块的指针。申请一块时,从链头取一块并修改系统指针;删除时释放占用块,使其成为空闲块,并将它挂到空闲链上。这种方法效率很低,每申请一块都要读出空闲块并取得指针,申请多块时要多次读盘,但便于文件的动态增长和减少,如图 4-21 所示。

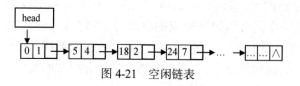

图 4-21　空闲链表

4.成组链接

空闲区表和空闲链表都不适用于大型文件系统,因为这会使空闲区表或空闲链表太长。在 UNIX 系统中采用的是成组链接,这是将空闲区表和空闲链表两种方法相结合而形成的一种空闲块管理方法,它兼备了上述两种方法的优点,而克服了表太长的缺点。

成组链接将一个磁盘的所有空闲块分成若干组,每组 n 个(假定每 100 个块作为一组,即 $n=100$)。将每一组的概要信息(组概要信息包括当前这个组中的块总数和该组所有的块号)记入其前一组的第一个块中。这样由每一组的第一个块可连成一条链,如图 4-22 最下排所示。最后一组的块号是一个结束标记,说明这是最后一组。将第一组的块总数和所有的块号记入超块(超块即第 0 块)中,超块就是这个链表的表头。

现在来考查每一组,组内的所有块形成一个堆栈,堆栈大小为 n,每组的栈底即是上述链表。堆栈中存放下一组概要信息的块总是在栈底。堆栈是临界资源,每次只能允许一个进程访问,系统中设置了互斥锁,保证互斥访问。

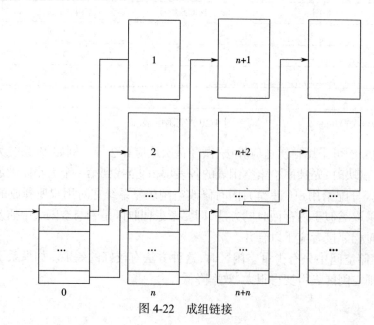

图 4-22　成组链接

（1）分配过程

当系统要为用户分配文件所需的一个块时,总是从第一组开始,如果第一组中的块数不止一块,则将超块中的空闲块数减 1,将栈顶的块分配出去。

如果第一组只剩下一块（即存放第二组概要信息的块）,并且栈顶的块号是结束标记,则表示磁盘已经没有空闲块了,分配不成功。如果栈顶的块号不是结束标记（说明这一组不是最后一组）,则将第一组中唯一的这个块的内容读到超块中,然后将这个块分配出去。这样下一组就变成了第一组（因为已经将当前组的内容读到超块中了,相当于超块指向了下一组）。

（2）回收过程

当系统回收一个空闲块时,如果第一组不满 n 块（n 即每组的块数）,则只要修改超块中的概要信息即可。具体来说,就是回收的空闲块号压入栈顶,空闲块数加 1。

如果第一组已经有 n 块了,则将第一组中的块数和块号写入这个空闲块中,然后修改第一组中（不是超块）的概要信息:块数=1,空闲块即栈顶（栈中只有一个块号）。这样,这个空闲块成了新的第一组中的第一块,原来的第一组就变成了第二组。

成组链接占用的空间小,而且超块不大,可以放到内存里面,这样使得大多数分配和回收块的工作在内存进行,提高了效率。

4.5.5　文件操作的实现

操作系统提供了一系列系统调用来操作文件,用户写的程序最终也是通过系统调用实现对文件的访问的。文件有指针,用来说明读写的逻辑位置,不是实际物理介质的物理位置。接下来介绍文件操作的实现。

1）创建文件:当应用程序调用逻辑文件系统时,首先系统分配一个新的 FCB,读入一个指定的目录,并在目录表中增加一个新条目,然后在条目中填入文件名和这个新的 FCB,最后写入磁盘。

2）打开文件:首先传送文件名到逻辑文件系统,在指定的目录表中搜索给定文件名,读入该文件的 FCB,然后将 FCB 添加到系统打开文件表中,在进程打开文件表中增加一条目,在条目中填入指向系统打开文件表的指针及其他信息,最后返回进程打开文件表中的相关指针（文件描述符、文件句柄）。如果是索引文件,可以把该文件的索引表存放到内存中,以便后面的操作能更快速。

3）关闭文件:删除进程打开文件表中的相关条目,系统打开文件表对应条目的打开记数减 1,如果打开记数为 0,基于目录结构,将修改后的文件信息拷贝到磁盘上,最后删除该条目。

"打开""创建"和"关闭"是文件系统中的特殊操作。用户调用"打开"和"创建"操作来申请对文件的使用权,只有当系统验证使用权通过后,用户才能使用文件。用户通过"关闭"操作来归还文件的使用权。一个正在使用的文件是不允许被删除的,所以只有先归还文件的使用权后才能删除文件。

4）写文件:首先打开文件,然后写入信息。写入从什么地方开始由写指针（write pointer）决定。写入完毕后需要关闭文件。

5）读文件:首先打开文件,然后读取信息。同样,读取文件的哪个部分由读指针（read pointer）决定。有的系统中,读和写使用相同的指针,这样做可以节省空间,并降低系统复杂度。

6)定位文件:指定指针的位置,这个操作称定位(seek)。

7)删除文件:在目录中搜索给定的文件,找到相关的条目后删除此条目。通常操作系统只需将目录表中的状态置为不可用即可(或者删除目录表中的条目),并不需要真正擦除介质上的数据。这也是很多数据恢复软件能恢复被删除数据的原因。

4.6 文件系统安全

操作系统必须为用户提供提高文件安全性的措施,以避免合法用户有意或无意的错误操作破坏文件或非法用户访问文件。

影响文件安全性的主要因素:非法入侵或数据丢失;黑客等未经授权的用户可能非法入侵系统。数据丢失的原因主要有系统硬件或软件故障(如 CPU 误操作、不可访问的磁盘或磁带)、通信故障、软件故障等,另外需要考虑物理因素——磁盘或磁带数据会因为保存的时间太久、霉变等因素而丢失,固态硬盘存在最大读写次数等。

4.6.1 防止人为因素

为防止人为因素造成的文件不安全性,可采取以下几种方法。

1.隐藏文件和目录

系统和用户将要保护的文件目录隐藏起来,可在显示文件目录信息时由于不知道文件名而无法使用。

2.口令(password)

1)文件口令:可以要求文件的拥有者为需要保密的文件设置一个口令,用户需要输入口令才能访问文件。

2)用户口令:用于实现对合法用户的认证。

3.文件加密(encryption)

对于高度机密的文件,可采用加密的措施。加密需要将文件中所有字符(明文)按某种变换规则得到密文。加密过程需要密钥,只有拥有密钥才能读取密文的信息。关于加密的知识超过了本书的范围,这里不再赘述。

4.认证和访问权限

操作系统的一个重要安全问题是用户认证,也就是正确识别用户。常用的方法是使用口令确定用户的身份是否真实。

保护文件常用的做法是根据用户的身份来控制访问,用户的身份可以通过用户组来实现。

根据身份控制访问的实现方法是为每个文件(目录)关联一个访问控制列表,这个表里记录了允许访问的用户名称和允许访问的权限。当用户请求访问特定文件时,操作系统检查此列表,如果用户合法、权限合法,则允许访问,否则拒绝访问。所有用户和所有文件的访问控制列表就组成了存取控制矩阵。如表 4-2 所示是一个简化的访问控制矩阵。

表 4-2　存取控制矩阵

用户＼权限	文件 1	文件 2	文件 3	……	文件 n
用户 1	R	R	R		RW
用户 2	ERW	E	E		E
……					
用户 n	RW	RW	RW		RW

4.6.2　防止自然因素或系统因素

为防止自然因素或系统因素造成的文件不安全性,可以采取以下几种方法。

1.坏块管理

磁盘介质由于物理因素会出现坏块,可以采用两种方案。第一种方案是在硬盘上为坏块表分配一个扇区,当控制器第一次被初始化时,它读取坏块表并找一个空闲块(或磁道)代替有问题的块,并在坏块表中记录映射。对坏块的请求都使用对应的空闲块,类似于电话的呼叫转移。第二种方案是要求用户或文件系统构造一个包含全部坏块的文件,将坏块从空闲表中删除,使其不会出现在数据文件中。

2.磁盘容错技术

磁盘容错技术则是通过增加冗余的磁盘驱动器、磁盘控制器等方法来提高磁盘系统可靠性的一种技术,也被人们称为系统容错技术(SFT)。可把它分成三个级别:第一级是低级磁盘容错技术,第二级是中级磁盘容错技术,第三级是高级系统容错技术。

1)SFT-I 是第一级容错技术,也称为低级磁盘容错技术,主要用于防止磁盘表面发生缺陷所引起的数据丢失。它的实现方法有以下几种。

①双目录及 FAT,一份称为主文件目录及 FAT,另外一份则称为备份目录及备份 FAT。一旦由于磁盘故障造成主文件目录或主 FAT 损坏时,系统自动启用备份目录及备份 FAT,从而可以保证磁盘上的数据仍是可访问的。

②热修复重定向与写后读校验:系统将一定的磁盘容量(例如 2%~3%)作为热修复重定向区,用于存放当发现物理块有缺陷时的待写数据,并对写入该区的所有数据进行登记,以便以后对数据进行访问;每次从内存缓冲区向磁盘写入一个数据块后,立即从磁盘上读出该数据块,送至另一缓冲区中;再将该缓冲区中内容与内存缓冲区中在写后仍保留的数据进行比较,若两者一致,便认为此次写入成功,否则再重写。

2)SFT-II 是第二级容错技术,又称为中级磁盘容错技术,主要用于防止磁盘驱动器和磁盘控制器故障所引起的系统不能正常工作。它的实现方法有以下两种。

①磁盘镜像,在同一磁盘控制器下,再增设一个完全相同的磁盘驱动器。每次向主磁盘写入数据后,都需要同时将数据再写到备份磁盘上,当主磁盘驱动器发生故障时,切换到备份磁盘。

②磁盘双工,将两台磁盘驱动器分别接到两个磁盘控制器上,同样使这两台磁盘机镜像成对,同时将数据写到两个处于不同控制器下的磁盘上,如果某个通道或控制器发生故障,另一通道上的磁盘仍能正常工作,不会造成数据的丢失。在磁盘双工时,由于每一个磁盘都有自己的独立通道,故可同时(并行)进行数据的读写。

3）SFT-Ⅲ是第三级容错技术，又称为高级系统容错故术，需要多台计算机共同实现容错。其主要工作模式有以下三种。

①热备份模式。在这种模式的系统中，有两台服务器，两者的处理能力通常是完全相同的，一台作为主服务器，另一台作为备份服务器。平时主服务器运行，备份服务器则时刻监视着主服务器的运行，一旦主服务器出现故障，备份服务器便立即接替主服务器的工作而成为系统中的主服务器，修复后的服务器再作为备份服务器。

②互为备份模式。平时两台服务器均提供不同的服务，它们各自完成自己的任务，每台服务器的存储空间分成两部分，一部分用于正常提供服务，一部分用于接收另一台服务器发来的备份数据。如果某台服务器出现故障，则由正常服务器向故障服务器进行服务器的切换。这种模式的优点是两台服务器都可用于处理任务，因而系统效率较高。

③公用磁盘模式。为了减少信息复制的开销，可以将多台计算机连接到一台公共的磁盘系统上去。该公共磁盘被划分为若干个卷，每台计算机使用一个卷。如果某台计算机发生故障，此时系统将重新进行配置，根据某种调度策略来选择另一台替代机器，后者对发生故障的机器的卷拥有所有权，从而来接替故障计算机所承担的任务。这种模式的优点是消除了信息的复制时间。

4.6.3　文件系统的数据一致性

数据一致性是数据应用中的一个重要问题，只要把一个数据分别存储到多个文件中，便可能使数据一致性出现问题。如将商品代码分别存储到多个文件中，包括进货文件、入库文件、销售文件等。如果需要修改某商品的代码，若其中一个文件中的该商品代码未修改，则会出现商品代码不一致的问题。

文件系统中，若"读数据块→修改数据→写回磁盘"这一系列工作流程中，在修改后的数据块未写回磁盘之前便出现系统故障，则文件系统可能出现不一致。

如果修改的是文件索引结点信息、目录信息或空闲存储块信息，则将带来严重的影响。

许多计算机系统都安装并运行一个检验程序随时检查文件系统的一致性，以确保文件系统数据的一致和可靠。

文件系统的一致性检查分为两种：磁盘块的一致性检查和文件的一致性检查。

1.磁盘块的一致性检查

磁盘用于存储文件，一个磁盘块要么是空闲状态，存在于空闲分区表或空闲分区链表中；要么是已用状态，分配给了某个文件，存在于文件分配表中。如果一个磁盘块号既出现在空闲分区表中，又出现在某个文件的文件分配表中，则表明文件系统磁盘块数据表示不一致。

2.文件的一致性检查

文件的一致性检查包括以下两方面。

1）重复文件的数据一致性：在有重复文件时，如果一个文件拷贝修改了，则必须同时修改它的几个文件拷贝，保证该文件中数据的一致性。

2）共享文件的数据一致性：文件的共享计数和当前共享该文件的用户个数应当一致。

习题4

一、选择题

1.用磁带作为文件存储介质时,文件只能组织成(　　　)。

A.顺序文件　　　　　B.链接文件　　　　　C.索引文件　　　　　D.目录文件

2.文件系统采用二级文件目录可以(　　　)。

A.缩短访问存储器的时间　　　　　　B.实现文件共享

C.节省内存空间　　　　　　　　　　D.解决不同用户间的文件命名冲突

3.文件的存储管理实际上是对(　　　)的管理。

A.内存空间　　　　B.外存空间　　　　C.内存和外存空间　　D.逻辑存储空间

4.逻辑文件存放在存储介质上时,采用的组织形式是与(　　　)有关的。

A.逻辑文件结构　　B.存储介质特性　　C.主存储器管理方式　D.分配外设方式

5.下列文件物理结构中,适合随机访问且易于文件扩展的是(　　　)。

A.连续结构　　　　　　　　　　　B.索引结构

C.链式结构且磁盘块定长　　　　　D.链式结构且磁盘块变长

6.文件系统中,文件访问控制信息存储的合理位置是(　　　)。

A.文件控制块　　　B.文件分配表　　　C.用户口令表　　　D.系统注册表

7.设文件F1的当前引用计数值为1,先建立F1的符号链接文件F2,再建立F1的硬链接文件F3,然后删除F1。此时,F2和F3的引用计数值分别是(　　　)。

A. 0,1　　　　　　B. 1,1　　　　　　C. 1,2　　　　　　D. 2,1

8.文件目录是(　　　)的有序集合。

A.文件控制块　　　B.文件信息　　　　C.文件名　　　　　D.文件属性

9.无结构文件的含义是(　　　)。

A.变长记录的文件　　B.索引文件　　　C.流式文件　　　　D.索引顺序文件

10.链接文件的正确概念是(　　　)。

A.链接文件是文件逻辑组织的一种方式　　B.链接文件是以空间换时间

C.链接文件不适合随机存取　　　　　　　D.链接文件是索引结点

11.索引顺序文件的正确描述是(　　　)。

A.按索引值查找

B.按记录关键字顺序查找

C.既要按索引值查找又要按记录关键字顺序查找

D.利用关键字找到该记录组中第一个记录的表项,然后顺序查找所要求的记录

12.下面(　　　)是文件的逻辑结构。

A.链接结构　　　　B.顺序结构　　　　C.层次结构　　　　D.树形结构

13.对目录和文件的描述正确的是(　　　)。

A.文件大小只受磁盘容量的限制

B.多级目录结构形成一棵严格的多叉树

C.目录也是文件

D.目录中可容纳的文件数量只受磁盘容量的限制

14.下列文件物理结构中,适合随机访问且易于扩展的是(　　　)。

A.哈希文件　　　　　　B.索引文件　　　　　C.链式结构文件　　　D.连续结构文件

15.设置当前工作目录的主要作用是(　　　)。

A.加快文件的读/写速度　　　　　　　　B.加快文件的检索速度

C.节省外存空间　　　　　　　　　　　D.节省内存空间

16.操作系统为保证未经文件拥有者授权,任何其他用户不能使用该文件所提供的解决方法是(　　　)。

A.文件保护　　　　B.文件保密　　　　　C.文件转储　　　　　D.文件共享

17.使用已有文件之前必须先(　　　)文件。

A.建立　　　　　　B.备份　　　　　　C.命名　　　　　　D.打开

18.对于一个文件的访问,常由(　　　)共同限制。

A.用户访问权限和文件优先级　　　　　B.用户访问权限和文件属性

C.优先级和文件属性　　　　　　　　　D.文件属性和口令

19.逻辑文件是(　　　)的文件组织形式。

A.在外部设备上　　B.从用户观点看　　C.虚拟存储　　　　D.目录

20.数据库文件的逻辑结构形式是(　　　)。

A.只读文件　　　　B.记录式文件　　　C.档案文件　　　　D.字符流式文件

21.由字符序列组成,文件内的信息不再划分结构,这是指(　　　)。

A.有序文件　　　　B.流式文件　　　　C.记录式文件　　　D.顺序文件

22.目录文件所存放的信息是(　　　)。

A.某一文件的文件目录

B.某一文件存放的数据信息

C.该目录中所有子目录文件和数据文件的目录

D.该目录中所有数据文件目录

23.使用绝对路径名访问文件是从(　　　)开始按目录结构访问某个文件。

A.用户主目录　　　B.当前目录　　　　C.父目录　　　　　D.根目录

24.文件的存储方法依赖于(　　　)。

A.文件的逻辑结构　　　　　　　　　　B.文件的物理结构

C. A 和 B　　　　　　　　　　　　　D.存放文件的存储设备的特性

25.下面关于顺序文件和链接文件的论述中,正确的是(　　　)。

A.顺序文件只能建立在顺序存储设备上,而不能建立在磁盘上

B.在显式链接文件中是在每个盘块中设置一链接指针,用于将文件的所有盘块链接起来

C.顺序文件采用连续分配方式,而链接文件和索引文件则都可采用离散分配方式

D.在 MS-DOS 中采用的是隐式链接文件结构

26.下面关于索引文件的论述中,正确的是(　　　)。

A.在索引文件中,索引表的每个表项中必须含有相应记录的关键字和存放该记录的物理地址

B.对顺序文件进行检索时,首先从 FCB 中读出文件的第一个盘块号,而对索引文件进行检索时,应先从 FCB 中读出文件索引表始址

C.对于一个具有三级索引表的文件,存取一个记录必须要访问三次磁盘

D.在文件较大时,进行顺序存取比随机存取快

27.用(   )可以防止共享文件可能造成的破坏,但实现起来系统开销太大。

A.用户对树形目录结构中目录和文件的许可权规定

B.存取控制表

C.定义不同用户对文件的使用权

D.隐蔽文件目录

28.下列(   )的物理结构对文件随机存取时必须按指针依次进行,其存取速度慢。

A.顺序文件　　　　B.链接文件　　　　C.索引文件　　　　D.多级索引文件

29.下面说法正确的是(   )。

A.文件系统要负责文件存储空间的管理,但不能完成文件名到物理地址的转换

B.多级文件目录中,对文件的访问是通过路径名和用户目录名来进行的

C.文件被划分为大小相等的若干个物理块,一般物理块的大小是不固定的

D.逻辑记录是对文件进行存取的基本单位

30.在随机存取方式中,用户以(   )为单位对文件进行存取和检索。

A.字符串　　　　B.字节　　　　C.数据项　　　　D.逻辑记录

31.文件系统的主要目的是(   )。

A.实现对文件的按名存取　　　　B.实现虚拟存储

C.提高外存的读/写速度　　　　D.用于存储系统文件

32.下列文件中属于逻辑结构的文件是(   )。

A.连续文件　　　　B.系统文件　　　　C.散列文件　　　　D.流式文件

33.在记录式文件中,一个文件由称为(   )的最小单位组成。

A.物理文件　　　　B.物理块　　　　C.逻辑记录　　　　D.数据项

34.假定盘块的大小为1 KB,对于200 MB的硬盘,FAT需占用(   )的存储空间。

A. 100 KB　　　　B. 200 KB　　　　C. 400 KB　　　　D. 500 KB 。

35.有些系统中设置了一张(   )表,其中的每个表项存放着文件中下一个盘块的物理地址。

A.文件描述符表　　B.文件分配表　　C.文件表　　　　D.空闲区表

36.在下列物理文件中,(   )最不适合进行随机访问。

A.顺序文件　　　　B.隐式链接文件　　C.显式链接文件　　D.索引文件

37.对文件空闲存储空间的管理,在UNIX中采用(   )。

A.空闲表　　　　B.文件分配表　　　C.位示图　　　　D.成组链接法

38.如果利用20行、30列的位示图来标识空闲盘块的状态,假定行号、列号和盘块号均从1开始编号,则在进行盘块分配时,当第一次找到值为"0"的位处于第11行、第18列,则相应的盘块号为(   )。

A. 288　　　　B. 318　　　　C. 348　　　　D. 366

39.如果利用20行、30列的位示图来标识空闲盘块的状态,假定行号、列号和盘块号均从1开始编号,则在回收某个盘块时,若其盘块号为484,则它在位示图中的位置的行号和列号分别为(   )。

A. 17,4　　　　B. 4,9　　　　C. 9,13　　　　D. 13,21

二、填空题

1.在存取文件时,如果利用给定的记录值对链表或索引表进行检索,以找到指定记录的物理地址,则上述文件分别称为(   )或(   ),如果根据给定的记录键值直接获得指定记录的物理地址,则把这种文件称为(   )。

2.在利用基本文件目录法实现文件共享时,文件系统必须设置一个(   ),每个用户都应具有一个(   )。

3.记录是一组相关(   )的集合。文件是具有(   )的一组相关元素的集合。

4.用 Hash 法查找文件时,如果目录中相应的目录项是空的,则表示系统中(   )指定文件;如果目录中的文件名与指定文件名(   ),则表示找到了指定的文件;如果目录项中的文件名与指定文件名(   ),则表示发生了冲突。

5.一个已有的文件在使用前必须先(   ),使用后需(   )。

6.文件系统最基本的目标是(   ),它主要是通过(   )功能实现的,文件系统所追求的最重要目标是(   )。

7.文件管理的基本功能有(   )、(   )、(   )和(   )。

8.一个磁盘组共有 100 个柱面,每个柱面 8 个盘面,每个盘面被分为 4 个扇区,若盘块大小与扇区大小相等,扇区编号从"0"开始,现用字长为 16 位的 200 个字(第 0~199 字)组成位示图来指示磁盘空间的使用情况,则文件系统发现位示图中第 15 字第 7 位为 0,分配出去时,盘块号为(   )。

9.文件的物理分配方法包括(   )、(   )和(   )。

10.设文件 F1 的当前引用计数值为 1,先建立文件 F1 的符号链接文件 F2,再建立文件 F2 的硬链接文件 F3,然后删除文件 F2。此时,文件 F1 的引用计数值为(   )。

11.假定磁盘总大小为 512 GB,每个簇包含 16 个扇区,每个扇区 512 B,采取位示图的磁盘空闲空间管理方式,则位示图占用空间为(   )MB。

12.某文件系统采用混合索引的方式组织元数据,包含 5 个直接块、1 个一次间接块和 2 个两次间接块,若每个物理块为 4 KB,每个地址指针长度为 32 bit,则本文件系统中可支持的最大文件规模约(   )GB。(精确到整数即可)

13.无结构文件的含义是(   )。

14.通过存取控制机制来防止由(   )所造成的文件不安全性。

15.目录文件所存放的信息是(   )。

16.索引文件组织的一个主要优点是(   )。

17.对记录式文件,操作系统为用户存取文件信息的最小单位是(   )。

18.如果允许不同用户的文件可以具有相同的文件名,通常采用(   )来保证按名存取的安全。

19.磁盘设备既可以(   )存取,又可以(   )存取。

20.可将链接式文件中的文件内容装入到(   )的多个盘块中,并通过(   )将它们构成一个队列,(   )链接文件具有较高的检索速度。

21.进行链接计数的一致性检查,需要检查文件系统的所有(   ),从而得到每个文件对应的(   )个数,并将其和该文件索引结点中的(   )进行比较。

22.文件的物理结构主要有(   )、(   )和(   )三种类型,其中顺序访问效率最高的是(   ),随机访问效率最高的是(   )。

23.可将顺序文件中的内容装入到(　　　)的多个盘块中,此时文件 FCB 的地址部分给出的是文件的(　　　),为了访问到文件的所有内容,FCB 中还必须有(　　　)信息。

24.对字符流式文件,可将索引文件中的文件内容装入到(　　　)的多个盘块中,并为每个文件建立一张(　　　)表,其中每个表项中含有(　　　)和(　　　)。

25.UNIX System V 将分配给文件的前十个数据盘块的地址登记在(　　　)中,而所有后续数据块的地址则登记在(　　　)盘块中;再将这些登记数据块地址的首个盘块的块号登记在(　　　)中,其他块的块号则登记在(　　　)盘块中。

26.在利用空闲链表来管理外存空间时,可有两种方式:一种以(　　　)为单位拉成一条链;另一种以(　　　)为单位拉成一条链。

27.在成组链接法中,将每一组的(　　　)和该组的(　　　)记入前一组的(　　　)盘块中再将第一组的上述信息记入(　　　)中,从而将各组盘块链接起来。

三、简答应用题

1.文件系统必须完成哪些工作?

2.文件有哪几种逻辑结构? 哪几种物理结构?

3.文件顺序存取与随机存取的主要区别是什么?

4.一个树形结构的文件系统如下图所示,其中矩形表示目录,圆圈表示文件。

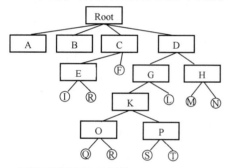

1)可否进行下列操作?

①在目录 D 中建立一个文件,取名为 A。

②将目录 C 改为 A。

2)设 E 和 G 是两个用户各自的目录。

①用户 E 欲共享文件 Q 应有什么条件? 如何操作?

②在一段时间内,用户 G 主要使用文件 S 和 T,为简便操作和提高速度,应如何处理?

③用户 E 欲对文件 I 加以保护,不许别人使用,能否实现? 如何做?

5.文件分配表(FAT)是管理磁盘空间的一种数据结构,用在以链接方式存储文件的系统中记录磁盘分配和跟踪空白磁盘块,其结构如下图所示。设物理块大小为 1 KB,对于540 MB 硬盘,占多少存储空间?

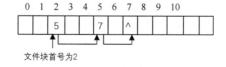

文件块首号为2

6.有一磁盘组共有 10 个盘面,每个盘面上有 100 磁道,每个磁道有 16 个扇区。假设分配以扇区为单位,若使用位示图管理磁盘空间,问位示图需要占用多少空间? 若空白文件目录的每个表目占用 5 B,问什么时候空白文件目录大于位示图?

7.设某系统的磁盘有 500 块,块号为 0、1、2、…、499。

1)若用位示图法管理这 500 块的磁盘空间,当字长 32 位时,需要多少个字的位示图?

2)第 i 字的第 j 位对应的块号是多少?

8.存放在某个磁盘上的文件系统,采用混合索引分配方式,其 FCB 中共有 13 个地址项,第 0~9 个地址项为直接地址,第 10 个地址项为一次间接地址,第 11 个地址项为二次间接地址,第 12 个地址项为三次间接地址。如果每个盘块的大小为 512 B,若盘块号需要用 3 个字节来描述,而每个盘块最多存放 170 个盘块地址。

1)该文件系统允许文件的最大长度是多少?

2)将文件的字节偏移量 5000、15000、150000 转换为物理块号和块内偏移量。

3)假设某个文件的 FCB 已在内存,但其他信息均在外存,为了访问该文件中某个位置的内容,最少需要访问磁盘几次,最多需要访问磁盘几次?

第 5 章　设备管理

在计算机系统中,除了处理机和存储器外,还有用于实现信息输入、输出和存储的设备,以及相应的设备控制器、I/O 通道或 I/O 处理机等。I/O 设备种类多且特性和操作方式差别很大,使得设备管理成为操作系统中复杂且与硬件紧密相关的部分, I/O 性能也成为系统性能的瓶颈。

设备管理的基本任务是完成用户提出的 I/O 请求,提高 I/O 速率以及 I/O 设备的利用率。设备管理的对象主要是输入、输出和存储设备,另外还有设备控制器和 I/O 通道。

设备管理的目标是提高设备的利用率,为此应尽量提高 CPU 与各种设备之间的并行操作程度,主要使用的技术有中断技术、DMA 技术、通道技术、缓冲技术。

5.1　设备类型与物理特征

5.1.1　设备分类

1.按使用特性分类

设备按使用特性可以分为 I/O 设备与存储设备两类。

1)I/O 设备又可分为输入设备与输出设备。输入设备用于将程序、数据、图像、声音等信息输入到计算机系统中,如键盘、鼠标、扫描仪、摄像头、传感器等。输出设备用于将计算机系统中的处理结果信息以人可以识别的形式传输给用户,如打印机、显示器、音箱等。

2)存储设备用于存储计算机信息,如磁带机、磁盘机、光盘机等。

2.按传输速率分类

按传输速率的高低,可将 I/O 设备分为以下三类。

1)低速设备,这是指传输速率仅为每秒钟几个字节至数百个字节的一类设备。属于低速设备的有键盘、鼠标、语音的输入和输出设备等。

2)中速设备,这是指传输速率在每秒钟数千个字节至数万个字节的一类设备。典型的中速设备有行式打印机、激光打印机等。

3)高速设备,这是指传输速率在每秒钟数百千个字节至数十兆字节的一类设备。 典型的高速设备有磁带机、磁盘机、光盘机等。

3.按信息交换的单位分类

按信息交换的单位,可将 I/O 设备分为以下两类。

1)块设备(Block Device),用于存储信息。 由于信息的存取总是以数据块为单位,故而得名,属于有结构设备。典型的块设备是磁盘,每个盘块的大小为 512 B~4 KB。磁盘设备的基本特征:①传输速率较高,通常每秒钟为几兆位;②可寻址,即可对它随机地读/写任一块;③ I/O 常采用 DMA 方式。

2)字符设备(Character Device),用于数据的输入和输出。因其基本单位是字符,故称为字符设备。

4.按设备的共享属性分类

按设备的共享属性,可将 I/O 设备分为以下三类。

1)独占设备,指在一段时间内只允许一个用户使用的设备。

2)共享设备,指在一段时间内允许多个进程同时访问的设备。多数低速字符设备都属于独占设备,如行式打印机。

3)虚拟设备:通过虚拟技术将一台独占设备变换为若干台逻辑设备。

5.1.2　I/O 型设备及其物理特征

I/O 设备种类繁多,工作原理各不相同,不论是字符设备还是块设备,它们的共同特征是每传送完一个字符或一个数据块,都会产生一次 I/O 中断,若设备直接与主机相连,则中断信号直接发给处理机,会对主机的工作形成干扰;如果设备经由 DMA 控制器或通道与主机相连,则来自设备的中断信号发送给 DMA 控制器或通道,当数据传送完成后才让主机进行处理,这样可以大大提高主机的工作效率。

5.1.3　存储型设备及其物理特征

常见的存储设备有磁带、磁盘、光盘、半导体存储设备等,它们的数据传输是以块为单位进行的,设备每传送完一块就产生一次中断。下面介绍它们的物理特征。

1.磁带设备的物理特征

磁带机属于启停设备,使用时开启,不用时停止。磁带的宽度有 1 英寸和 0.5 英寸两种。通常 1 英寸带有 16 个磁道,0.5 英寸带有 9 个或 18 个磁道。每个磁道上都有一个固定的磁头,当磁带移动时,一个磁头便扫描一个磁道。

磁带上所存储的信息分为两类,即记录信息和控制信息。前者是主要部分,后者是附加部分,主要有卷头标、卷尾标、间隙等,用来帮助进行文件内容的组织和存取。

磁带工作时要由磁带机进行读写操作。磁带机由磁带传动机构和磁头等组成,传动机构能驱动磁带相对磁头运动,用磁头进行电磁转换,在磁带上顺序记录或读取数据。磁带存储器以顺序方式存取数据,存储数据的磁带可脱机保存和互换读出。磁带存储器也称顺序存取存储器,即磁带上的文件依次存放。磁带存储器存储容量很大,但查找速度慢,在微型计算机上一般用作后备存储装置,用于在硬盘发生故障时恢复系统和数据。

读写磁带的工作原理可分为螺旋扫描读写技术、线性记录(数据流)读写技术、数字线性磁带技术以及线性开放式磁带技术。

1)螺旋扫描读写技术:以螺旋扫描方式读写磁带上的数据。该磁带读写技术采用磁带缠绕磁鼓的大部分,并水平低速前进,而磁鼓在磁带读写过程中反向高速旋转,安装在磁鼓表面的磁头在旋转过程中完成数据的存取读写工作。其磁头在读写过程中与磁带保持 15°倾角,磁道在磁带上以 75° 倾角平行排列。采用这种读写技术在同样的磁带面积上可以获得更多的数据通道,充分利用了磁带的有效存储空间,因而拥有较高的数据存取密度。

2)线性记录读写技术:以线性记录方式读写磁带上的数据。该磁带读写技术采用平行于磁头的高速运动磁带掠过静止的磁头,进行数据记录或读取操作。这种技术可使驱动系统设计简单,读写速度较低,但由于数据在磁带上的记录轨迹与磁带两边平行,数据存储利用率较低。为了有效提高磁带的利用率和读写速度,人们研制出了多磁头平行读写方式,提高了磁带的记录密度和传输速率,但驱动器的设计变得极为复杂,成本也随之增加。

3）数字线性磁带（DLT）技术，一种先进的存储技术标准，包括 1/2 英寸磁带、线性记录方式、专利磁带导入装置和特殊磁带盒等关键技术。利用 DLT 技术的磁带机，在带长为 1828 英尺、带宽为 1/2 英寸的磁带上具有 128 个磁道，使单磁带未压缩容量可高达 20GB，压缩后容量可增加一倍。

4）线性开放式磁带（LTO）技术，由 IBM、HP、Seagate 三大存储设备制造公司共同支持的高新磁带处理技术，它可以极大地提高磁带备份数据量。LTO 磁带可将磁带的容量提高到 100GB，如果经过压缩可达到 200GB。LTO 技术不仅可以增加磁带的信道密度，还能在磁头和伺服结构方面进行全面改进。LTO 技术还采用先进的磁道伺服跟踪系统来有效监视和控制磁头的精确定位，防止相邻磁道的误写问题，达到提高磁道密度的目的。

2.磁盘设备的物理特征

磁盘可分为软盘和硬盘。

软盘是一个圆形而柔软的塑料薄片，它的一面或两面覆盖着铁氧化物颗粒，这些颗粒具有磁性。软盘本身并没有读写头，需要软盘驱动器来读取数据。可将软盘想象成硬盘中的一个盘片，用同一个软盘驱动器可以访问许多不同的软盘，用完一张，换上另一张即可。

硬盘与硬盘驱动器是一个紧密联系的整体，不可分割。它由一个或者多个铝制或者玻璃制的碟片组成，碟片外覆盖有铁磁性材料。

（1）硬盘组成

硬盘所有盘片都固定在一个旋转轴上，这个轴是盘片主轴。硬盘所有盘片之间是绝对平行的，在每个盘片的存储面上都有一个磁头，磁头与盘片之间的距离比头发丝的直径还小。所有的磁头连在一个磁头控制器上，由磁头控制器负责各个磁头的运动。磁头可沿盘片的半径方向动作，盘片则以每分钟数千转到上万转的速度高速旋转，这样磁头就能对盘片上的指定位置进行数据的读写操作。

（2）硬盘结构

要了解硬盘的工作原理，先要了解硬盘的结构。硬盘包括盘面、磁道、柱面和扇区，如图 5-1 所示。

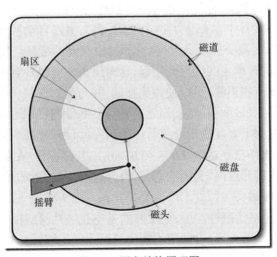

图 5-1　硬盘结构原理图

1）盘面：硬盘的每一个盘片都有两个盘面（side），每个盘面都可以存储数据，称为有效盘片,也有极个别硬盘盘面数为单数。每一个有效盘面都有一个盘面号,因为每一个有效盘面都有一个对应的读写磁头,因此又叫磁头号,盘面号按顺序从上至下从"0"依次编号。

2)磁道:磁盘在格式化时被划分成许多同心圆,这些同心圆轨迹叫磁道。磁道从外向内从"0"开始顺序编号,数据以脉冲串的形式记录在这些轨迹中。这些同心圆不是连续记录数据,而是被划分成一段段的圆弧,这些圆弧的角速度一样,但由于径向长度不一样,所以线速度不一样。在同样的转速下,外圈在同样时间段里划过的圆弧长度比内圈划过的圆弧长度大。磁道是"看"不见的,只是在盘面上以特殊形式磁化了的一些磁化区,在磁盘格式化时就已规划完毕。

3)柱面:所有盘面上的同一磁道构成一个圆柱,通常称作柱面,每个圆柱上的磁头由上而下从"0"开始编号。数据的读写按柱面进行,即磁头读/写数据时首先在同一柱面内从"0"磁头开始进行操作,依次向下在同一柱面的不同盘面即磁头上进行操作,只在同一柱面所有磁头全部读/写完毕后磁头才转移到下一柱面。选取磁头只需通过电子切换即可,而选取柱面则必须通过机械切换,电子切换相当快,比机械切换快得多,所以数据的读/写按柱面进行,而不按盘面进行。也就是说,一个磁道写满数据后,就在同一柱面的下一个盘面来写,一个柱面写满后,才移到下一个扇区开始写数据。读数据也按照这种方式进行,这样提高了硬盘的读/写效率。

4)扇区:磁道的一段圆弧叫一个扇区,扇区从"1"开始编号,每个扇区中的数据作为一个单元同时读出或写入。扇区是硬盘上存储的物理单位,每个扇区包括 512 个字节的数据和一些其他信息。一个扇区中有两个主要部分:存储数据地点的标识符和存储数据的数据段。

(3)硬盘工作原理

磁头靠近主轴接触的表面,即线速度最小的地方,这是一个特殊的区域,它不存放任何数据,称为启停区或着陆区(Landing Zone)。启停区外就是数据区。最外圈离主轴最远的地方是"0"磁道,硬盘数据的存放就是从最外圈开始的。在硬盘首先要找到"0"磁道,以便完成硬盘的初始定位。

早期的硬盘在每次关机之前需要运行一个被称为 Parking 的程序,其作用是让磁头回到启停区。现代硬盘在设计上已修正了这个缺陷,磁头可以自动回到启停区。硬盘不工作时,磁头停留在启停区,当需要从硬盘读写数据时,磁盘开始旋转。旋转速度达到额定的高速时,磁头就会因盘片旋转产生的气流而抬起,这时磁头才向盘片存放数据的区域移动。

盘片旋转产生的气流相当强,足以使磁头托起,并与盘面保持一个微小的距离。这个距离越小,磁头读写数据的灵敏度就越高,当然对硬盘各部件的要求也越高。早期设计的硬盘驱动器使磁头保持在盘面上方几微米处飞行。稍后一些设计使磁头在盘面上的飞行高度降到 0.1~0.5 μm,现在的水平已经达到 0.005~0.01 μm,这只是人类头发直径的千分之一。

气流既能使磁头脱离开盘面,又能使它保持在离盘面足够近的地方,非常紧密地跟随着磁盘表面呈起伏运动,使磁头飞行处于严格受控状态。磁头必须飞行在盘面上方,而不是接触盘面,这种位置可避免擦伤磁性涂层,更重要的是不让磁性涂层损伤磁头。

但是磁头也不能离盘面太远,否则就不能使盘面达到足够强的磁化,难以读出盘上的磁化翻转(磁极转换形式,是磁盘上实际记录数据的方式)。

硬盘驱动器磁头的飞行悬浮高度低、速度快,一旦有小的尘埃进入硬盘密封腔内或者一旦磁头与盘体发生碰撞,就可能造成数据丢失,形成坏块,甚至造成磁头和盘体的损坏。所以,硬盘系统的密封一定要可靠,在非专业条件下绝对不能开启硬盘密封腔,否则灰尘进入后会加速硬盘的损坏。

另外,硬盘驱动器磁头的寻道伺服电机多采用音圈式旋转或直线运动步进电机,在伺服跟踪的调节下精确跟踪盘片的磁道,因此为了延长硬盘的使用寿命,硬盘工作时不要有冲击碰撞,搬动时要小心轻放。

（4）硬盘读写原理

系统将文件存储到磁盘上时按柱面、磁头、扇区的方式进行,即最先是第 1 磁道的第一磁头下（也就是第 1 盘面的第一磁道）的所有扇区,然后是同一柱面的下一磁头,一个柱面存储满后就推进到下一个柱面,直到把文件内容全部写入磁盘。文件的记录在同一盘组上存放时,先集中放在一个柱面上,然后再顺序存放在相邻的柱面上,对应同一柱面,则应该按盘面的次序顺序存放。从上到下,然后从外到内,数据的读写按柱面进行,而不按盘面进行。

系统也以相同的顺序读取数据。读取数据时通过告诉磁盘控制器要读出扇区所在的柱面号、磁头号和扇区号（物理地址的三个组成部分）进行。磁盘控制器则直接使磁头部件步进到相应的柱面,选定相应的磁头,等待要求的扇区移动到磁头下。

当需要从磁盘读取数据时,系统会将数据逻辑地址传给磁盘,磁盘的控制电路按照寻址逻辑将逻辑地址翻译成物理地址,即确定要读的数据在哪个磁道、哪个扇区。为了读取这个扇区的数据,需要将磁头放到这个扇区上方,为了实现这一点,首先必须找到柱面,即磁头需要移动对准相应磁道,这个过程叫寻道,所耗费时间叫寻道时间;然后将目标扇区旋转到磁头下,即磁盘旋转将目标扇区旋转到磁头下,这个过程耗费的时间叫旋转时间。

即一次访盘请求（读/写）完成过程由以下三个动作时间组成:①寻道（时间）,磁头移动定位到指定磁道所用时间;②旋转延迟（时间）,等待指定扇区从磁头下旋转经过所用的时间;③数据传输（时间）,数据在磁盘与内存之间实际传输花费的时间。

扇区到来时,磁盘控制器读出每个扇区的头标,把这些头标中的地址信息与期待检出的磁头和柱面号做比较（即寻道）,然后寻找要求的扇区号。待磁盘控制器找到该扇区头标时,根据其任务是写扇区还是读扇区来决定是转换写电路还是读出数据和尾部记录。

找到扇区后,磁盘控制器必须在继续寻找下一个扇区之前对该扇区的信息进行处理。如果是读数据,控制器计算出此数据的 ECC 码,然后把 ECC 码与已记录的 ECC 码相比较。如果是写数据,控制器计算此数据的 ECC 码,与数据一起存储。在控制器对此扇区中的数据进行必要处理期间,磁盘继续旋转。

（5）磁头存储原理

磁头是实现读/写的关键元件。写入时,将脉冲代码以磁化电流的形式加入磁头线圈,使记录介质产生相应的磁化状态,即电磁转换。读取时,磁层中的磁化翻转使磁头的读出线圈产生感应信号,即磁电转换。因此,写入数据时电带着数据通过电磁转换将信息存储在磁盘中,读取数据时磁电转换将磁盘中的信息读出来。磁头工作原理如图 5-2 所示。

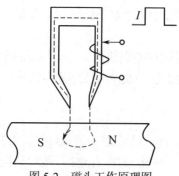

图 5-2 磁头工作原理图

3.光盘设备的物理特征

CD 光盘、DVD 光盘等光存储介质采用的存储方式与软盘、硬盘相同,都是以二进制数据的形式来存储信息。而要在这些光盘上面存储数据,需要借助激光把电脑转换后的二进制数据用数据模式刻在扁平、具有反射能力的盘片上。而为了识别数据,光盘上定义激光刻出的小坑代表二进制的"1",而空白处则代表二进制的"0"。DVD 光盘存放数据信息的坑点非常小,而且非常紧密,最小凹坑长度仅为 0.4 μm,每个坑点间的距离只是 CD-ROM 的 50%,并且轨距只有 0.74 μm。CD 光驱、DVD 光驱等一系列光存储设备,主要的部分就是激光发生器和光检测器。光驱上的激光发生器实际上就是一个激光二极管,可以产生对应波长的激光光束,经过一系列的处理后射到光盘上,然后经由光检测器捕捉反射回来的信号从而识别实际的数据。如果光盘不反射激光,则代表那里有一个小坑,那么电脑就知道它代表一个"1";如果激光被反射回来,电脑就知道这个点是一个"0",然后电脑就可以将这些二进制代码转换成原来的程序。当光盘在光驱中做高速转动时,激光头在电机的控制下前后移动,数据就这样源源不断被读取出来。光存储技术具有存储密度高、存储寿命长、非接触式读写和擦除、信息的信噪比高、信息位的价格低等优点。

4.半导体存储设备的物理特征

目前,市面上出现了大量的半导体存储设备,例如 u 盘、固态硬盘、各种存储卡等,这些设备是以半导体芯片为存储介质的。采用半导体存储介质可以把存储设备的体积变得很小,便于携带;与机械硬盘的存储原理不同,它没有机械结构,所以不怕碰撞,且没有机械噪声;与其他存储设备相比,耗电量很小;读写速度也非常快。

现在的半导体存储设备普遍采用了一种叫"FLASH MEMORY"的技术。从字面上可理解为闪速存储器,它的擦写速度快是相对于 EPROM 而言的。FLASH MEMORY 是一种非易失型存储器,因为掉电后,芯片内的数据不会丢失,所以很适合用来作电脑的外部存储设备。它采用电擦写方式,可 10 万次重复擦写,擦写速度快,耗电量小。下面介绍几种常见的 FLASH 芯片。

（1）NOR 型 FLASH 芯片

我们知道三极管有导通和不导通两种状态,这两种状态可以用来表示数据 0 和数据 1,因此利用三极管作为存储单元的三极管阵列就可作为存储设备。FLASH 技术采用特殊的浮栅场效应管作为存储单元,因此信息能够长期保存,这个时间可达 10 年以上。在存储器电路中,源极接地,相当于场效应管导通,漏极电平为低,即数据 0 被写入。擦除时,源极加上较高的编程电压,选择栅接地,漏极开路。根据隧道效应原理,浮栅上的电子将穿过势垒到达源极,浮栅上没有电子后,就意味着信息被擦除了。

由于热电子的速度快,所以编程时间短,并且数据保存的效果好,但是耗电量比较大。

每个场效应管为一个独立的存储单元。一组场效应管的漏极连接在一起组成位线,场效应管的栅极连接在一起组成选择线,可以直接访问每一个存储单元,也就是说可以以字节或字为单位进行寻址,属于并行方式。因此,其可以实现快速的随机访问,但是这种方式使得存储密度降低,相同容量时耗费的硅片面积比较大,因而这种类型的 FLASH 芯片的价格偏高。

NOR 型 FLASH 芯片的特点:数据线和地址线分离,以字节或字为单位编程,以块为单位擦除,编程和擦除的速度慢,耗电量大、价格高。

(2)NAND 型 FLASH 芯片

NAND 型 FLASH 芯片的存储原理与 NOR 型稍有不同。编程时,它不是利用热电子效应,而是利用量子的隧道效应。利用隧道效应,编程速度比较慢,数据保存效果稍差,但是很省电。

一组场效应管为一个基本存储单元(通常为 8 位、16 位二进制数)。一组场效应管只有一根位线,串行连接在一起,属于串行方式,随机访问速度比较慢。但是存储密度很高,可以在很小的芯片上做到很大的容量。

NAND 型 FLASH 芯片的特点:读写操作是以页为单位的,擦除是以块为单位的,因此编程和擦除的速度都非常快;数据线和地址线共用,采用串行方式,随机读取速度慢,不能按字节随机编程;体积小,价格低;芯片内存在失效块,需要查错和校验功能。

(3)AND 型 FLASH 芯片

AND 技术是 Hitachi 公司的专利技术,是一种结合了 NOR 和 NAND 优点的串行FLASH 芯片,它结合了 INTEL 公司的 MLC 技术,加上 0.18μm 的生产工艺,生产出的芯片容量更大、功耗更低、体积更小、采用单一操作电压、块比较小,并且由于内部包含与块一样大的 RAM 缓冲区,因而克服了因采用 MLC 技术而带来的性能降低。

5.2　数据传输方式

5.2.1　I/O 过程的程序直接控制

I/O 过程的程序直接控制的特点是 I/O 过程完全处于 CPU 指令控制下,即外部设备的有关操作(如启、停、传送开始等)都要由 CPU 指令直接指定。在典型情况下,I/O 操作在CPU 寄存器与外部设备(或接口)的数据缓冲寄存器间进行,I/O 设备不直接访问主存。

采用程序直接控制,外部设备与 CPU 的数据传送有无条件传送和程序控制两种方式。

1.I/O 过程的程序无条件传送控制方式

I/O 过程的程序无条件传送控制时, CPU 像对存储器读写一样,完全不管外设的状态如何。其具体操作步骤如下。

1)CPU 把一个地址送到地址总线上,经译码选择一台特定的外部设备。

2)输出时 CPU 向数据总线送出数据;输入时 CPU 等待数据总线上出现数据。

3)输出时 CPU 发出写命令将数据总线上的数据写入外部设备的数据缓冲寄存器;输入时 CPU 发出读命令,从数据总线上将数据读入 CPU 的寄存器中。

这种传送方式一般适合于对采样点的定时采样或对控制点的定时控制等场合。为此，可以根据外设的定时将 I/O 指令插入程序中，使程序的执行与外设同步。所以，这种传送方式也称为程序定时传送方式或同步传送方式。

下面是一段 8086 程序，它的功能是测试状态寄存器(端口地址为 27 H)的第 3 位是否为 1，若为 1 则转移到 ERROR 进行处理：

    IN AL,27H   ;输入
    TEST AL,00000100B
    JNE ERROR

无条件传送是所有传送方式中最简单的一种传送方式，它需要的硬件和软件数量极少。

2.I/O 过程的程序查询传送方式

（1）程序查询控制接口

下面以输入数据为例说明程序查询控制接口的工作原理，如图 5-3 所示。

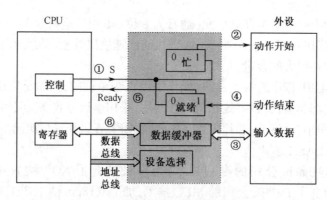

图 5-3　程序查询控制接口的工作原理

程序查询控制接口主要包括以下 3 个部件。

1)设备选择电路。设备选择电路用以判别地址总线上送出的地址(或称为呼叫的设备)是否为被查询设备，它实际上是设备地址的译码比较电路。

2)数据缓冲。寄存器输入操作时，用数据缓冲寄存器存放从外部设备读出的数据，然后送往 CPU；输出操作时，用数据缓冲寄存器存放从 CPU 送来的数据，然后送给外部设备输出。

3)设备状态位(标志)。设备状态位是控制器中的标志触发器，如"忙""准备就绪""错误"等，用以表示设备的工作状态，以便接口对外设进行监视。一旦 CPU 用程序询问 I/O 设备时，则将状态位信息取至 CPU 进行分析。

（2）程序查询控制的基本过程

程序执行过程中的有关动作(以输入为例)有以下几个。

1)CPU 向地址总线上送出地址，选中设备控制器。

2)CPU 看"忙"触发器是否为"0"，若为"0"，则发出命令字，请求启动外设进行数据输入，置"忙"触发器为"1"，置"就绪"触发器为"0"，然后不断检测"就绪"触发器何时变为"1"。

3)接口接到 CPU 的命令字后，立即启动外设工作，开始输入数据。

4）外设启动后将输入数据送入数据缓冲寄存器。

5）外设完成数据输入后,置"就绪"触发器为"1",通知 CPU 已经"Ready"（准备就绪）。

6）CPU 从数据缓冲寄存器中读入输入数据,并将控制器状态标志复位。

（3）程序查询控制方式的不足

采用程序直接控制模式简单、控制接口硬设备较少,一般计算机都具有这种功能,但是其也明显存在以下缺点。

1）CPU 与外部设备只能串行工作。由于 CPU 的速度比外部设备的速度快得多,因此 CPU 的大量时间都处于空闲、等待状态,系统的效率较低。

2）CPU 在一段时间内只能和一台外部设备交换信息,无法使其他外部设备同时工作。

3）发现和处理预先无法估计的错误和异常比较困难。

因此,这种 I/O 控制方式多用于 CPU 速度不高、外部设备种类不多的情况。

5.2.2 I/O 过程的程序中断控制

1.程序中断控制的概念

中断（Interrupt）是指 CPU 暂时中止现行程序,转去处理随机发生的紧急事件,处理完后自动返回原程序的功能和技术。中断系统是计算机实现中断功能的软硬件总称。一般在 CPU 中设置中断机构,在外设接口中设置中断控制器,在软件上设置相应的中断服务程序。CPU 对打印机的中断控制工作过程如图 5-4 所示,其中 CPU 工作状况如图 5-4（a）所示,打印机工作状况如图 5-4（b）所示。

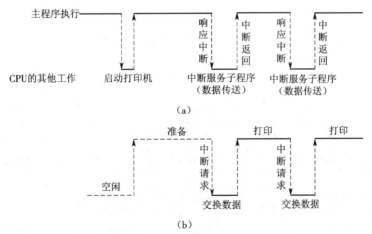

图 5-4 CPU 对打印机的中断控制工作过程

2.中断源

中断源是指能够向 CPU 发出中断请求的事件,常见中断源有以下几种。

1）输入、输出设备中断,如键盘、打印机等工作过程中已做好接收或发送准备。

2）数据通道中断,如磁盘、磁带等要同主机进行数据交换等。

3）实时时钟中断,包括报警中断和周期中断。

4）故障中断,如电源掉电、设备故障等要求 CPU 进行紧急处理等。

5）系统中断,如运算过程中出现溢出、数据格式非法,数据传送过程出现校验错,控制器遇到非法指令等。

6）其他为了调试程序而设置的中断。

3.中断响应

（1）中断响应的条件

CPU 的正常工作顺序：取指令→分析指令→执行指令→再取指令→分析指令→执行指令→……
但是当一个指令周期结束后，如果遇到下列情况，CPU 便响应中断请求，进入中断周期：

1）中断源有中断请求，即中断请求标记 INTR=1；

2）CPU 允许接收中断请求（处于开中断），即允许中断触发器 EINT=1。

也就是说，一条指令在执行过程中不能响应中断，只有特殊的长指令才允许被中断。

（2）中断响应的基本操作

进入中断周期，CPU 会首先执行一条中断隐指令（不向程序员开放的指令），启动硬件，
自动完成三项工作：保存程序断点，关中断，将一个可以找到对应的中断服务程序入口的地
址送进 PC。

（3）形成中断服务程序入口地址

把什么地址送进 PC，决定于采用什么方法获得中断服务子程序入口地址。获取中断服
务程序入口地址的方法很多，最常用的是中断引导程序查询和中断向量表两种方法。

4.中断接口

中断接口的组成如图 5-5 所示。

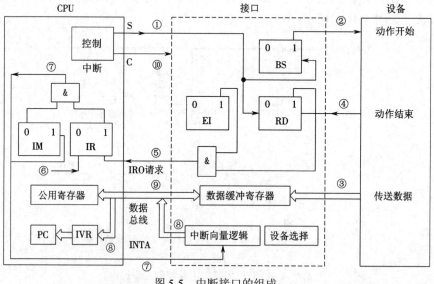

图 5-5　中断接口的组成

（1）准备就绪触发器（RD）

当 CPU 需要与外设交换数据时，首先发出启动信号，然后 CPU 继续完成别的工作。一
旦设备做好数据的接收或发送准备工作，便置 RD 标志为"1"，发出一个设备准备就绪
（Ready）信号。在允许中断（EI=1）的条件下，该信号形成一个中断请求信号。所以，该触发
器也称作中断源触发器，简称中断触发器。

（2）允许中断触发器（EI）

该触发器可以用程序指令来置位。当 EI 为"1"时,对应设备可以向 CPU 发出中断请求;当 EI 为"0"时,不能向 CPU 发出中断请求,意味着该中断源的中断请求被禁止。设置 EI 标志的目的是通过程序可以控制是否允许某设备发出中断请求。

（3）中断请求触发器（IR）

该触发器暂存中断请求线上由设备发出的中断请求信号。当 IR 标志为"1"时,表示设备发出了中断请求。

（4）中断屏蔽触发器（IM）

该触发器是 CPU 是否受理中断的标志。当 IM 标志为"0"时, CPU 可以受理与该位对应的外界中断请求;当 IM 标志为"1"时,CPU 不受理外界中断请求。

（5）中断向量寄存器（IVR）

该寄存器用来存放对应于中断请求的中断服务程序入口地址。

5.2.3　I/O 数据传送的 DMA 控制

直接存储器存取（Direct Memory Access,DMA）控制是在内存与设备之间开辟一条直接数据传送通路。CPU 与 DMA 各自能独立工作: CPU 执行程序,DMA 控制 I/O 过程。这是一种以存储器为中心的体系结构。

在 DMA 传送中有以下三个阶段。

1）CPU 执行几条指令:对 DMA 控制器进行初始化,测试设备状态,向 DMA 控制器输入设备号、起始地址、数据块长度等。

2）由 DMA 控制器控制 I/O 设备与内存之间的数据传送。

3）CPU 执行中断服务程序对一次传输进行善后处理,如进行数据校验、决定传输是否继续等。

DMA 的工作原理如图 5-6 所示。

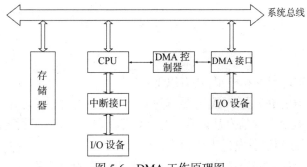

图 5-6　DMA 工作原理图

5.2.4　I/O 过程的通道控制

1.概述

DMA 直接依靠硬件进行管理,只能实现简单的数据传送。随着系统配置的 I/O 设备的不断增加, I/O 操作日益繁忙,为此要求 CPU 不断对各个 DMA 进行预置。这样, CPU 用于管理 I/O 的开销亦日益增加。为了减轻 CPU 负担, I/O 控制部件又把诸如选设备、切换、启动、终止以及数码校验等功能也接过来,进而形成 I/O 通道,实现对 I/O 操作的较全面管理。

通道是计算机系统中代替 CPU 管理控制外设的独立部件,是一种能执行有限 I/O 指令集合(通道命令)的 I/O 处理机。通道有自己的指令和程序专门负责数据的 I/O 传输控制,CPU 下放"传输控制"的功能后只负责数据的处理,因此通道是一个特殊功能的处理器。在 CPU 启动通道后,通道自动去内存取出通道指令并执行指令,直到数据交换过程结束向 CPU 发出中断请求,执行结束处理任务。

IBM4300 系统的通道结构如图 5-7 所示。

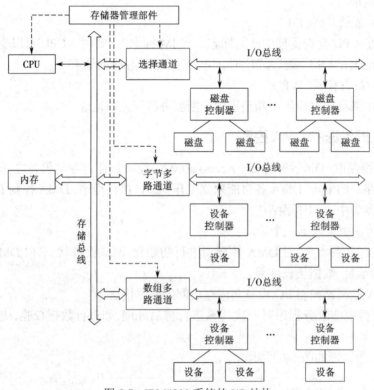

图 5-7　IBM4300 系统的 I/O 结构

2.通道的功能

通道对外部设备实现管理和控制,具有以下功能:

1)接收中央处理器的 I/O 指令,确定要访问的子通道及外部设备;

2)根据中央处理器给出的信息从内存(或专用寄存器)中读取子通道的通道指令,并分析该指令,向设备控制器和设备发送工作命令;

3)对来自各子通道的数据交换请求,按优先次序进行排队,实现分时工作;

4)根据通道指令给出的交换代码个数和内存始址以及设备中的区域,实现外部设备和内存之间的代码传送;

5)将外部设备的中断请求和子通道的中断请求进行排队,按优先次序送往中央处理器,回答传送情况;

6)控制外部设备执行某些非信息传送的控制操作,如磁带机的引带等;

7)接收外部设备的状态信息,保存通道状态信息,并可根据需要将这些信息传送到主存指定单元中。

其主要过程如下。

1）在用户程序中使用访管指令进入管理程序,由 CPU 通过管理程序组织一个通道程序,并启动通道。

2）通道处理机执行 CPU 为它组织的通道程序,完成指定的数据 I/O 工作。

3）通道程序结束后向 CPU 发中断请求,CPU 响应这个中断请求后,第二次进入操作系统,调用管理程序对 I/O 中断请求进行处理。

3.通道类型

（1）字节多路通道

字节多路通道是一种简单的共享通道,在时间分割的基础上服务于多台低速和中速面向字符的外围设备。字节多路通道包括多个子通道,每个子通道服务于一个设备控制器,可以独立执行通道指令。

字节多路通道要求每种设备分时占用一个很短的时间片,不同的设备在各自分得的时间片内与通道建立传输连接,实现数据的传送。

（2）数组选择通道

数组选择通道是一种高速通道,它可以连接多个设备,每次只能从所连接的设备中选择一台 I/O 设备的通道程序,此刻该通道程序独占了整个通道。连接在数组选择通道上的若干设备只能依次使用通道与主存传送数据。

数据传送以成组（数据块）方式进行,每次传送一个数据块,因此传送速率很高。选择通道多适合于快速设备（磁盘）,这些设备相邻字之间的传送空闲时间极短。

（3）数组多路通道

数组多路通道把字节多路通道和数组选择通道的特点结合起来。它有多个子通道,既可以执行多路通道程序,像字节多路通道那样,所有子通道分时共享总通道;又可以用选择通道那样的方式传送数据。

当设备在执行寻址等控制动作时,通道暂时断开与这个设备的连接,挂起设备的通道程序,去为其他设备服务,即执行其他设备的通道程序。

5.3　设备分配管理

设备分配的任务是按照规定的策略为申请设备的进程分配合适的设备、控制器和通道。

1.设备分配中的数据结构

设备分配中的数据结构有系统设备表、设备控制表、控制器控制表、通道控制表。

1）系统设备表（SDT）:在整个系统中,有一张系统设备表,用于记录系统中全部设备的信息。每个设备占一个表目,其中包括设备类型、设备标识符、进程标识符、DCT 表指针及驱动程序入口地址等表项,如表 5-1 所示。

表 5-1　系统设备表（SDT）

设备类型
设备标识符
进程标识符
DCT 表指针
驱动程序入口地址

2）设备控制表（DCT）：系统为每一个设备都配置了一张设备控制表，用于记录该设备的情况。表中除了有用于指示设备类型的字段和设备标识符字段外，还应有设备队列队首指针、设备状态、指向COCT表指针、重复执行的次数或时间、设备队列队尾指针，如表5-2所示。

表 5-2　设备控制表（DCT）

设备类型
设备标识符
设备状态（等待/不等待,忙/闲）
指向 COCT 表指针
重复执行的次数或时间
设备队列队首指针
设备队列队尾指针

3）控制器控制表（COCT）：系统为每一个控制器都配置了一张用于记录本控制器情况的控制器控制表，如表5-3所示。

表 5-3　控制器控制表（COCT）

控制器标识符
控制器状态（忙/闲）
指向 CHCT 表指针
控制器队列队首指针
控制器队列队尾指针

4）通道控制表（CHCT）：系统为每一个通道都配置了一张用于记录本通道情况的通道控制表，如表5-4所示。

表 5-4　通道控制表（CHCT）

通道标识符
通道状态（忙/闲）
指向 COCT 表指针
通道队列队首指针
通道队列队尾指针

2.设备分配策略

1）独享方式，指将一个设备分配给某进程后，便一直由它独占，直至该进程完成或释放该设备为止，系统才能将该设备分配给其他进程使用。这种分配方式是对独占设备采用的分配策略。它不仅造成设备利用率低，而且还会引起系统死锁。

2）共享方式，指将共享设备（磁盘）同时分配给多个进程使用。但是这些进程对设备的访问需要进行合理的调度。

3)虚拟方式,指通过高速的共享设备把一台慢速的以独占方式工作的物理设备改造成若干台虚拟的同类逻辑设备,这就需要引入 SPOOLing 技术。虚拟设备属于逻辑设备。

3.设备的分配算法

（1）先来先服务

当有多个进程对同一个设备提出 I/O 请求或者是在同一设备上进行多次传送时,系统按进程提出 I/O 请求的先后顺序,将进程的 I/O 请求命令排成 I/O 请求队列。当该设备空闲时,系统从队首取下一个 I/O 请求消息,将设备分配给发出这个请求命令的进程。

（2）优先级高者先分配

这种算法将 I/O 请求队列中的 I/O 请求按照发出此 I/O 请求的进程的优先级由高至低进行排序。系统在设备空闲时,总是从队首取下最高优先级进程发出的 I/O 请求进行设备分配。这与进程调度的优先算法是一致的。即进程的优先级高,它的 I/O 请求优先级也优先予以满足,显然有助于该进程尽快完成,从而尽早释放它所占有的系统资源。对于优先级相同的 I/O 请求,则按先请求先服务的原则排队。

4.设备分配的安全性

为了提高设备的利用率,现代操作系统的设备分配大都采用了动态分配方式。从进程运行的安全性出发产生了以下两种设备分配方式。

（1）安全的分配方式

在这种分配方式中,每当进程以命令形式发出 I/O 请求后,便进入阻塞状态,直到其 I/O 操作完成时才被唤醒。

采用这种分配方式时,一个进程只能提出一个 I/O 请求,一旦进程获得某个设备后便阻塞,使它不可能再请求其他任何资源,而它运行时又不保持任何资源。因此,这种分配方式使得死锁产生的四个必要条件之一的"请求和保持"条件不会成立,因而分配是安全的。

这种分配方式的优点是程序的编制更为方便,设备分配安全,不会产生死锁现象;缺点是进程和 I/O 设备之间是串行工作,进程推进缓慢。

（2）不安全的分配方式

为了加快推进速度,使 CPU 和 I/O 设备能并行工作,应使某些进程以命令形式发出 I/O 请求之后,仍可继续进行,需要时又可发出第二个 I/O 请求、第三个 I/O 请求。仅当进程所请求的设备已被另一个进程占用时,进程才进入阻塞状态。

这种分配方式的优点是一个进程可同时操作多个设备,从而使进程推进迅速;缺点是分配不安全,有可能产生死锁现象。

5.设备独立性(Device Independence)

设备独立性提高了设备分配的可适应性和可扩展性,也称为设备的无关性。

应用程序独立于具体使用的物理设备。用户编制程序时,不直接使用物理设备名来指定特定的物理设备,而是使用逻辑设备名来请求使用某类设备,使得用户程序独立于具体的物理设备,由操作系统的设备管理建立逻辑设备与物理设备的对应关系。

设备独立性可以实现设备分配时的灵活性:如果应用程序(进程)以物理设备名来请求使用指定物理设备,则有可能设备已经分配给其他进程或设备已发生故障正在检修,尽管还有其他同类设备空闲,该进程却要阻塞等待。实现了设备无关性后,系统可在同类设备中找一台"好的且尚未分配的"设备分配给该进程。仅当设备已全部分配完毕时,进程才会阻塞。

设备独立性易于实现 I/O 重定向,当调试一个程序时,可将程序的输出送屏幕显示;而在调试完成后,如需要打印程序的输出结果,系统只要将逻辑设备对应的物理输出设备由显示器改为打印机即可,而不必修改应用程序。

5.4 设备驱动程序

设备处理程序也称为设备驱动程序,它是 I/O 系统的高层与设备控制器之间的通信程序。其主要任务是把上层软件的抽象要求变为具体要求后,如 read 或 write 命令,发送给设备控制器,启动设备去执行;反之,它将设备控制器发来的信号传送给上层软件。由于设备驱动程序与硬件密切相关,因此每类设备都应配置不同的驱动程序。

5.4.1 设备驱动程序的功能和特点

1.设备驱动程序的功能

为了实现 I/O 进程与设备控制器之间的通信,设备驱动程序应具有以下功能。

1)接收由 I/O 进程发来的命令和参数,并将命令中的抽象要求转化为具体要求。

2)检查用户 I/O 请求的合法性,了解 I/O 设备的状态,传递有关参数,设置设备的工作方式。

3)发出 I/O 命令,如果设备空闲便立即启动 I/O 设备去完成指定的 I/O 操作,否则将请求者的请求块挂在设备队列上等待。

4)及时响应由控制器或通道发来的中断请求,并根据其中断类型调用相应的中断处理程序进行处理。

5)对于设置有通道的计算机系统,驱动程序还应根据用户的 I/O 请求,自动构成通道程序。

2.设备处理的方式

在不同的操作系统中所采用的设备处理方式并不完全相同。根据在设备处理时是否设置进程,以及设置什么样的进程,可把设备处理方式分为以下三类。

1)为每一类设备设置一个进程,专门用于执行这类设备的 I/O 操作。如为所有的交互式终端设置一个交互式终端进程,为同一类型的打印机设置一个打印进程。

2)在整个系统中设置一个 I/O 进程,专门负责对系统中所有各类设备的 I/O 操作。也可设置一个输入进程和一个输出进程,分别处理系统中所有各类设备的输入或输出操作。

3)不设置专门的设备处理进程,而只为各类设备设置相应的设备处理程序,供用户或系统进程调用,这种方式目前用得较多。

3.设备驱动程序的特点

1)驱动程序主要是在请求 I/O 的进程与设备控制器之间的一个通信程序。

2)驱动程序与 I/O 设备的硬件特性密切相关,不同类型的设备应当有不同的驱动程序。

3)驱动程序与 I/O 控制方式紧密相关。

4)驱动程序与硬件紧密相关,其部分程序被固化在 ROM 中。

5.4.2　设备驱动程序的处理过程

设备驱动程序的主要任务是启动指定设备,但在启动之前,还必须完成必要的准备工作,如检测设备状态是否为"忙"等,在完成所有的准备工作后,最后才向设备控制器发送一条启动命令。其处理过程如下。

1.将抽象要求转化为具体要求

通常在每个设备控制器中都含有若干个寄存器,分别用于暂存命令、数据和参数等。用户及上层软件对设备控制器的具体情况毫无了解,因而只能向它们发出抽象的命令,但这些命令无法传送给设备控制器。因此,就需要借助设备驱动程序,将抽象的要求转化为具体的要求传送给设备控制器。例如,将盘块号转换为磁盘的盘面号、磁道号及扇区号。这类工作的转换只能由驱动程序来完成,因为在 OS 中只有驱动程序同时了解抽象要求和设备控制器中的寄存器情况,也只有它知道命令、数据和参数应分别送往哪个寄存器。

2.检查 I/O 请求的合法性

任何输入设备都只能完成一组特定的功能,若该设备不支持这次 I/O 请求,则认为这次 I/O 请求非法。例如,用户试图请求从打印机输入数据,显然系统应予以拒绝。

3.读出和检查设备的状态

要启动某个设备进行 I/O 操作,其前提条件是该设备正处于空闲状态。因此,在启动设备之前,要从设备控制器的状态寄存器中读出设备的状态。例如,为某设备输入数据,此前应先检查该设备是否处于接收就绪状态,仅当它处于该状态时,才能启动其设备控制器,否则只能等待。

4.传送必要的参数

有许多设备,特别是块设备,除必须向其控制器发出启动命令外,还需要传送必要的参数。例如,在启动磁盘进行读/写之前,应先将本次要传送的字节数、数据应到达的主存始址送入控制器的相应寄存器中。

5.设置工作方式

有些设备有多种工作方式,在启动时应选定某种方式,给出必要的数据。在启动该接口之前,应先按通信规程设定下述参数:波特率、奇偶校验方式、停止位数目及数据字节长度等。

6.启动 I/O 设备

在完成各项准备工作后,驱动程序可以向控制器中的命令寄存器传送相应的控制命令,启动 I/O 设备,基本的 I/O 操作是在控制器的控制下进行的。

5.5　缓冲技术

1.缓冲区的作用

(1)高低速设备之间的速度匹配

外部设备虽然慢但处理的数据量少,CPU 处理的数据量大但速度快,借用缓冲就能很好地解决二者之间的匹配问题。

在存储体系中,缓冲技术成为解决容量与速度之间矛盾的主要方法,Cache 实际上就是主存与 CPU 之间的缓冲区。

（2）中转

通过中转避免外设与 CPU 之间的完全互连,可以解决设备连接和数据传输的复杂性。

2.缓冲区的实现

1)单缓冲:在设备与 CPU 之间设置一个缓冲区。显然单缓冲区难以解决两台设备之间的并行操作。

2)双缓冲:在设备与 CPU 之间设置两个缓冲区,这样可以解决两台设备之间的并行操作问题。

3)多缓冲:把多个缓冲区连接起来组成两个部分,其中一部分用于输入,另一部分用于输出。

4)缓冲池:把多个缓冲区连接起来统一管理,既可用于输入,又可用于输出。

3.缓冲区结构及其特点

缓冲区由两部分组成:缓冲体和缓冲首部。缓冲体用于存放数据。缓冲首部用于标识所在缓冲区以便对其进行管理,其结构如图 5-8 所示。

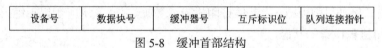

| 设备号 | 数据块号 | 缓冲器号 | 互斥标识位 | 队列连接指针 |

图 5-8　缓冲首部结构

利用缓冲首部的队列连接指针,可以将缓冲池中的缓冲区组织成以下 3 种队列。

1)空闲缓冲队列:未使用的缓冲区队列。

2)输入缓冲队列:装满输入数据的缓冲区组成的队列。

3)输出缓冲队列:装满输出数据的缓冲区组成的队列。

4.缓冲池算法

1)当设备有输入数据时,先从空闲队列中(队首)申请一个缓冲区,称为"收容输入缓冲区",将输入数据写入收容输入缓冲区中;写满后,按一定规则(如 FIFO)插入到输入缓冲队列中。

2)当 CPU(系统)要提取数据时,将从输入缓冲队列中(队首)申请一个缓冲区,称为"提取输入缓冲区",从中读取数据;提取结束后,将该缓冲区插入到空闲队列。

3)当 CPU 要输出数据时,先从空闲队列中(队首)申请一个缓冲区,称为"收容输出缓冲区",将输出数据写入收容输出缓冲区中;写满后,按一定规则(如 FIFO)插入到输出缓冲队列中。

4)当设备要提取数据时,将从输出缓冲队列中(队首)申请一个缓冲区,称为"提取输出缓冲区",从中读取数据;提取结束后,将该缓冲区插入到空闲队列。

5.6　虚拟设备

虚拟设备是指通过虚拟技术将一台独占设备变换为若干台供多个用户(进程)共享的逻辑设备。一般可以利用假脱机技术(SPOOLing 技术)实现虚拟设备。

1.SPOOLing 技术

SPOOLing 技术是多道程序设计中处理独占 I/O 设备的一种技术,它可以提高设备利用率并缩短单个程序的响应时间。它通过共享设备来模拟独占型设备的动作,使独占型设备成为共享设备,从而提高设备利用率和系统的效率,也称为假脱机技术。

当系统中引入了多道程序技术后,完全可以利用其中的一道程序来模拟脱机输入时的外围控制机功能,把低速 I/O 设备上的数据传送到高速磁盘上;再用另一道程序来模拟脱机输出时外围控制机的功能,把数据从磁盘传送到低速输出设备上。这样便可在主机的直接控制下实现脱机输入、输出功能。此时的外围操作与 CPU 对数据的处理同时进行,把这种在联机情况下实现的同时外围操作称为 SPOOLing(Simultaneous Peripheral Operating On-Line),或称为假脱机操作。

SPOOLing 程序和外设进行数据交换,可以称为"实际 I/O"。一方面,SPOOLing 程序预先从外设输入数据并加以缓冲,在以后需要的时候输入到应用程序;另一方面,SPOOLing 程序接收应用程序的输出数据并加以缓冲,在以后适当的时候输出到外设。

在 SPOOLing 程序中,需要管理两级缓冲区:内存缓冲区和快速外存上的缓冲池,后者可以暂存多批 I/O 操作的较多数据。

应用程序进行 I/O 操作时,只是和 SPOOLing 程序交换数据,可以称为"虚拟 I/O"。这时虚拟 I/O 实际上是从 SPOOLing 程序的缓冲池中读取数据或把数据送入缓冲池,而不是跟实际的外设进行 I/O 操作。

2.SPOOLing 系统的组成

1)输入井和输出井(外存):磁盘上开辟的两个存储区域。

2)输入缓冲区和输出缓冲区(内存):系统内存中开辟的两个存储区域。

3)输入进程 SP_i 和输出进程 SP_o。①输入进程 SP_i:模拟脱机输入时的外围控制机,将用户要求的数据从输入机通过输入缓冲区再送到输入井,当 CPU 需要输入数据时,直接从输入井读入内存。②输出进程 SP_o:进程模拟脱机输出时的外围控制机,把用户要求输出的数据,先从内存送到输出井,待输出设备空闲时,再将输出井中的数据,经过输出缓冲区送到输出设备上。

3.共享打印机

打印机虽然是独享设备,但是通过 SPOOLing 技术,可以将它改造为一台可供多个用户共享的设备。共享打印机技术已被广泛用于多用户系统和局域网络。当用户进程请求打印输出时, SPOOLing 系统同意为它打印输出,但并不真正立即把打印机分配给该用户进程,而只为它做两件事:①由输出进程在输出井中为之申请一个空闲磁盘块区,并将要打印的数据送入其中;②输出进程再为用户进程申请一张空白的用户请求打印表,并将用户的打印要求填入其中, 再将该表挂到请求打印队列上。

若打印机空闲,输出进程将从请求打印队列的队首取出一张请求打印表,根据表中的要求将要打印的数据从输出井传送到内存缓冲区,再由打印机打印。

5.7 磁盘调度

磁盘是可供多个进程共享的设备,但由于其是串行 I/O,因此当有多个进程要求访问磁盘时,应采用一种调度算法,以使各进程对磁盘的平均访问时间尽可能少。

在 5.1.3 中曾提及,一次访盘请求(读/写)完成过程由三个动作时间组成:寻道时间、旋转延迟时间、数据传输时间。下面来分析一下这三个时间对磁盘访问的影响。

1)寻道时间 T_s:该时间实际是启动磁盘的时间 s 与磁头移动 n 条磁道所花费的时间之

和,即

$$T_s = m \times n + s$$

式中:s 为常数,与磁盘驱动器的速度有关;对一般磁盘,$m=0.3$;对高速磁盘,$m \leqslant 0.1$。

对一般的硬盘,其寻道时间将随寻道距离的增大而增大,大体上是 10~40 ms。

2)旋转延迟时间 T_r:对于硬盘,典型的旋转速度为 7 200 r/min,每转需时间 8.33 ms,平均 T_r 为 4.17 ms;对于软盘,其旋转速度为 300 或 600 r/min,平均 T_r 为 50~100 ms。

3)数据传输时间 T_t:把数据从磁盘读出,或向磁盘写入数据所经历的时间。T_t 的大小与每次所读/写的字节数 b 及旋转速度有关,即

$$T_t = b/rN$$

式中:r 为磁盘以秒计的旋转速度;N 为一条磁道上的字节数。当一次读/写的字节数相当于半条磁道上的字节数时,T_t 与 T_r 相同。

因此,可将访问时间 T_a 表示为

$$T_a = T_s + 1/2r + b/rN$$

由上式可以看出,在访问时间中寻道时间和旋转延迟时间基本上都与所读/写数据的多少无关,而且它通常占据了访问时间的大部分。例如,假定寻道时间和旋转延迟时间平均为 30ms,而磁道的传输速率为 1MB/s,如果传输 1 KB,此时总的访问时间为 31ms。传输时间所占比例相当小。当传输 10 KB 的数据时,其访问时间也只是 40ms,即当传输的数据量增为 10 倍时,访问时间只增加了约 30%。目前,磁盘的传输速率已达 20 MB/s 以上,数据传输时间所占的比例更低。可见,适当集中数据(不要太零散)传输将有利于提高传输效率。

由于在访问磁盘的时间中寻道时间占了较大部分,因此磁盘调度的目标应是使磁盘的平均寻道时间最短。

常用的磁盘调度算法有先来先服务、最短寻道时间优先、扫描、循环扫描等算法。

5.7.1　先来先服务算法(First-Come, First-Served, FCFS)

这是最简单的磁盘调度算法。这个算法不考虑访问者要求访问的物理位置,而只是考虑访问者提出访问请求的先后次序。

例如,如果现在读写磁头在 46 号柱面执行输入 / 输出操作,而等待访问者依次要访问的柱面次序为 86,126,38,135,29,122,78,52。采用 FCFS 算法时,当 46 号柱面上的操作结束后,移动臂将按请求的先后次序,先移到 86 号柱面为请求访问者服务,然后再依次移到 126,38,135,29,122,78,52 号柱面。

该算法优点:公平、简单,且每个进程的请求都能依次得到处理,不会出现某进程的请求长期得不到满足的情况。

该算法缺点:与后面讲的几种调度算法相比,平均寻道距离较大,故此算法仅适用于请求磁盘上的进程数较少的场合。

5.7.2　最短寻道时间优先算法(Shortest Seek Time First, SSTF)

采用最短寻道时间优先算法,每当启动一个新的磁盘 I/O 操作时,首先查看后面要访问的柱面所对应的寻道时间长短。

针对上例的磁盘访问,若采用 SSTF 算法,那么当 46 号柱面上的操作结束后,将移动臂移到这个等待请求队列中移动距离最短的 52 号柱面为请求访问者服务,然后再依次移到

$38,29,78,86,122,126,135$ 号柱面。

该算法优点:改善了磁盘平均服务时间。

该算法缺点:会造成某些访问请求长期等待得不到服务,即有些进程将会"饿死"。

5.7.3　扫描(SCAN)算法——电梯调度算法

该算法总是从移动臂当前位置开始沿着臂的移动方向去选择离当前移动臂最近的那个柱面的访问者。如果沿臂的移动方向无请求访问时,就改变臂的移动方向再选择。由于这种算法中磁头移动的规律颇似电梯的运行,故又常称为电梯调度算法。

仍用同一例子,采用 SCAN 算法来运行。由于 SCAN 算法与移动方向有关,故可分为以下两种情况。

1)移动臂向外移(OUT):即向柱面号小的方向移动。那么,当 46 号柱面上的操作结束后,移动臂将移到 38 号柱面为请求访问者服务,然后再依次移到 29,52,78,86,122,126,135 号柱面。

2)移动臂向里移(IN):即向柱面号大的方向移动。那么,当 46 号柱面上的操作结束后,移动臂将移到 52 号柱面为请求访问者服务,然后再依次移到 78,86,122,126,135,38,29 号柱面。

电梯调度算法和最短寻道时间调度算法都是要尽量减少移动臂移动时所花费的时间,其不同点如下。

1)最短寻道时间调度算法不考虑臂的移动方向,总是优先选择离当前位置最近的那个柱面的访问者,这种选择可能导致臂来回改变移动方向。

2)电梯调度算法是沿着臂的移动方向去选择,仅当沿臂移动方向无等待访问者时才改变臂的移动方向。由于移动臂改变方向是机械动作,所以速度较慢。相比之下,电梯调度算法是一种简单实用且高效的调度算法;但是在实现时,除了要读写磁头的当前位置外,还必须记住臂的移动方向。

5.7.4　循环扫描(CSCAN)算法

SSTF 算法虽然能获得较好的寻道性能,但却可能导致某个进程发生"饥饿"(Starvation)现象。因为只要不断有新进程的请求到达,且其所要访问的磁道与磁头当前所在磁道的距离较近,这种新进程的 I/O 请求必须优先满足。对 SSTF 算法略加修改后所形成的 SCAN 算法,即可防止旧进程出现"饥饿"现象。

但 SCAN 算法会存在访问延迟的问题,即当磁头刚从里向外移动过某一磁道时,恰有进程请求访问此磁道,这时该进程只能等待,待磁头从里向外扫描完所有要访问的磁道后,才处理该进程的请求。为了避免这种现象的发生,SSTF 的另一个修改版本是循环扫描法(CSCAN)。该算法规定磁头单向移动。例如,只向里移动,从当前柱面开始向里扫描,按照各访问者所要访问的柱面位置的次序去选择访问者。移动臂到达最后一个柱面后,立即带动磁头快速回到 0 号柱面,返回时不为任何的等待访问者服务,返回后再次进行扫描。

仍用同一例子,采用 CSCAN 算法,移动臂向里移(IN),即向柱面号大的方向移动。那么,当 46 号柱面上的操作结束后,移动臂将移到 52 号柱面为请求访问者服务,然后再依次移到 78,86,122,126,135,29,38 号柱面。

除了先来先服务调度算法外,其余三种调度算法都是根据欲访问的柱面位置来进行调度的。在调度的过程中有可能有新的请求访问者加入。这些新的请求访问者加入时，如果读写磁头已经超过了它们所要访问的柱面位置，则只能在以后的调度中被选择执行。

5.8　RAID 技术

简单来说，RAID(Redundant Array of Independent Disks,独立冗余磁盘阵列)是一种把多块独立的硬盘(物理硬盘)按不同的方式组合起来形成一个硬盘组(逻辑硬盘)，从而提供比单个硬盘更高的存储性能和数据备份技术。组成磁盘阵列的不同方式称为 RAID 级别(RAID Levels)。在用户看来,组成的磁盘组就像是一个硬盘,用户可以对它进行分区、格式化等。总之,对磁盘阵列的操作与单个硬盘一模一样。不同的是,磁盘阵列的存储速度要比单个硬盘快很多,而且可以提供自动数据备份。数据备份的功能是在用户数据发生损坏后,利用备份信息恢复损坏的数据,从而保障用户数据的安全。

RAID 包含多块硬盘,但是在操作系统下是作为一个独立的大型存储设备出现。利用 RAID 技术对存储系统的优点主要体现在以下几个方面。

1)通过把多个磁盘组织在一起作为一个逻辑卷提供磁盘跨越功能。

2)通过把数据分成多个数据块(Block)并行写入/读出多个磁盘以提高访问磁盘的速度。

3)通过镜像或校验操作提供容错能力。

RAID 技术分为几种不同的等级,分别可以提供不同的速度、安全性和性价比。根据实际情况选择适当的 RAID 级别可以满足用户对存储系统可用性、性能和容量的要求。常用的 RAID 级别有以下几种:RAID 0,RAID 1,RAID 1+0,RAID 2,RAID 3,RAID 5 等。

磁盘阵列(Disk Array)是由一个硬盘控制器来控制多个硬盘的相互连接,使多个硬盘的读写同步,减少错误,增加效率和可靠度的技术。磁盘阵列卡则是实现这一技术的硬件产品,它拥有一个专门的处理机,还拥有专门的存储器,用于高速缓冲数据。使用磁盘阵列卡,服务器对磁盘的操作就直接通过阵列卡来进行处理,因此不需要大量的 CPU 及系统内存资源,不会降低磁盘子系统的性能。由于阵列卡用专用的处理单元来进行操作,性能要远远高于常规非阵列硬盘,并且更安全、更稳定。

5.8.1　RAID 0 技术

RAID 0 是无冗余、无校验的磁盘阵列,实现 RAID 0 至少需要两个及以上的硬盘,它将两个及以上的硬盘合并成一块,数据同时分散在每块硬盘中,因为带宽加倍,所以读写速度加倍。RAID 0 的理论速度是单块硬盘的 N 倍,但是由于数据并不是保存在一个硬盘上,而是分成数据块保存在不同硬盘上,所以安全性下降为 1/N,只要任何一块硬盘损坏就会丢失所有数据。

1.RAID 0 数据组织原理

RAID 0 是最简单的一种 RAID 形式,目的是把多块物理盘连接在一起形成一个容量更大的存储设备,RAID 0 逻辑盘的容量等于物理盘的容量乘以成员盘的数目。

一个由两块物理盘组成的 RAID 0 如图 5-9 所示。在图 5-9 中,两块物理盘由 RAID 控制器组建成 RAID 0 逻辑盘, RAID 控制器将物理盘划分为一个个条带,其中数字"0"是物理盘 0 的第一个条带,数字"2"是物理盘 0 的第二个条带,依此类推,一直划分到物理盘 0

的末尾;而数字"1"是物理盘 1 的第一个条带,数字"3"是物理盘 1 的第二个条带,依此类推,一直划分到物理盘 1 的末尾。RAID 控制器把每块物理盘以条带为单位并行处理,虚拟出一个新的结构,就是 RAID 0 逻辑盘。

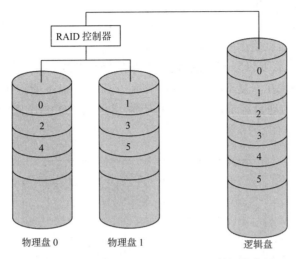

图 5-9　由两块物理盘组成的 RAID 0 数据分布图

从图 5-9 中可以清楚地看到,通过建立 RAID 0,原先顺序写入的数据被分散到两块物理盘中同时进行读写,两块物理盘的并行操作使同一时间内磁盘读/写的速度提升了 1 倍。RAID 0 只是单纯地提高读写性能,并没有为数据的可靠性提供保证,而且其中的任何一个物理盘失效都将影响到所有数据,因此 RAID 0 不能应用于数据安全性要求高的场合。

2.RAID 0 故障原因分析

这里说的 RAID 0 故障是指 RAID 0 逻辑盘丢失或不可访问。导致 RAID 0 故障的原因主要有以下几种。

（1）RAID 控制器出现物理故障

RAID 控制器是一块硬件卡,如果这块卡出现物理故障,将不能被计算机识别,也就无法完成对 RAID 0 中各个物理成员盘的控制,在这种情况下,通过 RAID 控制器虚拟出来的逻辑盘自然就不存在了。

（2）RAID 信息出错

对于 RAID 0 来说, RAID 控制器将物理盘配置为 RAID 0 后,会生成一些参数,包括该 RAID 0 的盘序、条带大小、RAID 0 在每块物理盘中的起始地址等,还会记录有关该 RAID 0 的相关信息,包括组成该 RAID 0 的物理盘数目、物理盘的容量大小等,所有这些信息和参数就被称为 RAID 信息,也称为 RAID 元数据,它们会被保存到 RAID 控制器中,有时候也会被保存到 RAID 0 的成员盘中。

RAID 信息出错就是指该 RAID 0 的配置参数或者相关信息出现错误,导致 RAID 程序不能正确组织 RAID 0 中的成员盘,从而导致 RAID 0 逻辑盘丢失或不能访问。

（3）RAID 0 成员盘出现物理故障

RAID 0 不允许任何一块成员盘离线,如果 RAID 0 中的某一块成员盘出现物理故障,如电路损坏、磁头损坏、固件损坏、出现坏扇区等,该成员盘就不能正常使用,从而导致 RAID 0 崩溃。

（4）人为误操作

如果误将 RAID 0 中的成员盘拔出，或给 RAID 0 除尘时将成员盘拔出后忘了原来的顺序，以及不小心删除了 RAID 0 的配置信息等，都会造成 RAID 0 崩溃。

3.RAID 0 数据恢复思路

RAID 0 是所有 RAID 中最脆弱的，没有任何冗余性，其中任意一块成员盘出现故障都会导致所有数据丢失，所以使用 RAID 0 数据的风险很大。

RAID 0 出现故障后，要恢复其中的数据，必须先修复有故障的成员盘，或者将其作出完整的磁盘镜像，也就是说在恢复 RAID 0 的数据时，全部成员盘不能有任何缺失。

这里以一个 4 块物理盘组成的 RAID 0 为例，讲解 RAID 0 出现故障后数据恢复的思路，该 RAID 0 的结构如图 5-10 所示。

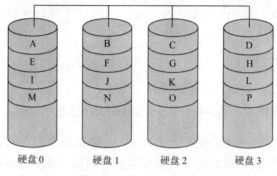

图 5-10　RAID 0 结构图

对 RAID 0 原逻辑盘中的数据进行恢复，必须把所有物理盘重组，因为 RAID 0 已经不可用，所以先把物理盘从 RAID 控制器中取出来，即"去 RAID 化"，作为单盘进行分析。

对于单块物理盘，如图 5-10 中的硬盘 0，其中的数据条带为 A、E、I、M，硬盘 1 中的数据条带为 B、F、J、N，都是部分数据，只有把四块物理盘中的数据按照 A、B、C、D、E、F、G、H…的条带顺序拼接好，才是原 RAID 0 逻辑盘中完整的数据。

那么，如何按顺序拼接四块物理盘中的数据呢？在这里有两个因素很重要，一个是 RAID 0 中每个条带的大小，也就是 A、B 等这些数据块所占用的扇区数；另一个是 RAID 0 中硬盘的排列顺序，也就是说哪块物理盘是 RAID 0 中的第一块盘，哪块物理盘是 RAID 0 中的第二块盘等。

以图 5-10 中的 RAID 0 为例，假设条带的大小为 16 个扇区，硬盘的顺序就按照图中的顺序排列，那么只要到硬盘 0 中取 0~15 扇区的数据，到硬盘 1 中取 0~15 扇区的数据，到硬盘 2 中取 0~15 扇区的数据，再到硬盘 3 中取 0~15 扇区的数据，接下来再回到硬盘 0 中取 16~31 扇区的数据，就这样依次按顺序取下去，把所有取出来的数据按照顺序衔接成一个镜像文件，或者是镜像盘，就成为完整的原 RAID 0 逻辑盘的结构，直接访问这个重组出来的镜像文件或镜像盘，就得到了原 RAID 0 逻辑盘中的数据。

5.8.2　RAID 1 技术

RAID 1 通过磁盘数据镜像实现数据的冗余，在两块磁盘上产生互为备份的数据，当其中一块成员盘出现故障时，系统还可以从另外一块成员盘中读取数据，因此 RAID 1 可以提供更好的冗余性。

1.RAID 1 数据组织原理

RAID 1 又被称为磁盘镜像,需要两个物理盘共同构建。使用磁盘镜像(Disk Mirroring)技术的方法是在工作磁盘(Working Disk)之外再加一额外的备份磁盘(Backup Disk),两个磁盘所储存的数据完全一样,数据写入工作磁盘的同时亦写入备份磁盘,也就是将一块物理盘的内容完全复制到另一块物理盘上,所以两块物理盘所构成的 RAID 1 阵列,其容量仅等于一块硬盘的容量,数据分布情况如图 5-11 所示。RAID 1 是磁盘阵列中单位成本最高的,但提供了很高的数据安全性和可用性。当一个物理盘失效时,系统可以自动切换到镜像磁盘上读写,而不需要重组失效的数据。

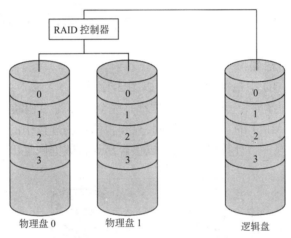

图 5-11 RAID 1 数据分布图

虽然 RAID 0 可以提供更多的空间和更好的读写性能,但是整个系统是非常不可靠的,如果出现故障,无法进行任何补救。所以,RAID 0 一般只在那些对数据安全性要求不高的情况下才被人们使用。而 RAID 1 和 RAID 0 截然不同,其技术重点全部放在如何能够在不影响性能的情况下最大限度地保证系统的可靠性和可修复性上。

RAID 1 是所有 RAID 等级中实现成本最高的一种,尽管如此,人们还是选择 RAID 1 来保存那些关键性的重要数据。

2.RAID 1 故障原因分析

这里说的 RAID 1 故障是指 RAID 1 逻辑盘丢失或不可访问。导致 RAID 1 故障的原因主要有以下几种。

(1)RAID 控制器出现物理故障

RAID 控制器如果出现物理故障,将不能被计算机识别,也就无法完成对 RAID 1 中各个物理成员盘的控制,在这种情况下,通过 RAID 控制器虚拟出来的逻辑盘自然就不存在了。

(2)RAID 信息出错

对于 RAID 1 来说,RAID 控制器将物理盘配置为 RAID 1 后,会记录有关该 RAID 1 的相关信息,包括组成该 RAID 1 的物理盘数目、物理盘的容量大小、哪块物理盘为工作磁盘、哪块物理盘为镜像磁盘、RAID 1 在每块物理盘中的起始地址等,所有这些信息被称为 RAID 信息,也称为 RAID 元数据,它们会被保存到 RAID 控制器中,有时候也会被保存到

RAID 1 的成员盘中。

RAID 信息出错就是指该 RAID 1 的配置信息出现错误,导致 RAID 程序不能正确地组织管理 RAID 1 中的成员盘,从而导致 RAID 1 逻辑盘丢失或不能访问。

（3）RAID 1 成员盘出现物理故障

RAID 1 可以允许其中一块成员盘离线,如果 RAID 1 中的某一块成员盘出现物理故障,如电路损坏、磁头损坏、固件损坏、出现坏扇区等,该成员盘就不能正常使用,但剩下的一块成员盘中的数据完好无损,RAID 1 还不会崩溃。

如果系统管理员没有及时替换出现故障的成员盘,当另一块成员盘再出现故障离线后,RAID 1 将彻底崩溃。

（4）人为误操作

如果误将 RAID 1 中的两块成员盘都拔出,或不小心删除了 RAID 1 的配置信息等,都会造成 RAID 1 崩溃。

3.RAID 1 数据恢复思路

RAID 1 是所有 RAID 中最简单的一种,以图 5-12 中的 RAID 1 结构为例,从图中可以看出,RAID 1 中两块硬盘互为镜像,所有数据都是完全一样的,如果是 RAID 控制器故障或 RAID 信息出错导致 RAID 1 的数据无法访问,只要将两块物理盘中的一块从服务器上拆下来,作为单独的硬盘接在一台计算机上,就可以很容易地将数据恢复出来。

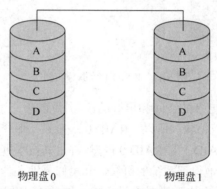

物理盘 0   物理盘 1

图 5-12　RAID 1 结构图

如果 RAID 1 中的一块硬盘出现故障,不会影响服务器的运行,只要把故障硬盘更换为好的硬盘即可。如果没有及时更换,导致第二块硬盘也出现故障,这时 RAID 1 就会失效,因为先出现故障的硬盘中的数据已经不完整,所以不能以第一块硬盘为基准进行数据恢复,而应该用后出现故障的硬盘进行数据恢复,一般情况下都能够完全恢复出所有的数据。

5.8.3　RAID 1+0 技术

RAID 1+0 这种结构是两个镜像结构加一个带区结构,也是为了使 RAID 0 和 RAID 1 的优势互补,达到既安全又高速的目的。

1.RAID 1+0 数据组织原理

RAID 1+0 也被称为 RAID 10 标准,实际是将 RAID 1 和 RAID 0 结合的产物,其数据分布情况如图 5-13 所示。

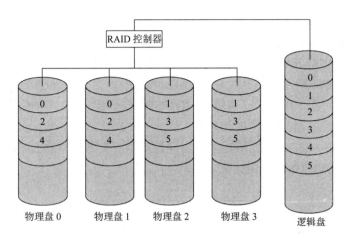

图 5-13　RAID 10 数据分布图

RAID 10 至少需要四块硬盘才能构建,它的优点是同时拥有 RAID 0 的超凡速度和 RAID 1 的高数据可靠性,但是磁盘的利用率比较低。

RAID 10 主要用于容量不大,但要求速度和差错控制的数据库中。

2.RAID 10 故障原因分析

这里说的 RAID 10 故障是指 RAID 10 逻辑盘丢失或不可访问。导致 RAID 10 故障的原因主要有以下几种。

（1）RAID 控制器出现物理故障

RAID 控制器如果出现物理故障,将不能被计算机识别,无法完成对 RAID 10 中各个物理成员盘的控制,在这种情况下,通过 RAID 控制器虚拟出来的逻辑盘自然就不存在了。

（2）RAID 信息出错

RAID 控制器将物理盘配置为 RAID 10 后,会生成一些参数,包括该 RAID 10 的盘序、条带大小、RAID 10 在每块物理盘中的起始地址等,还会记录有关该 RAID 10 的相关信息,包括组成该 RAID 10 的物理盘数目、物理盘的容量大小等,所有这些信息和参数就被称为 RAID 信息,也称为 RAID 元数据,它们会被保存到 RAID 控制器中,有时候也会被保存到 RAID 10 的成员盘中。

RAID 信息出错就是指该 RAID 10 的配置信息和参数出现错误,导致 RAID 程序不能正确地组织管理 RAID 10 中的成员盘,从而导致 RAID 10 逻辑盘丢失或不能访问。

（3）RAID 10 成员盘出现物理故障

RAID 10 其实是由多组 RAID 1 构成 RAID 0,它可以允许每组 RAID 1 中的一块成员盘离线,如果某组 RAID 1 中的某一块成员盘出现物理故障,如电路损坏、磁头损坏、固件损坏、出现坏扇区等,该成员盘就不能正常使用,但该组 RAID 1 剩下的一块成员盘中的数据完好无损,RAID 10 还不会崩溃。

如果系统管理员没有及时替换出现故障的成员盘,当同一组 RAID 1 中另一块成员盘也出现故障离线后,即一组 RAID 1 中的两块成员盘都出现故障,RAID 10 将彻底崩溃。

（4）人为误操作

如果误将 RAID 10 中同一组 RAID 1 的两块成员盘都拔出,或者给 RAID 10 除尘时将成员盘拔出后忘了原来的顺序,以及不小心删除了 RAID 10 的配置信息等,都会造成 RAID

10 崩溃。

3.RAID 10 数据恢复思路

RAID 10 是由多组 RAID 1 构成 RAID 0,以图 5-14 中的 RAID 10 结构为例,从图中可以看出,该 RAID 10 由两组 RAID 1 构成 RAID 0,其中硬盘 0 与硬盘 1 是一组 RAID 1,硬盘 2 与硬盘 3 是另一组 RAID 1,这两组 RAID 1 又组成了 RAID 0,整体就成为 RAID 10。

如果是 RAID 控制器故障或 RAID 信息出错导致 RAID 10 的数据无法访问,只需从两组 RAID 1 中各拿出一块物理盘,用这两块物理盘按照前文讲解过的 RAID 0 恢复的思路进行恢复,可以很容易地将数据恢复出来。

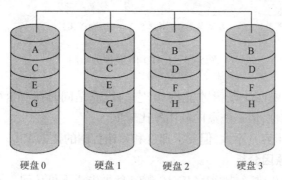

图 5-14 RAID 10 结构图

如果 RAID 10 中某一组 RAID 1 的一块物理盘出现故障,理论上不会影响服务器的运行,只要把故障硬盘更换为好的硬盘就可以保证 RAID 10 的完整性。如果没有及时更换,导致该组 RAID 1 的第二块物理盘也出现故障,该组 RAID 1 就会失效,RAID 10 也就崩溃了。因为先出现故障的硬盘中的数据已经不完整,所以不能以这一块硬盘为基准进行数据恢复,而应该用后出现故障的硬盘加上另一组 RAID 1 中的一块物理盘进行数据恢复,一般情况下都能够完全恢复出所有的数据。

5.8.4 RAID 2 技术

RAID 2 是将数据条块化地分布于不同的硬盘上,条块单位为位或字节,并使用"加重平均纠错码"的编码技术来提供错误检查及恢复,这种纠错码也被称为"海明码"。海明码需要多个磁盘存放、检查及恢复信息,使得 RAID 2 技术实施更加复杂,因此在商业环境中很少使用。

海明码在磁盘阵列中被间隔写入磁盘上,而且地址都一样,也就是在各个磁盘中,其数据都在相同的磁道及扇区中。

RAID 2 的设计是使用共轴同步的技术,存取数据时整个磁盘阵列一起动作,在各磁盘的相同位置作平行存取,所以有最快的存取速度,其总线是特别的设计,以大带宽并行传输所存取的数据。在大型文件的存取应用中,RAID 2 有最好的性能,但如果文件太小,将会影响其性能,因为磁盘的存取是以扇区为单位的,而 RAID 2 的存取是所有磁盘平行动作,而且是作位的存取,所以小于一个扇区的数据量会使其性能大打折扣。

RAID 2 是设计给需要连续存取大量数据的计算机使用的,如作影像处理或 CAD/CAM 的工作站等,并不适用于一般的多用户环境、网络服务器和 PC。

因 RAID 2 现在几乎没有商业应用,所以本书省略对该结构的故障原因分析和数据恢复思路的讲解。

5.8.5　RAID 3 技术

RAID 3 的数据存取方式与 RAID 2 一样,把数据以位或字节为单位分割并且存储到各个硬盘上,在安全方面以奇偶校验取代海明码做错误校正及检测,所以只需要一个额外的校检磁盘。奇偶校验值的计算是以各个磁盘的相对应位作异或的逻辑运算,然后将结果写入奇偶校验磁盘。

RAID 3 具有容错能力,但是系统会受到影响。当一块磁盘失效时,该磁盘上的所有数据块必须使用校验信息重新建立,如果是从好盘中读取数据块,不会有任何变化。但是如果要读取的数据块正好位于已经损坏的磁盘上,则必须同时读取同一条带中的所有其他数据块,并根据校验值重建丢失的数据。

5.8.6　RAID 5 技术

RAID 5 是一种储存性能、数据安全和存储成本兼顾的存储解决方案。RAID 5 使用的是 Disk Striping(硬盘分割)技术,至少需要三块硬盘。它不是对存储的数据进行备份,而是把数据和相对应的奇偶校验信息存储到组成 RAID 5 的各个磁盘上,并且奇偶校验信息和相对应的数据分别存储在不同的磁盘上。当 RAID 5 的一个磁盘数据发生损坏后,可以利用剩下的数据和相应的奇偶校验信息去恢复被损坏的数据。RAID 5 可以理解为是 RAID 0 和 RAID 1 的折中方案,它可以为系统提供数据安全保障,但保障程度要比镜像低,而磁盘空间利用率要比镜像高。RAID 5 具有和 RAID 0 相近似的数据读取速度,只是因为多了一个奇偶校验信息,写入数据的速度相对单独写入一块硬盘的速度略慢,若使用“回写快取”可以让效能改善不少。同时,由于多个数据对应一个奇偶校验信息, RAID 5 的磁盘空间利用率要比 RAID 1 高,存储成本相对较低。

习题 5

一、选择题

1.缓冲池的作用(　　　)。

A.扩充内存   B.进程需要

C.扩充外存   D.缓解 I/O 设备与 CPU 速度不匹配

2.在采用 SPOOLing 技术的系统中,用户打印数据首先被送到(　　　)。

A.磁盘固定区域   B.内存固定区域   C.终端   D.打印机

3.假定把磁盘上的一个数据块中的信息输入到一个双缓冲区的时间 $T=0.2$ ms,将缓冲区中的数据传送到用户区的时间 $M=0.1$ ms,而 CPU 对数据的处理时间 $C=0.1$ ms,这样系统对每个数据块的处理时间为(　　　)。

A. 0.1 ms   B. 0.2 ms   C. 0.3 ms   D. 0.5 ms

4.下列关于 I/O 中断使用中,不正确的描述是(　　　)。

A.I/O 中断是中央处理器和通道协调工作的一种手段

B.当设备故障时可形成操作异常 I/O 中断

C.I/O 中断可用于表示 I/O 操作正常结束

D.通道根据 I/O 中断了解 I/O 操作的执行情况

5.CPU 输出数据的速度远远超过打印机的打印速度,影响程序执行速度,为解决这一问题,可以采用(　　　)。

A.通道技术　　　　　　B.虚拟存储器　　　　　C.并行技术　　　　　　D.缓冲技术

6.某计算机系统配备了 4 台同型号打印机、1 台扫描仪,则该系统需在内存中配置(　)个设备驱动程序。

A. 2　　　　　　　　　　B. 3　　　　　　　　　C. 4　　　　　　　　　D. 5

7.在操作系统中,用户在使用 I/O 设备时,通常采用(　　　　)。

A.物理设备名　　　　　　B.逻辑设备名　　　　　C.虚拟设备名　　　　　D.设备编号

8.通常把通道程序的执行情况记录在(　　　)中。

A.程序状态字　　　　　　B.进程控制块　　　　　C.通道地址字　　　　　D.通道状态字

9.用户程序中的 I/O 操作实际上是由(　　　)完成。

A.程序设计语言　　　　　B.编译系统　　　　　　C.操作系统　　　　　　D.标准库程序

10.对磁盘进行移臂调度的目的是为了缩短(　　　)时间。

A.寻找　　　　　　　　　B.延迟　　　　　　　　C.传送　　　　　　　　D.启动

11.SPOOLing 技术可以实现设备的(　　　)分配。

A.独占　　　　　　　　　B.共享　　　　　　　　C.虚拟　　　　　　　　D.物理

12.用 SPOOLing 系统的目的是为了提高(　　　)的使用效率。

A.操作系统　　　　　　　B.内存　　　　　　　　C. CPU　　　　　　　　D. I/O 设备

13.采用 SPOOLing 技术的目的是(　　　)。

A.提高独占设备的利用率　　　　　　　　B.提高主机效率

C.减轻用户编程负担　　　　　　　　　　D.提高程序的运行速度

14.SPOOLing 技术实现的是虚拟(　　　)。

A.设备　　　　　　　　　B.处理机　　　　　　　C.程序设计　　　　　　D.存储器

15.虚拟设备技术实现的是(　　　)。

A.独占设备代替共享设备　　　　　　　　B.把独占设备模拟为共享设备

C.把共享设备模拟为独占设备　　　　　　D.共享设备代替独占设备

16.DMA 控制器可以解决 I/O 操作中的(　　　)。

A.在内存和设备控制器缓冲区间传输数据　B.控制设备 I/O

C.在设备和设备控制器缓冲区间传输数据　D.控制中断

17.设备的打开、关闭、读、写等操作是由(　　　)完成的。

A.用户程序　　　　　　　B.编译程序　　　　　　C.设备驱动程序　　　D.设备分配程序

18.CPU 输出数据的速度远远高于打印机的打印速度,为了解决这一矛盾,可采用(　　　)。

A.并行技术　　　　　　　B.通道技术　　　　　　C.缓冲技术　　　　　　D.虚存技术

19.在现代操作系统中采用缓冲技术的主要目的是(　　　)。

A.改善用户编程环境　　　　　　　　　　B.提高 CPU 的处理速度

C.提高 CPU 和设备之间的并行程度　　　D.实现与设备无关性

20.通道是一种(　　　)。

A. I/O 端口　　　　　B.数据通道　　　　　C.I/O 专用处理机　　　D.软件工具

21.缓冲技术用于( )。

A.提高主机和设备交换信息的速度　　　　B.提供主、辅存接口

C.提高设备利用率　　　　　　　　　　　D.扩充相对地址空间

22.在设备分配方式中,动态分配( )。

A.在用户作业开始执行之前　　　　　　　B.设备的使用效率低

C.不符合设备分配的总原则　　　　　　　D.有可能造成进程死锁

23.为了提高设备分配的灵活性,用户申请设备时应指定( )号。

A.设备类相对　　　　B.设备类绝对　　　　C.相对　　　　　　　D.绝对

24.缓冲技术的缓冲池在( )中。

A.外存　　　　　　　B.主存　　　　　　　C.ROM　　　　　　　D.寄存器

25.在操作系统中,用户在使用 I/O 设备时,通常采用( )。

A.设备牌名　　　　　B.虚拟设备名　　　　C.物理设备名　　　　D.逻辑设备名

26.I/O 设备与 CPU 逻辑上通过( )进行通信。

A.接口　　　　　　　B.设备控制器　　　　C.内存　　　　　　　D.设备自身

27.使用内存映射 I/O 的设备是( )。

A.键盘　　　　　　　B.打印机　　　　　　C.显卡　　　　　　　D.磁盘

28.由用户程序自己控制的 I/O 控制方式是( )。

A.中断　　　　　　　B.DMA　　　　　　　C.通道　　　　　　　D.轮询

29.当系统调用执行中断操作时,中断硬件会保存用户代码的现场,CPU 会切换到( )模式。

A.用户　　　　　　　B.操作系统　　　　　C.内核　　　　　　　D.中断

30.在磁盘读取数据的下列时间中,影响最大的是( )。

A.处理时间　　　　　B.传送时间　　　　　C.延迟时间　　　　　D.寻找时间

31.下列算法中,用于磁盘调度的是( )。

A.最短寻找时间优先算法　　　　　　　　B.LRU 算法

C.时间片轮转调度算法　　　　　　　　　D.优先级高者优先算法

32.在下列算法中,( )可能会随时改变磁头的运动方向。

A.电梯调度算法　　　B.循环扫描算法　　　C.先来先服务算法　　D.以上都不会

33.以下算法中,( )可能出现"饥饿"现象。

A.先来先服务算法　　　　　　　　　　　B.电梯调度算法

C.循环扫描算法　　　　　　　　　　　　D.最短寻找时间优先算法

34.一个数据库服务器的磁盘一般采用的磁盘调度算法是( )。

A. RR　　　　　　　B. FCFS　　　　　　C. SCAN　　　　　　D. SSTF

35.具有更加均匀的等待时间的磁盘调度算法是( )。

A. SSTF　　　　　　B. SCAN　　　　　　C. CSCAN　　　　　　D. FCFS

36.一个硬盘的传输率为 8GB/s,理论上传输 4MB 数据需要的时间为( )。

A.其他　　　　　　　B. 4 ms　　　　　　C. 0.5 ms　　　　　　D. 1 ms

37.一个磁盘的平均旋转延迟大约为 1ms,则该磁盘的 RPM(转速)为( )。

A. 15 000　　　　　　B. 7 200　　　　　　C. 30 000　　　　　　D. 10 000

38.假设有一个磁盘访问的请求系列为 12、24、7、28、18、23、43。当前磁头在磁道 20,往 0 方向移动,则采用 SSTF 算法访问的请求为(   )。

A. 23、24、28、18、12、7、43   B. 18、23、24、28、43、12、7

C.其他   D. 12、24、7、28、18、23、43

39.一个磁盘有 2 个磁片,每个磁片上有 120 个柱面,每个柱面有 64 个扇区。则这个磁盘的容量大约是(   )。

A.其他   B. 15 MB   C. 30 MB   D. 7.5 MB

40.移动磁臂到所需磁道的时间是(   )。

A.寻道时间   B.旋转延迟时间   C.定位时间   D.传输时间

41.7 200 RPM 的磁盘的转速是(   )转/秒。

A. 240   B. 60   C. 360   D. 120

42.以下调度算法中,貌似最公平的算法是(   )。

A. LOOK   B. SSTF   C. FCFS   D. SCAN

43.磁盘高速缓冲设在内存中,其主要目的是(   )。

A.缩短寻道时间   B.提高磁盘 I/O 的速度

C.提高磁盘空间的利用率   D.保证数据的一致性

44.下列方式中,(   )不能改善磁盘系统的可靠性。

A.廉价磁盘冗余阵列   B.磁盘容错技术   C.磁盘高速缓存   D.后备系统

45.为实现磁盘双工功能,需要在系统中配置(   )。

A.双份文件分配表   B.双份文件目录   C.两台磁盘控制器   D.两台磁盘驱动器

二、填空题

1.假定有一个磁盘组共有 100 个柱面,每个柱面上有 8 个磁道,每个盘面被划分成 8 个扇区。现有一个含有 6400 个逻辑记录的文件,逻辑记录的大小与扇区大小一致,该文件以顺序结构的形式被存放到磁盘上,柱面、磁道、扇区的编号均从"0"开始,逻辑记录的编号也从"0"开始。文件信息从 0 柱面、0 磁道、0 扇区开始存放,则第 78 柱面的第 6 磁道的第 6 扇区中存放该文件中的第(   )号逻辑记录

2.磁盘的第一级容错技术 SFT-Ⅰ包含(   )、(   )、(   )和(   )等措施。

3.对打印机进行 I/O 控制时,通常采用(   )方式;对硬盘的 I/O 控制采用(   )方式。

4.输入井中的作业有四种状态:(   )、(   )、(   )和(   )。

5.对 I/O 型设备,I/O 操作的信息传输单位为(   ),对存储型设备,I/O 的信息传输单位为(   )。

6.磁盘 I/O 时,(   )是磁头在移动臂带动下移动到指定柱面所花的时间;(   )是指定扇区旋转到磁头下所需的时间。它们与信息在磁盘上的位置有关。

7.常用的移臂调度算法有(   )算法、(   )算法、(   )算法和(   )算法。

8.(   )算法优先考虑要求访问的磁道与当前磁头所在磁道距离是否最近;(   )算法考虑欲访问的磁道与当前磁道间的距离,更优先考虑磁头当前的移动方向。

9.(   )是用来存放通道程序首地址的主存固定单元;(   )中汇集了通道在执行通道程序时通道和设备执行操作的情况。

10.要确定磁盘上一个块所在的位置必须给出三个参数:(   )、(   )和(   )。

11.实现虚拟设备必须在磁盘上划出称为"井"的专用存储空间,(　　　)中存放作业的初始信息,(　　　)中存放作业的执行结果。

12.集群系统的主要工作模式有(　　　)、(　　　)和(　　　)三种方式。

13.磁盘的第二级容错技术 SFT-Ⅱ 主要用于防止(　　　)的故障所导致的数据损坏,常用的措施有(　　　)和(　　　)。

三、简答应用题

1.若有磁盘共有 200 个柱面,其编号为 0~199,假定磁头刚完成 56 号磁道的访问,磁头正在 98 号磁道上,现有一个请求队列在等待访问磁盘,访问的磁道号分别为 190,97,90,45,150,32,162,108,112,80。请写出分别采用最短寻找时间优先算法和电梯调度算法处理上述服务请求移动的次序及总磁道数。

2.通道与 DMA 之间有何共同点? 有何差别?

3.若某磁盘共有 200 个柱面,其编号为 0~199,假设已完成 68 号柱面的访问请求,正在为访问 96 号柱面的请求者服务,还有若干个请求者在等待服务,依次要访问的柱面号为 175,52,157,36,159,106,108,72。

1)请分别用先来先服务调度算法、最短寻找时间调度算法、电梯调度算法和单向扫描调度算法来确定实际服务的次序。

2)按实际服务次序计算 1)中四种算法下移动臂需移动的距离。

4.若某磁盘的旋转速度为 20 周/毫秒,磁盘初始化时每个盘面分成 10 个扇区,扇区按磁盘旋转的反向编号,依次为 0~9,现有 10 个逻辑记录 R0,R1,…,R9,依次存放在 0~9 十个扇区上。处理程序要顺序处理这些记录,每读出一个记录后处理程序要花 6 ms 进行处理,然后再顺序读下一个记录并处理,直到全部记录处理完毕,请回答:

1)顺序处理完这 10 个记录总共花费多少时间?

2)优化分布这些记录,使这 10 个记录的处理总时间最短,并算出优化分布时需花费的时间。

5.对中断源的两种处理方式分别用于哪种场合?

6.设备驱动程序通常需要完成哪些工作?

7.某个 1.44 MB 的软盘,共有 80 个柱面,每个柱面上有 18 个磁盘块,盘块大小为 1 KB,盘块和柱面都是从 0 开始编号。有一文件 A 依次占据了 20、500、750 和 900 这四个磁盘块,其 FCB 位于 51 号盘块上,最后一次磁盘访问的是 50 号盘块。

1)若采用隐式链接方式,请计算顺序存取该文件全部内容需要的磁盘寻道距离。

2)若采用显示链接方式,FAT 存储在起始块号为 1 的若干个连续盘块内,每个 FAT 表项占用 2 个字节。现在需要在 600 号块上为该文件尾部追加 50B 的数据,请计算磁盘寻道距离。

第 2 篇　实验篇

实验1　生产者—消费者问题

1.1　实验目的

调试、修改、运行模拟程序,通过形象化的状态显示,理解进程的概念,了解同步和通信的过程,掌握进程通信和同步的机制,特别是利用缓冲区进行同步和通信的过程。

1.2　预备知识

生产者—消费者问题(Producer-Consumer Problem),也称有限缓冲问题(Bounded-Buffer Problem),是一个多线程同步问题的经典案例。该问题描述了两个共享固定大小缓冲区的线程,即所谓的"生产者"和"消费者"在实际运行时会发生的问题。生产者的主要作用是生成一定量的数据放到缓冲区中,然后重复此过程。与此同时,消费者也在缓冲区消耗这些数据。该问题的关键就是要保证生产者不会在缓冲区满时加入数据,消费者也不会在缓冲区空时消耗数据。

1.3　实验内容

1.内容及要求

1)调试、运行模拟程序。

2)发现并修改程序中不完善的地方。

2.程序说明

本程序是模拟两个进程,即生产者(Producer)和消费者(Consumer)工作。生产者每次产生一个数据并送入缓冲区中。消费者每次从缓冲区中取走一个数据。缓冲区可以容纳8个数据。因为缓冲区是有限的,因此当其满时生产者进程应该等待,而空时消费者进程应该等待;当生产者向缓冲区放入一个数据,应唤醒正在等待的消费者进程,同样当消费者取走一个数据后,应唤醒正在等待的生产者进程,这也体现了生产者和消费者之间的同步。

为简单起见,生产者生产的产品编号从1开始顺序递增。两个进程的调度是通过运行者使用键盘实现的。

3.程序使用的数据结构

1)进程控制块:包括进程名、进程状态和执行次数。

2)缓冲区:一个整数数组。

3)缓冲区说明块:包括类型、读指针、写指针、读等待指针和写等待指针。

4.程序使用说明

启动程序后,如果使用"p"键则运行一次生产者进程,使用"c"键则运行一次消费者进程。通过屏幕可以观察到两个进程的状态和缓冲区变化的情况。

5.实验要求

1)指出源程序的错误之处,并进行修改。

2)展示修改后的程序运行结果及其说明。

6.参考源程序代码

```
/***********************************************************/
/*    PROGRAM NAME：    PRODUCER_CONSUMER    */
/*   This program simulates two processes，producer which      */
/* continues  to produce message and  put it into a buffer      */
/* [implemented by PIPE]，and consumer which continues to get      */
/* message from the buffer and use it.                    */
/*    The program also demonstrates the synchronism between      */
/* processes and uses of PIPE.                     */
/***********************************************************/
#include <stdlib.h>
#define PIPESIZE 8
#define PRODUCER 0
#define CONSUMER 1
#define RUN     0    /* statu of process */
#define WAIT    1    /* statu of process */
#define READY   2    /* statu of process */
#define NORMAL  0
#define SLEEP   1
#define AWAKE   2
#include <stdio.h>
  struct pcb { char *name;
        int  statu;
        int  time; }; /* times of execution */
  struct pipetype { char type;
        int  writeptr;
        int  readptr;
        struct pcb *pointp;    /* write wait point */
        struct pcb *pointc; }; /* read wait point */
  int pipe[PIPESIZE];
  struct pipetype pipetb;
  struct pcb process[2];
main( )
{ int output,ret,i;
  char in[2];
  int runp( ),runc( ),prn( );
  pipetb.type = 'c'; pipetb.writeptr = 0; pipetb.readptr = 0;
```

```
pipetb.pointp = pipetb.pointc = NULL;
process[PRODUCER].name = "Producer\0";
process[CONSUMER].name = "Consumer\0";
process[PRODUCER].statu = process[CONSUMER].statu = READY;
process[PRODUCER].time = process[CONSUMER].time = 0;
output = 0;
printf( "Now starting the program! \n" );
printf( "Press 'p' to run PRODUCER, press 'c' to run CONSUMER.\n" );
printf( "Press 'e' to exit from the program.\n" );
for( i=0;i<1000;i++ ) { in[0]='N';
  while( in[0]=='N' ) { scanf( "%s",in );
    if( in[0]! ='e'&&in[0]! ='p'&&in[0]! ='c' )in[0]='N';}
  if( in[0]=='e' ) { printf( "Program completed! \n" ); exit( 0 ); }
  if( in[0]=='p'&&process[PRODUCER].statu==READY ) {
    output =( output+1 )%100;
    if(( ret=runp( output,process,pipe,&pipetb,PRODUCER ))==SLEEP )
      pipetb.pointp = &process[PRODUCER];
    if( ret==AWAKE ) {
      ( pipetb.pointc )->statu=READY; pipetb.pointc=NULL;
      runc( process,pipe,&pipetb,CONSUMER ); }
   }
  if( in[0]=='c'&&process[CONSUMER].statu==READY ) {
    if(( ret=runc( process,pipe,&pipetb,CONSUMER ))==SLEEP )
      pipetb.pointc = &process[CONSUMER];
    if( ret==AWAKE ) {
      ( pipetb.pointp )->statu=READY; pipetb.pointp=NULL;
      runp( output,process,pipe,&pipetb,PRODUCER ); }
   }
  if( in[0]=='p'&&process[PRODUCER].statu==WAIT )
    printf( "PRODUCER is waiting, can't be scheduled.\n" );
  if( in[0]=='c'&&process[CONSUMER].statu==WAIT )
    printf( "CONSUMER is waiting, can't be scheduled.\n" );
  prn( process,pipe,pipetb ); in[0]='N'; }
}
runp( out,p,pipe,tb,t ) /* run producer */
int out,pipe[],t;
struct pcb p[];
struct pipetype *tb;
{ p[t].statu = RUN; printf( "run PRODUCER. product %d    ",out );
 if( tb->writeptr>=PIPESIZE ) { p[t].statu=WAIT; return( SLEEP ); }
```

```
    pipe[tb->writeptr]=out; tb->writeptr++; p[t].time++;
    p[t].statu=READY; if((tb->pointc)! =NULL)return(AWAKE);
    return(NORMAL);
}
runc(p,pipe,tb,t)    /* run consumer */
int pipe[],t;
struct pcb p[];
struct pipetype *tb;
{ int c;
    p[t].statu = RUN; printf("run CONSUMER. ");
    if(tb->readptr>=tb->writeptr) { p[t].statu=WAIT; return(SLEEP); }
    c = pipe[tb->readptr]; tb->readptr++;
    printf(" use %d    ",c);
    if(tb->readptr>=tb->writeptr)tb->readptr=tb->writeptr=0;
    p[t].time++; p[t].statu=READY;
    //if(tb->pointp! =NULL)
    if((tb->readptr)==0&&(tb->pointp)! =NULL)return(AWAKE);
    return(NORMAL);
}
prn(p,pipe,tb)
int pipe[];
struct pipetype tb;
struct pcb p[];
{ int i;
    printf("\n        "); for(i=0;i<PIPESIZE;i++)printf("------ ");
    printf("\n       |");
    for(i=0;i<PIPESIZE;i++)
        if((i>=tb.readptr)&&(i<tb.writeptr))printf(" %2d |",pipe[i]);
            else printf("    |");
    printf("\n        "); for(i=0;i<PIPESIZE;i++)printf("------ ");
    printf("\nwriteptr = %d, readptr = %d, ",tb.writeptr,tb.readptr);
    if(p[PRODUCER].statu==WAIT)printf("PRODUCER wait ");
        else printf("PRODUCER ready ");
    if(p[CONSUMER].statu==WAIT)printf("CONSUMER wait ");
        else printf("CONSUMER ready ");
    printf("\n");
}
```

1.4 实验指导

1.该程序存在的问题

没有实现对缓冲区的循环使用。

2.程序改进

增加 1 全局的计数变量 count,代表当前产品的数量,其初值为 0;在生产者和消费者模块中利用模运算实现对缓冲区的循环使用。改进后的源代码如下所示。

```
/**********************************************************/
/*    PROGRAM NAME：    PRODUCER_CONSUMER   */
/*   This program simulates two processes, producer which      */
/* continues  to produce message and  put it into a buffer      */
/* [implemented by PIPE], and consumer which continues to get    */
/* message from the buffer and use it.                  */
/*   The program also demonstrates the synchronism between      */
/* processes and uses of PIPE.                  */
/**********************************************************/
#include <stdlib.h>
#define PIPESIZE 8
#define PRODUCER 0
#define CONSUMER 1
#define RUN     0   /* statu of process */
#define WAIT    1   /* statu of process */
#define READY   2   /* statu of process */
#define NORMAL   0
#define SLEEP    1
#define AWAKE    2
#include <stdio.h>
  struct pcb { char *name;
        int  statu;
        int  time;  }; /* times of execution */
  struct pipetype { char type;
            int  writeptr;
            int  readptr;
            struct pcb *pointp;    /* write wait point */
            struct pcb *pointc; }; /* read wait point */
  int pipe[PIPESIZE];
  struct pipetype pipetb;
  struct pcb process[2];
  int count=0;
```

```
main( )
{ int output,ret,i;
  char in[2];
  int runp( ),runc( ),prn( );
  pipetb.type = 'c'; pipetb.writeptr = 0; pipetb.readptr = 0;
  pipetb.pointp = pipetb.pointc = NULL;
  process[PRODUCER].name = "Producer\0";
  process[CONSUMER].name = "Consumer\0";
  process[PRODUCER].statu = process[CONSUMER].statu = READY;
  process[PRODUCER].time = process[CONSUMER].time = 0;
  output = 0;
  printf( "Now starting the program! \n" );
  printf( "Press 'p' to run PRODUCER, press 'c' to run CONSUMER.\n" );
  printf( "Press 'e' to exit from the program.\n" );
  for( i=0;i<1000;i++ ) { in[0]='N';
    while( in[0]=='N' ) { scanf( "%s",in );
      if( in[0]! ='e'&&in[0]! ='p'&&in[0]! ='c' )in[0]='N';}
    if( in[0]=='e' ) { printf( "Program completed! \n" ); exit( 0 ); }
    if( in[0]=='p'&&process[PRODUCER].statu==READY ) {
      output =( output+1 )% 100 ;
      if(( ret=runp( output,process,pipe,&pipetb,PRODUCER ))==SLEEP )
        pipetb.pointp = &process[PRODUCER];
      if( ret==AWAKE ){
        ( pipetb.pointc )->statu=READY; pipetb.pointc=NULL;
        runc( process,pipe,&pipetb,CONSUMER ); }
    }
    if( in[0]=='c'&&process[CONSUMER].statu==READY ) {
      if(( ret=runc( process,pipe,&pipetb,CONSUMER ))==SLEEP )
        pipetb.pointc = &process[CONSUMER];
      if( ret==AWAKE ) {
        ( pipetb.pointp )->statu=READY; pipetb.pointp=NULL;
        runp( output,process,pipe,&pipetb,PRODUCER ); }
    }
    if( in[0]=='p'&&process[PRODUCER].statu==WAIT )
      printf( "PRODUCER is waiting, can't be scheduled.\n" );
    if( in[0]=='c'&&process[CONSUMER].statu==WAIT )
      printf( "CONSUMER is waiting, can't be scheduled.\n" );
    prn( process,pipe,pipetb ); in[0]='N'; }
}
runp( out,p,pipe,tb,t ) /* run producer */
```

```
int out,pipe[],t;
struct pcb p[];
struct pipetype *tb;
{ p[t].statu = RUN; printf( "run PRODUCER. product %d    ",out );
  if( count>=PIPESIZE ) { p[t].statu=WAIT; return( SLEEP ); }
  pipe[tb->writeptr]=out; tb->writeptr=( tb->writeptr+1 )% PIPESIZE; p[t].time++;
  p[t].statu=READY; count++; if( ( tb->pointc )! =NULL ) return( AWAKE );
  return( NORMAL );
}
runc( p,pipe,tb,t )    /* run consumer */
int pipe[],t;
struct pcb p[];
struct pipetype *tb;
{ int c;
  p[t].statu = RUN; printf( "run CONSUMER. " );
  if( count==0 ) { p[t].statu=WAIT; return( SLEEP ); }
  c = pipe[tb->readptr];
  pipe[tb->readptr]=0;
  tb->readptr=( tb->readptr +1 )% PIPESIZE;
  printf( " use %d    ",c );
  p[t].time++; p[t].statu=READY; count--;
  if( tb->pointp! =NULL ) return( AWAKE );
  return( NORMAL );
}
prn( p,pipe,tb )
int pipe[];
struct pipetype tb;
struct pcb p[];
{ int i;
  printf( "\n        " ); for( i=0;i<PIPESIZE;i++ ) printf( "------ " );
  printf( "\n      |" );
  for( i=0;i<PIPESIZE;i++ )
    if( pipe[i]>=1 ) printf( " %2d |",pipe[i] );
    else printf( "    |" );
  printf( "\n        " ); for( i=0;i<PIPESIZE;i++ ) printf( "------ " );
  printf( "\nwriteptr = %d, readptr = %d, ",tb.writeptr,tb.readptr );
  if( p[PRODUCER].statu==WAIT ) printf( "PRODUCER wait " );
    else printf( "PRODUCER ready " );
  if( p[CONSUMER].statu==WAIT ) printf( "CONSUMER wait " );
    else printf( "CONSUMER ready " );
```

```
    printf( "\n" );
}
```

1.5 问题思考

修改程序,使用随机数控制创建生产者和消费者的过程。

实验 2　哲学家进餐问题

2.1　实验目的

通过实现哲学家进餐问题的同步深入了解和掌握进程同步和互斥的原理。

2.2　预备知识

1.相关同步对象介绍

在 Windows 中,常见的同步对象有信号量(Semaphore)、互斥量(Mutex)、临界段(Critical Section)和事件(Event)等,本程序用到了前三个。使用这些对象有三个步骤,首先是创建或者初始化;然后请求该同步对象,随即进入临界区,这一步对应于互斥量的上锁;最后释放该同步对象,这一步对应于互斥量的解锁。这些同步对象在一个线程中创建,在其他线程中都可以使用,从而实现同步互斥。当然,在进程间使用这些同步对象实现同步的方法是类似的。

本实验是在 VC6.0 环境下实现的,实验中所用的 API(应用程序接口)是操作系统提供给应用程序调用的系统功能接口。要使用这些 API,需要包括一些头文件,最常见的是 windows.h。

2.相关 API 函数的介绍

(1)CreateThread 函数

Ⅰ.功能

创建线程。

Ⅱ.格式

HANDLE CreateThread(

　LPSECURITY_ATTRIBUTES lpThreadAttributes, // SD

　SIZE_T dwStackSize,　　　　　　　　// initial stack size

　LPTHREAD_START_ROUTINE lpStartAddress,　// thread function

　LPVOID lpParameter,　　　　　　　　// thread argument

　DWORD dwCreationFlags,　　　　　　　// creation option

　LPDWORD lpThreadId　　　　　　　// thread identifier

　);

Ⅲ.参数说明

lpThreadAttribute:指向一个 LPSECURITY_ATTRIBUTES 结构,该结构决定了返回的句柄是否可被子进程继承。若 lpThreadAttributes 为 NULL,则句柄不能被继承。

dwStackSize:定义原始堆栈提交时的大小(按字节数计)。系统将该值舍入为最近的页数。若该值为 0 或者小于默认时提交的大小,则使用默认值。

lpStartAddress:指向一个使用 LPTHREAD_START_ROUTINE 类型定义的函数,该线程

219

执行该函数。

lpParameter：定义一个传递给该进程的参数指针。

dwCreationFlags：定义控制线程创建的附加标志。若定义了 CREATE_SUSPENDING 标志，则线程创建后即处于挂起状态，并且一直到 ResumeThread 函数调用时才能运行。若该值为 0，则该线程在创建后立即执行。

lpThreadId：线程标识符。

（2）CreateMutex 函数

Ⅰ.功能

本 API 产生一个命名的或者匿名的互斥量对象。它同信号量和事件等一样可以跨线程甚至跨进程使用以实现同步。

Ⅱ.格式

HANDLE CreateMutex(

LPSECURITY_ATTRIBUTES lpMutexAttributes，// SD

BOOL bInitialOwner，   // initial owner

LPCTSTR lpName   // object name

);

Ⅲ.参数说明

lpMutexAttributes：必须为 NULL（可能将来有用）。

bInitialOwner：指明是否当前线程马上拥有该互斥量（即马上将它锁上），不必另外再进行一次加锁操作。TRUE 表示锁上，FALSE 表示不锁。

lpName：为互斥量指定名称。

（3）CreateSemaphore 函数

Ⅰ.功能

本 API 创建一个命名的或者匿名的信号量对象。信号量可以跨线程甚至跨进程使用以实现同步。

Ⅱ.格式

HANDLE CreateSemaphore(

LPSECURITY_ATTRIBUTES lpSemaphoreAttributes，// SD

LONG lInitialCount，   // initial count

LONG lMaximumCount，   // maximum count

LPCTSTR lpName   // object name

);

Ⅲ.参数说明

lpSemaphoreAttributes：必须为 NULL（可能将来有用）。

lInitialCount：信号量的初始值，取值大于或等于 0，小于下一个参数 lMaximumCount 指定的相应的最大值。

lMaximumCount：本信号量的最大值，必须大于 0。

lpName：为互斥量指定名称。

（4）WaitForSingleObject 函数

Ⅰ.功能

运行本 API 时程序处于等待状态,直到信号量 hHandle 出现或者超过规定的等待最长时间,其中信号量出现指信号量大于或等于 1。本函数同样适用于互斥量。在返回之前将信号量减 1 或者锁上互斥锁。

Ⅱ.格式

DWORD WaitForSingleObject(

　HANDLE hHandle, 　　// handle to object

　DWORD dwMilliseconds　// time-out interval

　);

Ⅲ.参数说明

hHandle:信号量指针(也可以是互斥)。

dwMilliseconds:等待的最长时间(毫秒)。若设置为 INFINITE,则表示一直等待。

（5）ReleaseSemaphore 函数

Ⅰ.功能

将所指信号量加上指定大小的一个量,执行成功,则返回非 0 值。

Ⅱ.格式

BOOL ReleaseSemaphore(

　HANDLE hSemaphore, 　　// handle to semaphore

　LONG lReleaseCount, 　　// count increment amount

　LPLONG lpPreviousCount　// previous count

　);

Ⅲ.参数说明

hSemaphore:信号量指针。

lReleaseCount:给目前的信号量增加的量。

lpPreviousCount:用于保存此信号量现在的值(未增加前的原始值),不需要时设置为NULL。

（6）ReleaseMutex 函数

Ⅰ.功能

用来打开互斥锁,即将互斥量加 1,成功调用则返回 0。

Ⅱ.格式

BOOL ReleaseMutex(

　HANDLE hMutex　// handle to mutex

　);

（7）InitializeCriticalSection 函数

Ⅰ.功能

初始化临界区对象。

Ⅱ.格式

VOID InitializeCriticalSection(

　LPCRITICAL_SECTION lpCriticalSection // critical section

　);

Ⅲ.参数说明

lpCriticalSection：指向临界区对象的指针。

（8）EnterCriticalSection 函数

Ⅰ.功能

该函数用于等待指定临界区对象的所有权。当调用线程被赋予所有权时,该函数返回。

Ⅱ.格式

VOID EnterCriticalSection(

 LPCRITICAL_SECTION lpCriticalSection　// critical section

）;

Ⅲ.参数说明

lpCriticalSection：指向临界区对象的指针。

（9）LeaveCriticalSection 函数

Ⅰ.功能

该函数释放指定临界区对象的所有权。

Ⅱ.格式

VOID LeaveCriticalSection(

 LPCRITICAL_SECTION lpCriticalSection　// critical section

）;

Ⅲ.参数说明

lpCriticalSection：指向临界区对象的指针。

2.3　实验内容

1.哲学家进餐问题描述

有 N 位哲学家(这里假定为 5),规定全体到齐后开始讨论:在讨论的间隙哲学家进餐,每人进餐时都需要使用两根筷子,当哲学家两根筷子都拿到后才能进餐。哲学家的人数、餐桌上的布置自行设定,筷子互斥使用算法的程序实现。

2.实验要求

完成以上实验内容并写出实验报告,报告应具有实验步骤(包括实验关键内容、程序运行过程中出现的问题及解决方法、程序运行结果,不需要程序全部源代码,可以有部分重要的源代码及注释)。

2.4　实验指导

1.总体设计思想

哲学家的生活就是思考和吃饭,即思考,饿了就餐,再思考,循环往复。要求是每一个哲学家只有在拿到位于他左右的筷子后,才能够就餐;哲学家只能先拿一根筷子,再去拿另一根筷子,而不能同时去抓他旁边的两根筷子,也不能从其他哲学家手中抢夺筷子;哲学家每次就餐后必须放下他手中的两根筷子后恢复思考,不能强抓住筷子不放。

设计一个程序,能够显示当前各哲学家的状态和桌上筷子的使用情况,并能无死锁地推算出下一状态各哲学家的状态和桌上筷子的使用情况。即设计一个能安排哲学家正常生活的程序。

为哲学家设计 3 种状态,即"等待""进餐""思考"。每个哲学家重复进行"等待"→"进餐"→"思考"的行动循环。

"等待"→"进餐":只有一个哲学家处于等待进餐状态,且左右手两边的筷子都处于"空闲"状态时,可以发生这种状态改变。此状态改变发生后,哲学家拿起左右手两边的筷子。

"进餐"→"思考":此状态改变发生后,哲学家放下左右手上的筷子。筷子状态由"使用中"转变为"空闲"。

"思考"→"等待":哲学家思考结束后,无条件转入等待状态。

由上所述,程序中应设置 5 个元素的信号量数组 tools[5] 来保持哲学家之间的同步。

程序中定义一个哲学家类,包含两个私有对象和四个公有对象,具体内容如下。

1)number 对象:哲学家的编号。

2)status 对象:用于保存当前该哲学家的状态,0 表示正在等待(即处于饥饿状态),1 表示得到筷子正在吃饭,2 表示正在思考。

3)Philosopher(int num)方法:哲学家类构造函数,参数 num 表示哲学家编号。

4)find( ) const 方法:返回该哲学家编号。

5)getinfo( ) const 方法:返回哲学家当前状态。

6)Change( )方法:根据题目要求改变哲学家的状态(等待→进餐→思考→等待……)

另外,程序中包含一个公有对象 bool 类型数组 tools[5],用来保存 5 根筷子的当前状态:true 表示该筷子当前空闲,false 表示该筷子当前正被使用。

程序中还包含两个公有函数: print 和 toolstatus。print 用来返回一个哲学家的状态,toolstatus 用来返回一根筷子的状态。

2.程序各模块流程图

1)主程序模块,如图 2-1 所示。

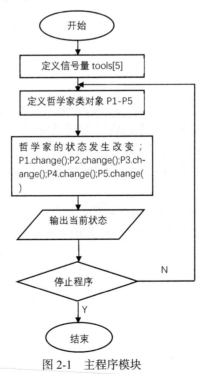

图 2-1　主程序模块

2)状态改变模块,如图 2-2 所示。

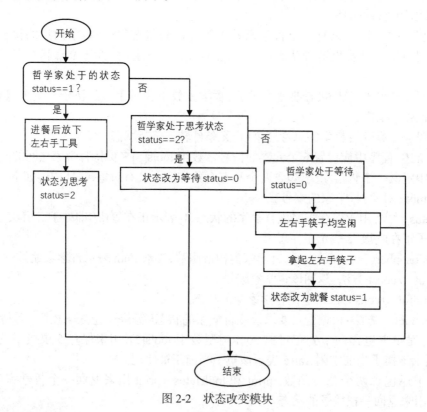

图 2-2　状态改变模块

3.参考程序源代码

```
#include <windows.h>
#include <string>
#include <iostream>
using namespace std;
bool tools[5]; //全局变量,用餐工具
CRITICAL_SECTION cs; //信号量,在线程中使用,临界区在使用时
```

//以 CRITICAL_SECTION 结构对象保护共享资源,并分别用 EnterCriticalSection(　)和 LeaveCriticalSection(　)函数去标识和释放一个临界区

//所用到的 CRITICAL_SECTION 结构对象必须经过 InitializeCriticalSection(　)的初始化后才能使用

//而且必须确保所有线程中的任何试图访问此共享资源的代码都处在此临界区的保护之下,否则临界区将不会起到应有的作用,共享资源依然有被破坏的可能

//需要

```
#include <windows.h>
class Philosopher
{
 private：
  int number;
```

```
int status；　/*标记当前哲学家的状态,0 表示正在等待
（即处于饥饿状态）,1 表示得到两根筷子正在吃饭,2 表示正在思考*/
 public：
 Philosopher( int num=0 ): status( 2 ), number( num )　{ }
 const  int find( )
  {
     return number；
  }
 const  int getinfo( )
 { return status；}
 void Change( )；//状态改变函数
 void dead_lock( )；
};
void Philosopher：:dead_lock( )
{
EnterCriticalSection( &cs )；//进入临界区
string s；
if( status==1 )
 {
     tools[number%5]=true；
     status=2；
 }
else if( status==2 )
 {
     status=0；
 }
else if( status==0 )
 {
     tools[number%5]=false；
   tools[( number-1 )%5]=false；
     status=0；
 }
LeaveCriticalSection( &cs )；
}
void Philosopher：:Change( )
{
EnterCriticalSection( &cs )；//进入临界区
if( status==1 )//正在进餐
  {
   tools[number%5]=true；//放下左手筷子
```

```
        tools[（number-1）%5]=true; //放下右手筷子
        status=2;  //改变状态为思考
      }
    else if（status==2）//思考中
     {
      status=0;  //改变状态为等待
     }
    else if（status==0）//等待中
     {
      if（tools[number%5]&&tools[（number-1）%5]）//左右手两边筷子均为空闲状态
      {
        tools[number%5]=false; //拿起左手筷子
        tools[（number-1）%5]=false; //拿起右手筷子
        status=1;
      }
     }
    LeaveCriticalSection（&cs）;
}
string print（Philosopher *pA）
{
    int i=pA->getinfo（）;
    string str;
    if（i==0）
    str="等待";
    else if（i==1）
    str="就餐";
    else str="思考";
    return str;
}
string toolstatus（bool a）
{
    string state;
    if（a==true）
    state="闲";
    if（a==false）
    state="用";
    return state;
}
int main（）
{
```

```
char con='y';  //判断是否继续
for( int i=0;i<5;i++ )
tools[i]=true;  //筷子都未使用,初始化
Philosopher P1( 1 ),P2( 2 ),P3( 3 ),P4( 4 ),P5( 5 );
InitializeCriticalSection( &cs );  //初始化临界区
cout<<"----------------------状态说明示意图:----------------------"<<endl;
cout<<"          "<<"哲学家 1 号的状态"<<"          "<<endl;
cout<<"     筷子 0 的状态"<<"     "<<"筷子 1 的状态"<<endl;
cout<<"哲学家 5 号的状态"<<"          "<<"哲学家 2 号的状态"<<endl;
cout<<"     筷子 4 的状态"<<"     "<<"筷子 2 的状态"<<endl;
cout<<"  哲学家 4 号的状态"<<"     "<<"哲学家 3 号的状态"<<endl;
cout<<"          "<<"筷子 3 的状态"<<endl;
cout<<"筷子的状态,用表示使用中,闲表示空闲中。"<<endl;
cout<<"------------------------------------------------------------"<<endl;
cout<<endl;
while( con=='y' )
 {
P1.Change( ); P2.Change( ); P3.Change( ); P4.Change( ); P5.Change( );
cout<<"当前状态为:"<<endl;
cout<<"          "<<P1.find( )<<print( &P1 )<<"   "<<endl;
cout<<"     "<<toolstatus( tools[0] )<<"      "<<toolstatus( tools[1] )<<endl;
cout<<"   "<<P5.find( )<<print( &P5 )<<"          "<<P2.find( )<<print( &P2 )<<endl;
cout<<"     "<<toolstatus( tools[4] )<<"       "<<toolstatus( tools[2] )<<endl;
cout<<"   "<<P4.find( )<<print( &P4 )<<"     "<<P3.find( )<<print( &P3 )<<endl;
cout<<"          "<<toolstatus( tools[3] )<<endl;
cout<<"--------------------------"<<endl;
cout<<"若要继续下一状态,输入 y;输入 n 进入死锁;输入其他,结束程序:";
cin>>con;
Sleep( 20 );  //功能:执行挂起一段时间,在 VC 中使用带上头文件#include <windows.h>
          //其中, Sleep( )里面是以毫秒为单位,所以如果想让函数滞留 1 秒的话,应该是
Sleep( 1000 );
 }
while( con=='n' )
 {
    P1.dead_lock( );
    P2.dead_lock( ); P3.dead_lock( ); P4.dead_lock( ); P5.dead_lock( );
    cout<<"死锁情况"<<endl;
cout<<"          "<<P1.find( )<<print( &P1 )<<"   "<<endl;
cout<<"     "<<toolstatus( tools[0] )<<"       "<<toolstatus( tools[1] )<<endl;
cout<<"  "<<P5.find( )<<print( &P5 )<<"          "<<P2.find( )<<print( &P2 )<<endl;
```

```
cout<<"    "<<toolstatus( tools[4] )<<"      "<<toolstatus( tools[2] )<<endl;
cout<<"   "<<P4.find( )<<print( &P4 )<<"      "<<P3.find( )<<print( &P3 )<<endl;
cout<<"         "<<toolstatus( tools[3] )<<endl;
cout<<"-------------------------"<<endl;
cout<<"输入 n 继续;输入其他,结束程序:";
cin>>con;
sleep( 20 );
}
DeleteCriticalSection( &cs ); //退出资源区
return 0;
}
```

2.5 问题思考

理解哲学家进餐问题的程序执行,利用同步与互斥信号量,完成读者和写者问题的程序设计,其基本原理如下。

1)读读不互斥:共享区域允许多个读者同时访问。

2)读写互斥:读者和写者不可以同时访问共享区域。

3)写写互斥:写者和写者不可以同时访问共享区域。

4)避免读者或者写者饿死:避免由于读者或写者一直占用共享区域而使对方得不到资源被饿死的情况出现。

实验 3　进程调度算法

3.1　实验目的

用高级语言编写和调试一个进程调度程序,以加深对进程的概念及进程调度算法的理解。

3.2　预备知识

1.进程调度方式

（1）非抢占方式（Nonpreemptive Mode）

在采用这种调度方式时,一旦把处理机分配给某进程后,就一直让它运行下去,绝不会因为时钟中断或任何其他原因去抢占当前正在运行进程的处理机,直至该进程完成或发生某事件而被阻塞时,才把处理机分配给其他进程。

（2）抢占方式（Preemptive Mode）

这种调度方式允许调度程序根据某种原则,去暂停某个正在执行的进程,将已分配给该进程的处理机重新分配给另一进程。但抢占方式比较复杂,所需付出的系统开销也较大。

2.典型进程调度算法

1）先来先服务（First-Come First-Served,FCFS）调度算法。

2）短进程优先（Shortest-Process-First,SPF）调度算法。

3）循环轮转（Round-Robin,RR）调度算法。

4）优先权高者优先（Highest-Priority-First,HPF）调度算法。

3.3　实验内容

1.设计一个有 N 个进程并发的进程调度程序

进程调度算法:采用最高优先数优先的调度算法（即把处理机分配给优先数最高的进程）和同优先级条件下先来先服务算法。

每个进程有一个进程控制块（PCB）表示。进程控制块可以包含以下信息:进程名、优先数、需要运行时间、已用 CPU 时间、进程状态等。

进程的优先数及需要的运行时间可以事先人为指定（也可以由随机数产生）,运行时间以时间片为单位进行计算。

每个进程的状态可以是就绪 W（Wait）、运行 R（Run）或完成 F（Finish）三种状态之一。

就绪进程获得 CPU 后都只能运行一个时间片,用已占用 CPU 时间加 1 来表示。

如果运行一个时间片后,进程的已占用 CPU 时间已达到所需要的运行时间,则撤销该进程;如果运行一个时间片后,进程的已占用 CPU 时间还未达所需要的运行时间,也就是进程还需要继续运行,此时应将进程的优先数减 1(即降低一级),然后把它插入就绪队列等待 CPU。

每进行一次调度程序都打印一次运行进程、就绪队列以及各个进程的 PCB,以便进行检查。重复以上过程,直到所有进程都完成为止。

2.实验要求

完成以上实验内容并写出实验报告,报告应包括实验步骤(包括实验关键内容、程序运行过程中出现的问题及解决方法、程序运行结果,不需要程序全部源代码,可以有部分重要的源代码及注释)。

3.4 实验指导

1.算法调度流程图

根据题目要求,算法调度流程如图 3-1 所示。

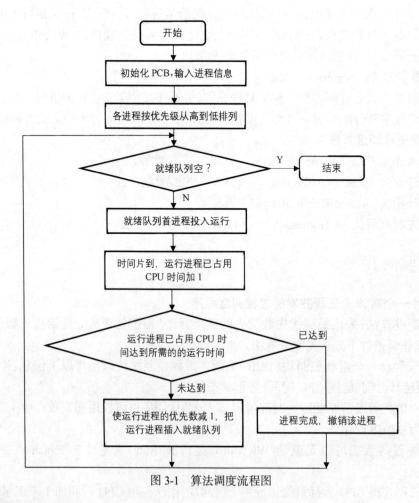

图 3-1 算法调度流程图

2.参考程序源代码

```
#include <stdio.h>
```

```
#include <stdlib.h>
#include <conio.h>
#define getpch( type )( type* )malloc( sizeof( type ) )
#define NULL 0
struct pcb { /* 定义进程控制块 PCB */
char name[10];
char state;
int super;
int ntime;
int rtime;
struct pcb* link;
}*ready=NULL,*p;
typedef struct pcb PCB;
void sort( )/* 建立对进程进行优先级排列函数*/
{
PCB *first, *second;
int insert=0;
if(( ready==NULL )||(( p->super )>( ready->super )))/*优先级最大者,插入队首*/
{
p->link=ready;
ready=p;
}
else /* 进程比较优先级,插入适当的位置中*/
{
first=ready;
second=first->link;
while( second!  =NULL )
{
if(( p->super )>( second->super ))/*若插入进程比当前进程优先数大,*/
{ /*插入到当前进程前面*/
p->link=second;
first->link=p;
second=NULL;
insert=1;
}
else /* 插入进程优先数最低,则插入到队尾*/
{
first=first->link;
second=second->link;
}
}
```

```
}
if( insert==0 ) first->link=p;
}
}
void input( )/* 建立进程控制块函数*/
{
int i,num;
printf( "\n 请输入进程个数:" );
scanf( "%d",&num );
for( i=1;i<=num;i++ )
{
printf( "\n 进程号 No.%d:\n",i );
p=getpch( PCB );
printf( "\n 输入进程名:" );
scanf( "%s",p->name );
printf( "\n 输入进程优先数:" );
scanf( "%d",&p->super );
printf( "\n 输入进程时间片:" );
scanf( "%d",&p->ntime );
printf( "\n" );
p->rtime=0;p->state='W';
p->link=NULL;
sort( ); /* 调用 sort 函数*/
}
}
int space( )
{
int l=0; PCB* pr=ready;
while( pr!  =NULL )
{
l++;
pr=pr->link;
}
return( l );
}
void disp( PCB * pr )/*建立进程显示函数,用于显示当前进程*/
{
printf( "\n 进程名 进程状态 优先数 时间片 运行时间 \n" );
printf( " |%s\t",pr->name );
printf( " |%c\t",pr->state );
```

```
printf( " |%d\t", pr->super );
printf( " |%d\t", pr->ntime );
printf( " |%d\t", pr->rtime );
printf( "\n" );
}
void check( )/* 建立进程查看函数 */
{
PCB* pr;
printf( "\n **** 当前正在运行的进程是:%s", p->name ); /*显示当前运行进程*/
disp( p );
pr=ready;
printf( "\n **** 当前就绪队列状态为:\n" ); /*显示就绪队列状态*/
while( pr! =NULL )
{
disp( pr );
pr=pr->link;
}
}
void destroy( )/*建立进程撤销函数( 进程运行结束,撤销进程 )*/
{
printf( "\n 进程 [%s] 已完成.\n", p->name );
free( p );
}
void running( )/* 建立进程就绪函数( 进程运行时间到,置就绪状态 )*/
{
( p->rtime )++;
if( p->rtime==p->ntime )
destroy( ); /* 调用 destroy 函数*/
else
{
( p->super )--; /*执行一次,优先级降低一级*/
p->state='W';
sort( ); /*调用 sort 函数*/
}
}
void main( )/*主函数*/
{
    printf( "          -----------------------------------------------\n" );
    printf( "          ||                              ||\n" );
    printf( "          ||          进程调度算法模拟          ||\n" );
```

```
printf( "        ||      （进程名 优先级 时间片）        ||\n" );
printf( "        ||                              ||\n" );
printf( "        ||                              ||\n" );
printf( "        -----------------------------------------------\n" );
int len,h=0;
char ch;
input( );
len=space( );
while(( len! =0 )&&( ready! =NULL ))
{
ch=getchar( );
h++;
printf( "\n 当前执行次数:%d \n",h );
p=ready;
ready=p->link;
p->link=NULL;
p->state='R';
check( );
running( );
printf( "\n 按任一键继续......" );
ch=getchar( );
}
printf( "\n\n 进程已经完成.\n" );
ch=getchar( );
}
```

3.5　问题思考

掌握几种进程调度算法的基本原则,对于表 3-1 所示的进程序列,请分别执行 FCFS 调度算法、SPF 调度算法、RR 调度算法、HPF 调度算法,分析其对应的平均周转时间。

表 3-1　进程信息(单位:ms)

进程标识号	到达时间	执行时间	优先权
P1	800	50	0
P2	815	30	1
P3	830	25	2
P4	835	20	3
P5	845	15	0
P6	850	10	4
P7	860	5	2

实验4 银行家算法

4.1 实验目的

通过编写银行家算法,进一步掌握如何实现死锁的避免,熟练使用数组进行程序的设计及实现。

4.2 预备知识

1.数据结构

可利用资源向量 Available ,它是一个含有 m 个元素的数组,其中的每一个元素代表一类可利用的资源的数目,其初始值是系统中所配置的该类全部可用资源数目,其数值随该类资源的分配和回收而动态改变。如果 Available[j]=k,表示系统中现有 R_j 类资源 k 个。

最大需求矩阵 Max,这是一个 $n \times m$ 的矩阵,它定义了系统中 n 个进程中的每一个进程对 m 类资源的最大需求。如果 Max[i,j]=k,表示进程 i 需要 R_j 类资源的最大数目为 k。

分配矩阵 Allocation,这是一个 $n \times m$ 的矩阵,它定义了系统中的每类资源当前已分配到每一个进程的资源数。如果 Allocation[i, j]=k,表示进程 i 当前已经分到 R_j 类资源的数目为 k。Allocation[i]表示进程 i 的分配向量,由矩阵 Allocation 的第 i 行构成。

需求矩阵 Need,这是一个 $n \times m$ 的矩阵,表示每个进程还需要的各类资源的数目。如果 Need[i, j]=k,表示进程 i 还需要 R_j 类资源 k 个,才能完成其任务。Need[i]表示进程 i 的需求向量,由矩阵 Need 的第 i 行构成。

上述三个矩阵间存在以下关系:

Need[i,j]=Max[i,j]-Allocation[i,j]

2.银行家算法

$Request_i$ 是进程 P_i 的请求向量。$Request_i[j]=k$ 表示进程 P_i 请求分配 R_j 类资源 k 个。当 P_i 发出资源请求后,系统按下述步骤进行检查。

1)如果 $Request_i[j] \leqslant Need$,则转向步骤2);否则认为出错,因为它所请求的资源数已超过它当前的最大需求量。

2)如果 $Request_i[j] \leqslant Available$,则转向步骤3);否则表示系统中尚无足够的资源满足 P_i 的申请,P_i 必须等待。

3)系统试探性地把资源分配给进程 P_i,并修改下面数据结构中的数值:

Available[j] = Available [j]- $Request_i[j]$

Allocation[i,j]= Allocation[i,j]+ $Request_i[j]$

Need[i,j]= Need[i,j] −$Request_i[j]$

4)系统执行安全性算法,检查此次资源分配后系统是否处于安全状态。如果安全才正式将资源分配给进程 P_i,以完成本次分配;否则,将试探分配作废,恢复原来的资源分配状态,让进程 P_i 等待。

假定系统有 5 个进程(P_0 , P_1 , P_2 , P_3 , P_4)和三类资源(A , B , C),各种资源的数量分别为 10,5,7,在 T_0 时刻的资源分配情况如图 4-1 所示。

	Max			Allocation			Need			Available		
	A	B	C	A	B	C	A	B	C	A	B	C
P_0	7	5	3	0	1	0	7	4	3	3	3	2
P_1	3	2	2	2	0	0	1	2	2			
P_2	9	0	2	3	0	2	6	0	0			
P_3	2	2	2	2	1	1	0	1	1			
P_4	4	3	3	0	0	2	4	3	1			

图 4-1 T_0 时刻的资源分配

3.安全性算法

1)设置以下两个向量。

① Work:它表示系统可提供给进程继续运行的各类资源数目,包含 m 个元素,开始执行安全性算法时,Work = Available。

② Finish:它表示系统是否有足够的资源分配给进程,使之运行完成,开始 Finish[i]=false;当有足够资源分配给进程 P_i 时,令 Finish[i]=true。

2)从进程集合中找到一个能满足下述条件的进程:

① Finish[i]= false;

② Need [i,j] ≤work。

如找到则执行步骤 3);否则,执行步骤 4)。

3)当进程 P_i 获得资源后,可顺利执行直到完成,并释放出分配给它的资源,故应执行

Work[j] = Work[j] + Allocation [i,j]

Finish[i]=true;转向步骤 2。

4)若所有进程的 Finish[i]都为 true,则表示系统处于安全状态;否则,系统处于不安全状态。

4.3 实验内容

1.实验目标

用高级语言(C 、C++ 、Java)开发,模拟实现银行家算法、安全性检测算法。设计有 n 个进程共享 m 个系统资源的系统,进程可动态申请和释放资源,系统按各进程的申请动态分配资源。

系统能显示各个进程申请和释放资源以及系统动态分配资源的过程,便于用户观察和分析。

2.实验要求

完成以上实验内容并写出实验报告,报告应具有实验步骤(包括实验关键内容、程序运行过程中出现的问题及解决方法、程序运行结果,不需要程序全部源代码,可以有部分重要

的源代码及注释）。

4.4　实验指导

1.系统流程图

系统流程图如图 4-2 所示。

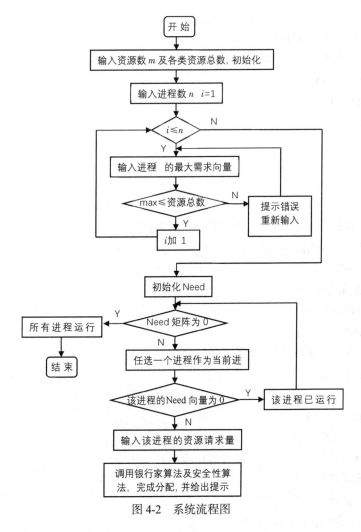

图 4-2　系统流程图

2.参考程序源代码：

```
#include <stdio.h>
#include <stdlib.h> //system("color 5F");
#include <string.h>
#include <iostream.h>
//#include <windows.h>
#define MM 10 //总进程数的最大值
#define NM 10 //总资源数的最大值
#define FALSE 0
```

```
#define TRUE 1
int M,N;//总进程数,总资源数
//M 个进程对 N 类资源最大资源需求量
int MAX[MM][NM];
//系统可用资源数
int AVAILABLE[NM];
//M 个进程已经得到 N 类资源的资源量
int ALLOCATION[MM][NM]={0};
//M 个进程还需要 N 类资源的资源量
int NEED[MM][NM];
int Request[NM]={0};
char flag='Y';
//输入数据
void inputdata( )
{
 int i,j;
   printf( "请输入进程个数以及资源种类数:\n" );
   scanf( "%d %d",&M,&N );
   printf( "\n" );
   printf( "请输入" );
    for( j=0;j<N;j++ )
      printf( "%c,",j+65 );
   printf( "类资源的可用资源的个数:\n" );
      for( j=0;j<N;j++ )
                  { scanf( "%d", &AVAILABLE[j] );}
      printf( "\n" );
         printf( "请输入" );
   for( i=0;i<M;i++ )
     printf( "P%d,",i );
         printf( "所需的" );
           for( j=0;j<N;j++ )
     printf( "%c,",j+65 );
         printf( "类资源的 Max 分别为:\n" );
     for( i=0;i<M;i++ )
                     for( j=0;j<N;j++ )
                     { scanf( "%d",&MAX[i][j] );}
    printf( "\n" );
          printf( "请输入" );
          for( i=0;i<M;i++ )
    printf( "P%d,",i );
```

```
                printf( "分配" );
                  for( j=0;j<N;j++ )
        printf( "%c,",j+65 );
                printf( "类资源的个数分别为:\n" );
                for( i=0;i<M;i++ )
                            for( j=0;j<N;j++ )
                             {
                                    scanf( "%d",&ALLOCATION[i][j] );
                                    NEED[i][j]=MAX[i][j]-ALLOCATION[i][j];
                                    AVAILABLE[j]=AVAILABLE[j]-ALLOCATION[i][j];
                                     }
}
//显示数据
void showdata( )
{    int i,j,k;
    //inputdata( );
            cout<<" 资源情况    Max   Allocation Need Available"<<endl<<endl;
            printf( " 进程" );
            for( k=1;k<=4;k++ )
                    for( i=0;i<N;i++ )
                            printf( "%6c",i+65 );
                    printf( "\n" );
   for( i=0;i<M;i++ )
   {   printf( "  P%d",i );
           {        for( j=0;j<N;j++ )
             printf( "%6d",MAX[i][j] );
           }
           { for( j=0;j<N;j++ )
            printf( "%6d",ALLOCATION[i][j] );
           }
           { for( j=0;j<N;j++ )
     printf( "%6d",NEED[i][j] );
           }
           k=i;
       if( k==0 )
           {
                    for( j=0;j<N;j++ )
     printf( "%6d",AVAILABLE[j] );
           }
               printf( "\n" );
```

```
    }
cout<<endl;
}
void changdata( int k )
{
int j;
for( j=0;j<N;j++ )
{
AVAILABLE[j]=AVAILABLE[j]-Request[j];
ALLOCATION[k][j]=ALLOCATION[k][j]+Request[j];
NEED[k][j]=NEED[k][j]-Request[j];
}
}
void restoredata( int k ) //存储数据
{
int j;
for( j=0;j<N;j++ )
{
AVAILABLE[j]=AVAILABLE[j]+Request[j];
ALLOCATION[k][j]=ALLOCATION[k][j]-Request[j];
NEED[k][j]=NEED[k][j]+Request[j];
}
}
bool  Safe( )                    /* 安全性算法 */
  {
   int  i,j,k,l = 0 ;
   int  Work[100]; bool  FINISH[50]; int p[50];        /* 工作数组 */
   for( i = 0 ;i < N;i ++ )
   Work[i] = AVAILABLE[i];
   for( i = 0 ;i < M;i ++ )
   {
     FINISH[i] = false ;
   }
   for( i = 0 ;i < M;i ++ )
   {
     if( FINISH[i] == true )
     {
       continue ;
     }
     else
```

```
          {
            for( j = 0 ;j < N;j ++ )
             {
                /* 看看所有的资源对于这个进程是不是都有效 */
                if( NEED[i][j] > Work[j] )
                 {
                    break ;
                 }
             }
            if( j == N )
             {
                /*
```

就需要看每个进程还需要每种资源多少,把它计算出来,然后看剩下的可分配的资源数是不是可以达到其中一个进程的要求,

如果可以,就分配给它,让这个进程执行,执行结束后,这个进程释放资源,重新计算系统的可分配的资源

```
                */
                FINISH[i] = true ;
                for( k = 0 ;k < N;k ++ )
                 {
                    Work[k] += ALLOCATION[i][k];
                 }
                p[l ++ ] = i;
                i =- 1 ;
             }
            else
             {
                continue ;
             }
          }
        if( l == M )
         {
            cout << " 系统是安全的 " << endl;
            cout << " 安全序列: " << endl;
            for( i = 0 ;i < l;i ++ )
             {
                cout << p[i];
                if( i !  = l - 1 )
                 {
                    cout << " --> " ;
```

```
            }
          }
        cout << "" << endl;
         return   true ;
      }
    }
  cout << " 系统是不安全的 " << endl;
   return   false ;
}
void main( )
{
system( "color 5F" );
int i=0,j=0;
inputdata( );
showdata( );
Safe( );
cout<<" 是否继续运行银行家算法???（按'Y'或'y'键继续,按'N'或'n'键退出）: ";
cin>>flag;
while( flag=='Y'||flag=='y' )
{
i=-1;
while( i<0||i>=M )
{
cout<<" 请输入需申请资源的进程号（从 0 到"<<M-1<<",否则重输入！）:";
cin>>i;
if( i<0||i>=M )cout<<" 输入的进程号不存在,重新输入！ "<<endl;
}
cout<<" 请输入 P"<<i<<"申请的资源数"<<endl;
for( j=0;j<N;j++ )
{
printf( "资源%c:",j+65 );
cin>>Request[j];
if( Request[j]>NEED[i][j] )
{
cout<<" P"<<i<<"申请的资源数大于进程"<<i<<"还需要"<<j<<"类资源的资源量！ ";
cout<<"申请不合理,出错！请重新选择！ "<<endl<<endl;
flag='N';
break;
}
else
```

```
{
if( Request[j]>AVAILABLE[j] )
{
cout<<" 进程"<<i<<"申请的资源数大于系统可用"<<j<<"类资源的资源量！";
cout<<"申请不合理，出错！请重新选择！"<<endl<<endl;
flag='N';
break;
}
}
}
if( flag=='Y'||flag=='y' )
{
changdata( i );
if( ! Safe( ))
{
restoredata( i );
showdata( );
}
else
showdata( );
}
//else
//cout<<endl;
//showdata( );
cout<<" 是否继续运行银行家算法???（按'Y'或'y'键继续，按'N'或'n'键退出）：";
cin>>flag;
}
}
```

4.5　问题思考

1）分析应如何高效实现安全序列的查找，尝试修改 Safe( )函数。

2）思考如何使用 Win32 API 实现多线程模拟银行家算法应用程序。

实验 5　内存分配与回收

5.1　实验目的

　　用高级语言编写和调试一个简单的内存分配与回收程序,模拟内存分配与回收的工作过程。从而对内存分配与回收的实质内容和执行过程有比较深入的了解。

5.2　预备知识

　　掌握以下四种动态分区分配算法的基本思想。
　　1)首次适应(First Fit,FF)算法。
　　2)循环首次适应(Next Fit,NF)算法。
　　3)最佳适应(Best Fit,BF)算法。
　　4)最坏适应(Worst Fit,WF)算法。

5.3　实验内容

1.实验目标
设计并实现一个简单的内存分配与回收程序。

2.实验要求
　　完成以上实验内容并写出实验报告,报告应具有实验步骤(包括实验关键内容、程序运行过程中出现的问题及解决方法、程序运行结果,不需要程序全部源代码,可以有部分重要的源代码及注释)。

5.4　实验指导

1.主要操作
在动态分区存储管理方式中,主要的操作是分配内存和回收内存。
（1）分配内存
程序采用某种分配算法,从空闲分区表中找到所需大小的分区。设请求分区的大小为 u.size,表中每个空闲分区的大小可表示为 m.size。若 m.size- u.size≤size(size 是事先规定的不再切割的剩余分区的大小),说明多余部分太小,可不再切割,将整个分区分配给请求者;否则,从该分区中按请求的大小划分出一块内存空间分配出去,余下的部分仍然留在空闲分区表中。然后将分配区的起始地址返回给调用者。内存分配流程如图 5-1 所示。

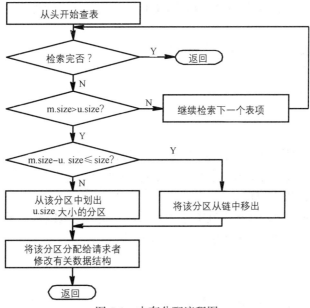

图 5-1　内存分配流程图

（2）回收内存

当进程运行完毕释放内存时,程序根据回收区的首地址从空闲区表中找到相应的插入点,此时可能出现以下四种情况之一。

1) 回收区与插入点的前一个空闲分区 F_1 相邻接,见图 5-2（a）。此时应将回收区与插入点的前一个分区合并,不必为回收区分配新表项,而只需修改前一分区 F_1 的大小。

2) 回收区与插入点的后一个空闲分区 F_2 相邻接,见图 5-2（b）。此时也可将两分区合并,形成新的空闲分区,但用回收区的首地址作为新空闲区的首地址,大小为两者之和。

3) 回收区同时与插入点的前、后两个空闲分区邻接,见图 5-2（c）。此时将三个分区合并,使用 F_1 的表项和 F_1 的首地址,取消 F_2 的表项,大小为三者之和。

4) 回收区既不与 F_1 相邻,又不与 F_2 邻接,见图 5-2（d）。这时应为回收区单独建立一新表项,填写回收区的首地址和大小。

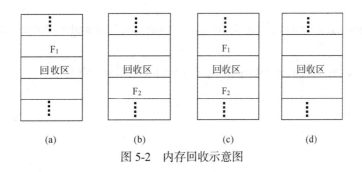

图 5-2　内存回收示意图

2.参考程序源代码

```
#include <iostream>
using namespace std;
#define MAX_PROCESSES 10 /*假定模拟实验中,系统允许的最多进程为 10 个*/
```

```
    #define MAX_FREE_MEMORY_DISTRICT 10 /*假定模拟实验中,系统允许的空闲区
表最多为 10 个*/
    #define MIN_SIZE 100 //碎片大小
    #define TRUE  1
    #define FALSE  0
    struct
    {
        long address; /*某进程装入模块在内存中起始地址*/
        long length; /*进程装入模块长度,单位为字节*/
        int ProcessId; //进程 ID
        int UsedFlag; /*分配标志,TRUE 表示该表项已分配,FALSE 表示该表项未分配*/
    }used_table[MAX_PROCESSES]; /*已分配区表*/
    struct
    {
        long address; /*内存空闲区块起始地址*/
        long length; /*内存空闲区块长度,单位为字节*/
        int AllocFlag; /*表示该表项是否指向空闲内存块, TRUE 表示已指向某空闲区块,
FALSE 表示未指向某空闲区块*/
    }free_table[MAX_FREE_MEMORY_DISTRICT]; /*空闲区表*/
    void allocate( int ProcessId, long ProcessMemLength )//进程 ID,进程所需内存长度
    /*采用最优分配算法分配 ProcessMemLength 大小的空间*/
    {
        int i,k;
        long FirstAddress;
        k=-1;
        for( i=0; i<MAX_FREE_MEMORY_DISTRICT; i++ ) /*寻找空间大于 ProcessMem-
Length 的最小空闲区*/
        {
        if(( free_table[i].AllocFlag == TRUE )( free_table[i].length>=ProcessMemLength ))
        {
            if(( k==-1 )||( free_table[i].length<free_table[k].length ))
                {
                k=i;
                }
            }
        }
        if( k==-1 )/*未找到可用空闲区,返回*/
        {
        printf( "无可用空闲区\n" );
        return;
```

```
          }
     //找到可用空闲区,开始分配:若空闲区大小与要求分配的空间差小于 MIN_SIZE 大
小,则空闲区全部分配;
     //若空闲区大小与要求分配的空间差大于 MIN_SIZE 大小,则从空闲区划出一部分
分配*/
          if((free_table[k].length - ProcessMemLength)<= MIN_SIZE)
           {
             free_table[k].AllocFlag = FALSE; //表示该空闲区块已分配给该进程
             //该表项又可指向其他空闲区块,但还没有指向其他空闲区块
              FirstAddress=free_table[k].address;
             ProcessMemLength=free_table[k].length;
           }
          else
           {
             free_table[k].length=free_table[k].length - ProcessMemLength;
             FirstAddress = free_table[k].address+free_table[k].length;
           } /*修改已分配区表*/
          i=0;
          while((used_table[i].UsedFlag == TRUE)&&(i<MAX_PROCESSES))/*寻找空表*/
           {
             i++;
           }
           /*修改已分配表*/
             used_table[i].address=FirstAddress;
             used_table[i].length=ProcessMemLength;
             used_table[i].UsedFlag=TRUE;
             used_table[i].ProcessId = ProcessId;
          return;
        }/*主存分配函数结束*/
        void reclaim( int ProcessId )
        /*回收作业名为 J 的作业所占主存空间*/
        {
          int i,k,j,s,t;
          long FirstAddress;//内存起始地址
           long length; //该进程所需内存长度
           /*寻找已分配表中对应登记项*/
          s=0;
          while((( used_table[s].ProcessId ! = ProcessId )||( used_table[s].UsedFlag == FALSE ))
                    &&( s<MAX_PROCESSES ))
           {
```

```
                    s++;
       }
  if( s>=MAX_PROCESSES )/*在已分配表中找不到进程号为 ProcessId 的进程*/
   {
     printf( "找不到该进程\n" );
     return;
   }
/*修改已分配表*/
used_table[s].UsedFlag=FALSE;
/*取得归还分区的起始地址 S 和长度 L*/
FirstAddress=used_table[s].address;
length=used_table[s].length;
j=-1;k=-1;i=0;
/*寻找回收分区的空闲上下邻,上邻表目 k,下邻表目 j*/
while(( i < MAX_FREE_MEMORY_DISTRICT )&&(( j == -1 )||( k==-1 )))
   {
     if( free_table[i].AllocFlag == TRUE )
           {
           if( free_table[i].address+free_table[i].length==FirstAddress )/*找到上邻*/
                   {
                           k=i;
                   }
           if( free_table[i].address==FirstAddress+length )/*找到下邻*/
                   {
                           j=i;
                   }
           }
     i++;
   }
  if( k! =-1 )/*上邻空闲区*/
   {
           if( j! =-1 )
           /* 上邻空闲区,下邻空闲区,三项合并*/
           {
                   free_table[k].length=free_table[j].length+free_table[k].length+length;
                   free_table[j].AllocFlag = FALSE;
           }
           else
           {
                   /*上邻空闲区,下邻非空闲区,与上邻合并*/
```

```
                        free_table[k].length=free_table[k].length+length;
                }
        }
    else  /*上邻非空闲区*/
        {
                if( j! =-1 )/*上邻非空闲区,下邻空闲区,与下邻合并*/
                {
                        free_table[j].address=FirstAddress;
                        free_table[j].length=free_table[j].length+length;
                }
                else
                /*上下邻均为非空闲区,回收区域直接填入*/
                {
                        /*在空闲区表中寻找空栏目*/
                        t=0;
                        while(( free_table[t].AllocFlag  ==  TRUE ) && ( t < MAX_FREE_
MEMORY_DISTRICT ))
                        {
                                t++;
                        }
                        if( t >= MAX_FREE_MEMORY_DISTRICT )/*空闲区表满,回收空
间失败,将已分配表复原*/
                        {
                                printf( "主存空闲表没有空间,回收空间失败\n" );
                                used_table[s].UsedFlag = TRUE;
                                return;
                        }
                        free_table[t].address=FirstAddress;
                        free_table[t].length=length;
                        free_table[t].AllocFlag = TRUE;
                }
        }
}/*主存回收函数结束*/
void main(  )
{
    int i, SelectItem;
    long ProcessMemLength; //进程所需内存长度
    int ProcessId;
    /*空闲分区表初始化:*/
    free_table[0].address=0;
```

```
free_table[0].length=1000;
free_table[0].AllocFlag = TRUE;
for( i=1;i<MAX_FREE_MEMORY_DISTRICT;i++ )
    free_table[i].AllocFlag =FALSE;
/*已分配表初始化:*/
for( i=0;i<MAX_PROCESSES;i++ )
    used_table[i].UsedFlag=FALSE;
while( 1 )
  {
    cout<<"选择功能项( 0-退出,1-分配主存,2-回收主存,3-显示主存 )"<<endl;
    cout<<"选择功项( 0~3 ):";
    cin>>SelectItem;
    switch( SelectItem )
            {
        case 0: exit( 0 ); /*a=0 程序结束*/
        case 1: /*a=1 分配主存空间*/
        cout<<"请输入进程 ID 号和进程所需内存长度 Length:";
        //scanf( "%*c%c%f",&J,&xk );
                    cin >>ProcessId>>ProcessMemLength;
        allocate( ProcessId,ProcessMemLength );/*分配主存空间*/
        break;
        case 2: /*a=2 回收主存空间*/
        cout<<"输入要回收分区的进程 ID 号";
        cin>>ProcessId;
        reclaim( ProcessId );/*回收主存空间*/
        break;
        case 3: /*a=3 显示主存情况*/
        /*输出空闲区表和已分配表的内容*/
        cout<<"输出空闲内存区表:\n 起始地址 长度"<<endl;
        for( i=0;i<MAX_FREE_MEMORY_DISTRICT;i++ )
                {
                        if( free_table[i].AllocFlag == TRUE )
                        {
                                cout<<free_table[i].address<<"        \t"<<free_table[i].
length<<endl;
                        }
                }
        cout<<"输出已分配内存进程表:\n 进程 ID 起始地址 长度 分配标志"<<endl;
        for( i=0;i<MAX_PROCESSES;i++ )
                {
```

```
        if( used_table[i].UsedFlag == TRUE )
          {
          cout<<used_table[i].ProcessId<<" \t"<<used_table[i].address<<" \t";
          cout<<used_table[i].length<<" \t"<<used_table[i].UsedFlag<<endl;
          }
        }
      break;
    default:printf( "没有该选项\n" );
        }/*case*/
    }/*while*/
  }/*主函数结束*/
```

5.5   问题思考

结合图 5-2 进行分析,思考在回收内存过程中,哪一种情况下会出现回收一个空闲区后使得空闲区个数反而减少的情况。

实验 6　Windows 虚拟存储器管理

6.1　实验目的

了解 Windows 的内存管理机制,掌握页式虚拟存储技术。理解内存分配原理,特别是以页面为单位的虚拟内存分配方法。掌握 Windows 下内存管理的基本 API。

6.2　预备知识

1.Windows 中的虚拟存储技术

Windows 采用了分页存储技术,它在实现虚拟存储技术的时候,利用页面文件(Paging File)来实现物理内存的扩展。所谓页面文件,就是 Windows 在硬盘上分配的用来存储没有装入内存的程序和数据的磁盘文件。这个文件是一个名叫 pagefile.sys 的系统隐藏文件,当系统安装时,会在安装系统盘的根目录下创建该文件,其默认值通常大于计算机中 RAM 的 1.5 倍。需要时, Windows 将数据从页面文件移至内存,并将数据从内存移至页面文件以便为新数据释放空间。页面文件也称为交换文件或对换空间等。

页面文件和物理内存或 RAM 构成"虚拟内存"。如果系统要求的内存量超过了虚拟内存的大小,则系统就会出现提示,发出虚拟内存不足的警告。我们可以根据需要设置虚拟内存的大小,方法是在"计算机"上单击鼠标右键,依次选择"属性"→"高级系统设置"→"高级"→性能的"设置"→"高级"→虚拟内存的"更改";在这个设置功能下,我们还可以在其他分区或者磁盘下新增页面文件(默认情况下,非系统盘上没有设置页面文件),这样相应的磁盘根目录下也会出现一个系统隐藏文件 pagefile.sys。

2.虚存页面的状态

(1)页面的种类

每一个进程的虚拟地址空间中的页面根据其所处状态可以分为三种:提交页面、保留页面和空闲页面,下面逐一解释它们的含义。

1)提交(Committed)页面是指已分得物理存储的虚拟地址页面,通过设定该区域的属性可对它加以保护,例如设为"只读"。系统在第一次读写页面时进行初始化,并将提交的页面装入物理内存;当进程结束时系统将释放提交页面的存储空间,当然也可以使用 VirtualFree 函数进行存储空间的释放。

2)保留(Reserved)页面是指逻辑页面已分配,但没有分配物理存储页面。这样可以在进程中保留一部分虚拟地址,如果没有释放这些地址,则进程中进行的其他内存分配操作就不能使用该段虚拟地址空间。可以使用 VirtualFree 函数将提交页面转换为保留页面。

3)空闲(Free)页面是指那些可以保留或提交的可用页面,对当前的进程是不可存取的。可以使用系统函数 VirtualFree 将提交页面或保留页面转换为空闲页面。

（2）页面的操作

针对上述几种虚拟内存页面所处的几种不同状态，可以对其进行不同的操作，这些操作包括：保留一个区域、提交一个区域、除配一个区域、释放一个区域和对一个虚拟内存区域加锁或解锁等。各操作的含义解释如下。

①保留：保留进程的虚拟地址空间，而不分配物理存储空间。

②提交：在内存中为进程的虚拟地址分配物理存储空间。不但可以对空闲状态或者处于保留状态的页面进行提交操作，也可以对已经提交的页面进行提交操作。

③除配：释放物理内存空间，但是虚拟地址空间仍然保留，它与提交相对应，即可以除配已经提交的内存块，有时称为回收或注销。

④释放：将物理存储空间和虚拟地址空间全部释放，它与保留相对应，即可以释放已经保留的内存块。

⑤加锁或解锁：可以对已经提交的页面进行加锁操作，这样就使得这些页面常驻内存而不会产生通常的缺页现象，也可以对已经加锁的页面进行解锁操作。

3.存储系统的统计指标

系统中维护结构体 MEMORYSTATUS，我们可以通过这个结构体来看系统的虚拟和物理内存的指标。结构体格式如下，后面给出了其中各项的含义。

注意：除了最后两项是与各个不同进程相关的，其他的指标是关于整个系统的信息，对所有进程都是一样的。

（1）格式

```
typedef struct _MEMORYSTATUS {
  DWORD dwLength;
  DWORD dwMemoryLoad;
  SIZE_T dwTotalPhys;
  SIZE_T dwAvailPhys;
  SIZE_T dwTotalPageFile;
  SIZE_T dwAvailPageFile;
  SIZE_T dwTotalVirtual;
  SIZE_T dwAvailVirtual;
} MEMORYSTATUS, *LPMEMORYSTATUS;
```

（2）参数说明

dwLength：指明本结构所占的空间大小，在使用适当的函数 GlobalMemoryStatus 从系统中获得这个结构的数据时，该系统函数会给这个域设置正确的值。

dwMemoryLoad：指物理存储使用负荷指数，使用一个百分数表示当前物理内存已经被占用的比例。在利用 Win 32 API 查询得到的此结构中，这个比例只是精确到个位，而且选择进一的原则，例如使用了 78.2%的物理内存，则显示占用 79%。

dwTotalPhys：系统中安装的物理内存总数，以 Byte（字节）计数。

dwAvailPhys：可用物理内存数，以 Byte（字节）计数。

dwTotalPageFile：页面文件总数，也就是系统在外存上为虚拟内存系统分配的页面文件（paging file）的总量，以 Byte（字节）计数。

dwAvailPageFile：可用页面文件数，以 Byte（字节）计数。

dwTotalVirtual：本进程中用户可以访问的虚拟空间总数。目前，32 位的 Windows 系统中，在总共 4GB 的空间中，高端的 2GB 是系统占用的，只有低端的 2GB 才是用户可以访问的。此处以 Byte 计数，也就是说在 Windows 2000/XP 中该数字应该显示为 2147352576。

dwAvailVirtual：在本进程中用户可以访问的虚存空间中可用部分的数量，也就是还没有被程序分配的用户虚拟空间大小，以 Byte（字节）计数。也就是 2G 地址空间中还可以分配给本进程多少逻辑地址空间。每个进程都有 2G 的逻辑地址空间，各自进行分配和回收，进程之间互不影响。

除了采用上述的结构来表示关于虚拟存储系统的信息以外，我们还关心在进程的某一段具体空间上的虚拟存储空间的状态。为此系统也有一个相应的 MEMORY_BASIC_IN-FORMATION 结构用来说明我们对一段具体的虚存空间可以关注哪些方面的属性。可以通过 Win 32 函数 VirtualQuery 查询从某一虚存地址开始的虚存页面的一些属性，并以此返回结果，该结构在 windows.h 中定义。

（1）格式

typedef struct _MEMORY_BASIC_INFORMATION {

 PVOID BaseAddress；

 PVOID AllocationBase；

 DWORD AllocationProtect；

 SIZE_T RegionSize；

 DWORD State；

 DWORD Protect；

 DWORD Type；

} MEMORY_BASIC_INFORMATION，*PMEMORY_BASIC_INFORMATION；

（2）参数说明

BaseAddress：一个虚存地址，该结构所包含的信息就是从这个地址开始的、属性相同的、虚存地址的属性信息。

AllocationBase：表示用 VirtualAlloc 分配包括该段内存在内的内存块时，该分配动作的基地址（即起始地址）。

AllocationProtect：代表分配该段地址空间的页面属性，如 PAGE_READWRITE（可读可写）、PAGE_EXECUTE（可执行）等。

RegionSize：从 BaseAddress 开始，具有相同属性的地址空间的大小。

State：当前这片虚存页面的状态，如上面讲到有三种取值，即 MEM_COMMIT、MEM_FREE 和 MEM_RESERVE。这个参数对我们来说是最重要的，从中便可知道指定内存页面的状态。

Protect：页面的属性，其可能的取值与 AllocationProtect 相同。

Type：指明该内存块的类型，MEM_PRIVATE 表示该内存没有和其他进程共享。

4.相关 API 函数介绍

（1）_beginthreadex 的用法

Ⅰ.功能

用来创建新线程的 C runtime 函数，所创建的线程执行指定的可执行模块。

Ⅱ.格式

unsigned long _beginthreadex(

　　void *security,

　　unsigned stack_size,

　　unsigned(_stdcall *start_address)(void *),

　　void *arglist,

　　unsigned initflag,

　　unsigned *thrdaddr

　);

Ⅲ.参数说明

security：SECURITY_ATTRIBUTES 类型的指针,指出返回的句柄是否可被子线程继承,指定为 NULL 时,表示不可继承。

stack_size：指定新的线程所用的堆栈的大小(字节),指定为 "0" 时表示使用默认值,即其大小与当前线程一样。

unsigned(_stdcall *start_address)(void *)：指向新的线程将要执行的函数模块,该函数必须声明为_stdcall 标准,具体做法见程序。

arglist：执行的函数模块的参数表,没有任何参数则取 NULL。

initflag：用于指定线程的初始状态(取 "0" 表示运行状态,否则取 CREATE_SUSPEND 表示挂起)。

thrdaddr：32 位的一个整数,是代表新线程的标志号,在本线程被创建后就可以通过它来访问。

(2)Sleep 的用法

Ⅰ.功能

用于使当前线程休眠的 API。

Ⅱ.格式

VOID Sleep(

　DWORD dwMilliseconds　// sleep time

　);

Ⅲ.参数说明

dwMilliseconds：指定休眠的毫秒数。

(3)VirtualAlloc 函数

Ⅰ.功能

保留(或)提交某一范围的虚拟地址。当在一个进程中保留一段虚拟地址时,并没有物理内存页被提交。而且保留一个地址范围将不会保证将来会有可用的物理内存来提交给这些地址。当内存被提交时,内存物理页被分配。

Ⅱ.格式

LPVOID VirtualAlloc(

　LPVOID lpAddress,　　　// region to reserve or commit

　SIZE_T dwSize,　　　// size of region

　DWORD flAllocationType, // type of allocation

　DWORD flProtect　　　// type of access protection

）；

Ⅲ.参数说明

lpAddress：如果使用 NULL 值，则该函数在某一个最合适的位置保留地址范围，否则为要保留的地址范围指定一个准确的起始地址。本函数成功执行后，返回值指向实际被保留的地址的开始位置。如果无法完成请求，则返回一个错误代码。

dwSize：指示函数待分配的地址范围，即需要分配多大的虚拟地址空间。该值的大小可以是小于 2GB 的任意值，但是 VirtualAlloc 函数实际上被限制为一个较小的范围。能够被保留的最大值为该进程中最大的连续自由地址空间。请求 2GB 的范围会导致失败，因为加载一个应用程序时已经使用了整个 2GB 地址空间中的一部分，这导致在任何给定的时间里，不可能有 2GB 那么多的可用地址空间。如果第一个参数不是 NULL，则实际上请求分配的范围是 lpAddress~(lpAddress + dwSize)这个地址范围跨越的所有页面。

flAllocationType：被用来决定以何种方式分配地址。地址可被分配为 MEM_RESERVE 或者 MEM_COMMIT 类型，前者用于保留虚存，后者用于提交已保留的虚存，如果使用二者的并运算，则表示保留并提交一块尚未保留的虚存。

flProtect：设置页面的属性。页面属性可以指定为如下一些值：PAGE_READONLY(只读)、PAGE_READWRITE(读写)、PAGE_EXECUTE(执行)等。值得注意的是，无论上述哪种值被传递给该函数，被保留的地址总是 0(其他)类型，这是系统强制的默认值。已提交的页可以是只读的、读写的、可执行的等。

（4）VirtualFree 函数

Ⅰ.功能

除配已被提交的虚存，使之成为保留状态，与该地址相关的物理内存都会被释放；或者释放被保留或提交的进程虚拟地址空间，使之成为空闲状态，与该地址相关被提交的物理内存都会被释放。一旦地址页面被保留或者已被提交，则 VirtualFree 函数是唯一可以释放它们的函数，即将它们返回到自由地址状态的方法。

Ⅱ.格式

BOOL VirtualFree(
  LPVOID lpAddress,   // address of region
  SIZE_T dwSize,   // size of region
  DWORD dwFreeType   // operation type
);

Ⅲ.参数说明

lpAddress：表示要释放的虚拟内存的起始地址。

dwSize：表示要释放的区块大小(Byte)。当进行虚存释放操作时，必须将它设置为"0"；除配操作时，操作的范围包含在 lpAddress~(lpAddress+dwSize)范围内的所有页面。

dwFreeType：该参数可取为 MEM_DECOMMIT 或者 MEM_RELEASE。前者表示除配操作，后者表示释放操作。

（5）VirtualProtect 函数

Ⅰ.功能

改变虚拟内存页的保护方式。例如，一个应用程序可以按 PAGE_READWRITE 保护方式来提交一个页的地址，并且立即将数据填写到该页中。然后，该页的保护将被改变为

PAGE_READONLY,这样可以有效地保护数据不被该进程中的任何线程重写。

Ⅱ.格式

BOOL VirtualProtect(

　LPVOID lpAddress,　　　// region of committed pages

　SIZE_T dwSize,　　　　// size of the region

　DWORD flNewProtect,　　// desired access protection

　PDWORD lpflOldProtect　// old protection

　);

Ⅲ.参数说明

lpAddress:表示要改变页面保护方式的起始地址。

dwSize:表示想要进行操作的区块的大小(Byte)。实际上操作的范围包含在 lpAddress~(lpAddress + dwSize)范围内的所有页面。

注意:该函数操作的所有区块必须是由同一次分配动作保留或提交的区块。

flNewProtect:用于指定新的保护方式。

lpflOldProtect:用于获得作用区域的第 1 页旧的保护方式,如果指定为 NULL 或者不是 PDWORD 类型的变量,则会导致调用不成功。

(6)VirtualLock 和 VirtualUnlock 函数

Ⅰ.功能

锁定和解锁虚拟内存页。一个进程可以分配一些页并将它锁定到内存中,这样可保证对它们的使用不会出现缺页现象。但是如果一个应用程序将提交的内存页锁定在内存中,这样做可能弊大于利,因为这样做可能会迫使该进程中的其他关键页被替代。如果那样的话,这些关键页可能会被映射(对换)到磁盘,在被访问的时候会发生缺页,从而导致该进程将花费许多的 CPU 时间将关键页映射到内存和映射出内存。

Ⅱ.格式

BOOL VirtualLock(

　LPVOID lpAddress,　// first byte in range

　SIZE_T dwSize　　　// number of bytes in range

　);

BOOL VirtualUnlock(

　LPVOID lpAddress,　// first byte in range

　SIZE_T dwSize　　　// number of bytes in range

　);

Ⅲ.参数说明

lpAddress:表示操作的起始地址。

dwSize:表示要锁定和解锁的范围。

同样,函数执行的结果是上述参数指定的虚拟地址空间所跨越的所有页面都被锁定到内存或被解锁。

注意:解锁操作的作用范围内的区块必须是经过锁定的页面;被锁定的页面必须是被提交的,并且保护方式不是 PAGE_NOACCESS;最后,当一个进程终止时,被锁定的页面会自动解除锁定。

（7）VirtualQuery 函数

Ⅰ.功能

查询一个进程的虚拟内存。给定一个进程的地址空间为 2GB,如果没有查询地址信息的能力,那么管理地址的全部范围将是困难的。因为地址本身代表独立的内存,对于它们,这些内存有可能被提交,或者不被提交,对它们进行查询,就是要读取保存虚存空间状态的数据结构。

Ⅱ.格式

DWORD VirtualQuery(

　LPCVOID lpAddress,　　　　　　// address of region

　PMEMORY_BASIC_INFORMATION lpBuffer,　// information buffer

　SIZE_T dwLength　　　　　　// size of buffer

　);

Ⅲ.参数说明

lpAddress:指明开始查询状态的虚存空间的开始地址。

lpBuffer:一个系统定义的 MEMORY_BASIC_INFORMATION 结构的指针,前面已经解释了该结构的含义。

dwLength:传入上面提到的结构所占空间的字节数。

（8）GlobalMemoryStatus 函数

Ⅰ.功能

该函数用于获取程序存储空间的使用状况以及系统的使用概况。

Ⅱ.格式

VOID GlobalMemoryStatus(

　LPMEMORYSTATUS lpBuffer　// memory status structure

　);

Ⅲ.参数说明

lpBuffer:一个指向 MEMORYSTATUS 结构的一个指针,用于函数返回相关的信息。该指针由系统定义,这在前面介绍过了。

6.3　实验内容

1.实验目标

1)在程序中利用一个线程模拟各种虚存活动,如虚存的保留、提交。

2)在程序中运行另一个监控线程来实时监视系统当前所进行的虚存操作,并将监测到的这些操作的信息从控制台输出;要求本线程和上一个虚存活动模拟线程保持同步,即模拟线程一旦有某一模拟活动则监控线程就应当随即监控到该活动的信息。

3)在利用监控线程监视内存活动的同时,汇报整个存储系统的使用情况。

2.实验要求

完成以上实验内容并写出实验报告,报告应具有实验步骤(包括实验关键内容、程序运行过程中出现的问题及解决方法、程序运行结果,不需要程序全部源代码,可以有部分重要的源代码及注释)。

6.4　实验指导

1.实验环境

本实验是在 VC6.0 上实现的。

这里由于用到了多线程编程,还需要设置一下编译环境,选中菜单 project → settings,在左边列表中选中工程名,在右边选中 C/C++项,将其下"project options"中的默认值 MLd 改为 MTd。

/MLd　Debug　Single-Threaded　使用静态库 LIBCD.LIB

/MTd　Debug　Multithreaded　使用静态库 LIBCMTD.LIB

另外,除了需要包含头文件 windows.h 之外, process.h 头文件也是必需的,因为我们在程序中使用了_beginthreadex(C 运行时函数)。

2.程序的结构

本程序是结构化的 C 代码,程序仅包含一个单进程,在主线程中派生两个线程,一个线程用来仿真存储器的活动,另一个线程用来监控第 1 个线程的内存行为,因此两个线程之间存在同步关系。程序中各函数说明如下。

（1）main 函数

用_beginthreadex 函数启动两个线程。

（2）Simulator 线程（ 模拟内存分配 ）

随机进行各种虚存操作,这些操作包括虚存的保留与提交、虚存的除配、虚存的除配并释放虚存空间、改变虚存内存页的保护、锁定虚拟内存页和虚存的保留。每一个活动完成后,程序的全局变量 Actnum 就被设置为一个特定的整数值,线程随即被阻塞直至 Actnum 被置回零。

（3）Inspector 线程（ 跟踪内存分配情况 ）

通过 Actnum 的值获取上一个虚存动作的类型,并通过 BASE_PTR 的值获得该动作发生的虚存地址,打印相关信息,最后置 Actnum 为零,通知模拟线程继续下一次动作,从而实现两个线程的同步。

当程序的主线程完成两个工作线程的派生后,便处于等待状态,用户此时可以观察模拟线程和监控线程的活动。如果想结束程序,只需键入终止程序的命令即可。实际上,本程序中的终止命令是键入任何一个键。如图 6-1 所示,其中带阴影的部分是程序的流程,虚线框表示这些流程部分各自对应的函数体。

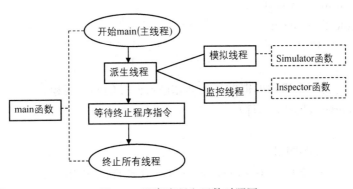

图 6-1　程序流程和函数对照图

3.数据结构

（1）指示器 Actnum

该指示器的初值为零。当其为零时,模拟线程处于活动状态。在一个随机数的控制下,模拟线程进行各种虚存操作活动。当一个模拟活动成功完成,模拟线程就会设置指示器 Actnum 为一个非零值并自动阻塞直至 Actnum 被置回零（由监控线程完成该步骤）。监控线程在 Actnum 为零时阻塞等待,当监控到 Actnum 变化为非零时,则通过 Actnum 的值确定该动作的类型,并通过全局量 BASE_PTR 的值获得该动作发生的虚存地址。在这两个信息的帮助下,监控线程可完成对该动作的监控,最后设置 Actnum 为零。模拟线程因此得以继续模拟。概括地讲,通过 Actnum 实现了两个线程的同步和信息传递。

（2）地址指针 BASE_PTR

这个指针在进行虚存分配操作时用于记录返回的虚存起始地址,在进行其他虚存操作时用于指示进行该项操作的目标虚存的起始地址。它在程序初始执行时并没有被赋初值,所以在头几次随机的虚存模拟活动中可能导致动作失败,直到 BASE_PTR 由虚存分配函数 VirtualAlloc 来赋予一个已分配的虚存空间区块的起始地址。但是由于对失败的动作程序采取忽略策略,所以这并不影响程序的运行。在程序运行过程中任意时刻,该指针的值都是上一次成功的虚存控制动作所进行的虚存地址。

4.实现步骤

1）打开 VC,选择菜单项 file → new,选择 projects 选项卡并建立一个名为"Virtumem"的 win32 console applicatoin 工程;创建时注意指定创建该工程的目录。

2）在工程中创建源文件"Virtumem.cpp":选择菜单项 project->add to project->files,在选择框中输入自己想要创建的文件名,这里是"Virtumem.cpp";在接下来询问是否创建新文件时回答"yes";然后通过 Workspace → FileView → Source Files 打开该文件,在其中编辑源文件并保存。

3）通过调用菜单命令项 build → build all 进行编译连接,可以在指定的工程目录下得到 debug → Virtumem.exe 程序;现在即可在控制台带指定的参数运行 Virtumem.exe。

5.参考程序源代码

```
#include <windows.h>
#include <stdio.h>
#include <process.h>
#include <time.h>
unsigned _stdcall simulator( );
unsigned _stdcall inspector( );
LPVOID BASE_PTR;
int Actnum=0;
//主函数,主要是用于启动模拟虚存活动和进行监控的两个线程;
int main( int argc, char* argv[] )
{
    unsigned  ThreadID[2];
    _beginthreadex( NULL,0,simulator,NULL,0,&ThreadID[0] );
    _beginthreadex( NULL,0,inspector,NULL,0,&ThreadID[1] );
```

```
        getchar( );//输入回车即可终止程序;
        return 0;
}
//模拟一系列的虚存活动,作为一个独立的线程运行;
unsigned _stdcall simulator( )
{
DWORD OldProtect;
int randnum;
printf( "Now the simulator procedure has been started.\n" );
//产生一个随机数种子;
srand( ( unsigned )time( NULL ) );
//在一个死循环中,用随机数控制,不断进行虚存操作活动;
while( 1 )
{
  Sleep( 500 );//控制整个模拟和监控的速度;
  while( Actnum!=0 )
  {
  Sleep( 500 );//等待,直到监控线程捕捉到上一个模拟动作后再继续下一个动作;
  }
  randnum=7&rand( );
  switch( randnum )//注意各个动作中的虚存指针均使用 BASE_PTR;它在过程中由虚
存分配
                         //函数动态调整,如果某动作不成功,则不会被监控线程监
控到;
    {
    case 0:
     if( BASE_PTR=VirtualAlloc( NULL,1024*32,MEM_RESERVE|MEM_COMMIT,
                                    PAGE_READWRITE ))
       {
            Actnum=1;//虚存的保留与提交;
       }
      break;
    case 1:
     if( VirtualFree( BASE_PTR,1024*32,MEM_DECOMMIT ))
      {
       Actnum=2;//虚存的除配;
      }
      break;
    case 2:
     if( VirtualFree( BASE_PTR,0,MEM_RELEASE ))
```

```
            {
                Actnum=3;//虚存的除配并释放虚存空间;
            }
        break;
        case 3:
        if( VirtualProtect( BASE_PTR,1024*32,PAGE_READONLY,&OldProtect ))
        {
            Actnum=4;//改变虚拟内存页的保护;
        }
        break;
        case 4:
        if( VirtualLock( BASE_PTR,1024*12 ))
        {
            Actnum=5;//锁定虚拟内存页;
        }
        break;
        case 5:
            if( BASE_PTR=VirtualAlloc( NULL, 1024*32, MEM_RESERVE, PAGE_READ-
WRITE ))
        {
            Actnum=6;//虚存的保留;
        }
        break;
        default:
            break;
    }//end of 'switch'
}//end of 'while'
    return 0;
}
//通过一个全局的变量来监视另一模拟线程的模拟活动,并通过适当的信息
//查询函数,将存储的使用和活动情况打出报告;
unsigned _stdcall inspector( )
{
int  QuOut=0;
char para1[3000];
MEMORYSTATUS Vmeminfo;
char tempstr[100];
MEMORY_BASIC_INFORMATION inspectorinfo1;
int structsize = sizeof( MEMORY_BASIC_INFORMATION );
printf( "Hi , now inspector begin to work\n" );
```

```
//在一个死循环中不断通过一个全局变量( 监视器 ),来监控模拟线程是否
//有新的动作,如果有,通过 API 函数将相应虚存处( 通过共用 BASE_PTR
//实现 )的信息进行检查,从而验证该动作对存储使用的影响;
while( 1 )
{
 Sleep( 1000 );
 if( Actnum! =0 )
 {
//通过全局变量( 监视器 )Actnum,来获取上一个虚存动作的类型
//并相应构造监控信息的头部;
 switch( Actnum )
 {
  case 1:
   memset( &inspectorinfo1, 0, structsize );
   VirtualQuery(( LPVOID )BASE_PTR,&inspectorinfo1,structsize );
   strcpy( para1,"目前执行动作:虚存的保留与提交\n" );
   break;
  case 2:
   memset( &inspectorinfo1, 0, structsize );
   VirtualQuery(( LPVOID )BASE_PTR,&inspectorinfo1,structsize );
   strcpy( para1,"目前执行动作:虚存的除配\n" );
   break;
  case 3:
   memset( &inspectorinfo1, 0, structsize );
   VirtualQuery(( LPVOID )BASE_PTR,&inspectorinfo1,structsize );
   strcpy( para1,"目前执行动作:虚存的除配并释放虚存空间\n" );
   break;
  case 4:
   memset( &inspectorinfo1, 0, structsize );
   VirtualQuery(( LPVOID )BASE_PTR,&inspectorinfo1,structsize );
   strcpy( para1,"目前执行动作:改变虚拟内存页的保护\n" );
   break;
  case 5:
   memset( &inspectorinfo1, 0, structsize );
   VirtualQuery(( LPVOID )BASE_PTR,&inspectorinfo1,structsize );
   strcpy( para1,"目前执行动作:锁定虚拟内存页\n" );
   break;
  case 6:
   memset( &inspectorinfo1, 0, structsize );
   VirtualQuery(( LPVOID )BASE_PTR,&inspectorinfo1,structsize );
```

```
        strcpy( para1,"目前执行动作:虚存的保留\n" );
        break;
      default:
        break;
    }
//实时显示固定格式的相关材料;通过目前监控到的动作所发生
//的虚存地址,监控该活动对相应存储空间的影响;
printf( tempstr,"开始地址:0X%x\n",inspectorinfo1.BaseAddress );
strcat( para1,tempstr );
printf( tempstr,"区块大小( 目前指针处向前同一属性的块):0X%x\n",
            inspectorinfo1.RegionSize );
strcat( para1,tempstr );
printf( tempstr,"目前状态:0X%x\n",inspectorinfo1.State );
strcat( para1,tempstr );
printf( tempstr,"分配时访问保护:0X%x\n",inspectorinfo1.AllocationProtect );
strcat( para1,tempstr );
printf( tempstr,"当前访问保护:0X%x\n",inspectorinfo1.Protect );
strcat( para1,tempstr );
strcat( para1,"( 状态:10000 代表未分配 ;1000 代表提交 ;2000 代表保留; )\n" );
strcat( para1,"( 保护方式:0 代表其他;1 代表禁止访问;2 代表只读;4 代表读写; \n10
代表可执" );
        strcat( para1, " 行;20 代表可读和执行; 40 代表可读写和执行; )
\n******************\n" );
//全局信息,报告目前系统和当前进程的存储使用总体情况;
GlobalMemoryStatus( &Vmeminfo );
strcat( para1,"当前整体存储统计如下\n" );
sprintf( tempstr,"物理内存总数:%d( BYTES )\n",Vmeminfo.dwTotalPhys );
strcat( para1,tempstr );
sprintf( tempstr,"可用物理内存数:%d( BYTES )\n",Vmeminfo.dwAvailPhys );
strcat( para1,tempstr );
sprintf( tempstr,"页面文件总数:%d( BYTES )\n",Vmeminfo.dwTotalPageFile );
strcat( para1,tempstr );
sprintf( tempstr,"可用页面文件数:%d( BYTES )\n",Vmeminfo.dwAvailPageFile );
strcat( para1,tempstr );
sprintf( tempstr,"虚存空间总数:%d( BYTES )\n",Vmeminfo.dwTotalVirtual );
strcat( para1,tempstr );
sprintf( tempstr,"可用虚存空间数:%d( BYTES )\n",Vmeminfo.dwAvailVirtual );
strcat( para1,tempstr );
sprintf( tempstr,"物理存储使用负荷:%%%d\n\n\n\n",Vmeminfo.dwMemoryLoad );
strcat( para1,tempstr );
```

```
printf( "%s",para1 );//显示报告内容
//( 这里可以同时将报告内容记录进日志文件 );
Actnum=0;//通知模拟线程可以进行下一个模拟动作;
Sleep( 500 );//调节模拟和监控的总体速度;
}///for if
}///for while
return 0;
}
```

6.5　问题思考

　　程序运行时,模拟线程进行各种虚存操作,这些活动导致了程序虚存空间和系统存储资源的变化。监控线程给出了监控到的这些活动和变化的信息。程序给出了整个内存系统的各个全局统计量,包括物理内存使用量和页面文件使用情况等。通过这些统计量的变化可以分析当前的虚存活动对存储系统带来的变化。例如程序在进行一次虚存提交过后,显示的物理存储反而变多了,这是因为 Windows 的内存管理发现某个进程在一段时间没有运行后,会将它的部分页面转移到页面文件中去。所以,虽然本实验程序的进程目前分配了一些内存,但是总的可用物理内存数量还是增多了。作为验证,可以检查一下此时可用页面文件的数量是否有减少。

实验 7   文件系统实验

7.1   实验目的

掌握文件系统的层次结构,文件目录的管理,文件在外存的组织形式。

7.2   预备知识

1)掌握文件系统的工作机理。
2)理解文件系统的主要数据结构。
3)熟悉 Windows 操作系统的文件系统。
4)深入了解 Windows 操作系统的文件管理知识。
5)加深理解文件系统的内部功能与内部功能实现。
6)掌握 Windows 关于文件操作的 API 函数。
7)了解并掌握 Windows 操作系统的文件系统的组织和存取方式。

7.3   实验内容

1.实验目标
1)用高级语言编写和调试一个简单的文件系统,模拟文件管理的工作过程,从而对各种文件操作命令的实质内容和执行过程有比较深入的了解。
2)要求设计一个有 n 个用户的文件系统,每次用户可以保存 M 个文件。用户在一次运行中只能打开一个文件,对文件必须设置保护措施,且至少有 create、delete、open、close、read、write 等命令。
该系统是一个多用户、多任务的系统。对用户和用户的文件数目并没有上限,也就是说该系统允许任何用户申请空间,而且对在其目录下的文件数目并不做任何的限制。

2.实验要求
完成以上实验内容并写出实验报告,报告应具有实验步骤(包括实验关键内容、程序运行过程中出现的问题及解决方法、程序运行结果,不需要程序全部源代码,可以有部分重要的源代码及注释)。

7.4   实验指导

1.操作命令
该系统的操作命令如下。
1)bye:用户注销命令。使用该命令时,用户退出系统。命令格式: run\bye ↙。完成后系统注销该用户并回到登录界面。
2)close:删除用户注册信息命令。执行该命令后,用户在系统中的所有信息,包括该用户目录下的所有文件都被删除。命令格式:run\close ↙。完成后返回登录界面。

3)create:在当前目录下创建一个文件,且该文件不能跟系统中的文件重名。该文件的管理信息登录到用户文件信息管理模块中。命令格式:run\create>file1 ✓。其中 file1 为要创建的文件名称。执行完该命令后回到执行命令行。

4)delete:删除当前用户目录下的一个文件。命令格式:run\delete>file1 ✓。完成后返回命令行。

5)list:显示当前注册目录下的所有文件信息,包括文件名、文件长度、文件操作权限。命令格式:run\list ✓。

6)open:在 Windows 界面下打开某个文件。命令格式:run\open>file1 ✓。执行该命令后,文件 file1 将用在 Windows 界面下的文件形式打开。用户可以在这个方式中对文件进行修改,并将修改后的内容保存。

7)read:读文件信息,将文件信息读入并显示在终端。命令格式:run\read>file1 ✓。

8)write:向某个文件写入新的信息。用户可以选择用覆盖原来内容的方式和在文件的末尾插入新信息的方式写入信息。

2.实验现象

该系统大量使用高级语言中的文件操作函数,所以能实际看到文件的创建、写入、读出、删除等效果。

3.实验流程图

实验流程图如图 7-1 所示。

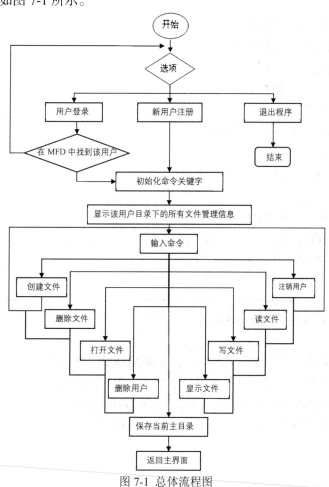

图 7-1　总体流程图

4.参考程序源代码

```
#include<iostream.h>
#include<stdio.h>
#include<stdlib.h>
#include<string.h>
#include "conio.h"
#include<dos.h>
#define NULL 0
#define keynum 9
#define getspace( type )( type* )malloc( sizeof( type ) )
char cmd[64];  //存放用户输入命令
char buffer[36];//
char user[32];//存放当前登录的用户名
typedef char ALFA[12];
ALFA KWORD[keynum];
bool flag=1;
bool flag2;
struct UFD{//用户文件管理模块
    char filename[32]; //文件名
    int  safecode;     //文件保护码
    long length;       //文件长度
}*curfile = NULL;
struct MFD{//用户登录信息管理模块
    char username[32]; //用户名
    bool filepoint;    //用户目录下的文件指针, false 表示目录为空, true 表示该用户目录
中有文件
}*curuser = NULL,*elseuser=NULL;
typedef UFD UFD;
typedef MFD MFD;
void main( );
//-------------------------------------------------------------------------------------------
void KeyWord( )//初始化命令关键字
{
    strcpy( KWORD[ 1],"bye" );   strcpy( KWORD[ 2],"close" );
    strcpy( KWORD[ 3],"create" );   strcpy( KWORD[ 4],"delete" );
    strcpy( KWORD[ 5],"list" );     strcpy( KWORD[ 6],"open" );
    strcpy( KWORD[ 7],"read" );   strcpy( KWORD[ 8],"write" );

}
//-------------------------------------------------------------------------------------------
```

```
int LoginDisplay( )//登录选项操作函数
{
    int SELETE_1 = 0;
    do
    {
    cout<<"    *****文件系统管理模拟程序*****"<<endl;
            cout<<"    *****  请选择相应操作  *****"<<endl;
            cout<<"1.用户登录 "<<endl;
            cout<<"2.用户注册 "<<endl;
            cout<<"0.退出    "<<endl;
    cin>>SELETE_1;
    }while( SELETE_1<0 || SELETE_1>2 );
    flag=1;
    system( "cls" );
    return SELETE_1;
}
//--------------------------------------------------------------------------------------------
bool Login( int SELETE )//用户登录,注册函数
{
    FILE *fp,*fp1,*fp2;
    char name[12];
    switch( SELETE )
    {
    case 1://用户登录
        if(( fp = fopen( "LOGIN.exe","rb" )) == NULL )//打开用户注册目录管理文件
            {
                cout<<"\n 错误:不能打开登录文件。请按任意键返回主菜单! "<<endl;
                getch( );system( "cls" );
                return false;
            }
            curuser = getspace( MFD );
            cout<<"\n*****登录*****\n 用户名:";
            cin>>name; //输入用户登录名

            while( ! feof( fp ))//检查该用户是否合法
            {
                    fread( curuser,sizeof( MFD ),1,fp );
                    if( strcmp( curuser->username,name )==0 )
                            break;
            }
```

```
            if( feof( fp ))//如果没有找到跟当前登录用户名相同的管理信息,提示出错
            {
                    cout<<"\n 错误:该用户不存在。"<<endl;
            fclose( fp );
            return false;
            }
            else
            {
                    fclose( fp );
                    return true;
            }
            return true;break;


case 2: //新用户注册
    if(( fp=fopen( "LOGIN.exe","ab" ))==NULL )//如果登录信息管理文件不存在
        fp=fopen( "LOGIN.exe","wb+" );       //创建该信息管理文件
    char name[12];
    curuser = getspace( MFD );
    while( 1 )
    {
            cout<<"\n     *****新用户注册*****"<<endl;
            cout<<"用户名:";
            cin>>name;       //输入用户注册名
            fp1 = fopen( "LOGIN.exe","rb" );
            while( ! feof( fp1 ))//查看该用户名是否被别的用户占用
            {
            fread( curuser,sizeof( MFD ),1,fp1 );
                if( strcmp( curuser->username,name )== 0 )//该名称已经被使用
                {
                        cout<<"\n 该用户已经存在,请重新输入! "<<endl;
                        getch( );
                        break;
                }
            }
            if( feof( fp1 ))//该名称没有被别的用户占用
            {
                strcpy( curuser->username,name );
                curuser->filepoint = NULL;
                fwrite( curuser,sizeof( MFD ),1,fp );
                strcpy( user,curuser->username );//生成用户文件管理模块
```

```
                strcat( user,".exe" );         //用于管理用户目录下的各个文件
                fp2=fopen( user,"wb+" );
                fclose( fp2 );
                cout<<"\n 注册成功！ "<<endl；  //提示注册成功
                fclose( fp1 );
                fclose( fp );
                break；
            }
        }
        fp = fopen( "LOGIN.exe","rb" )；//显示当前注册用户的名称
        while( 1 )
        {
                fread( curuser,sizeof( MFD ),1,fp )；
                if( feof( fp ))
                    break；
                cout<<curuser->username<<endl；
                getch( )；
        }
        fclose( fp )；
        return true；
        break；
    default：
        return false；
        break；
    }
}
//--------------------------------------------------------------------------------------------
void DisplayUFD( )//打印用户信息，包括用户的各个文件
        //名称、长度和操作权限的设置信息
{
    if( curuser->filepoint == false )//当前用户目录下没有任何文件存在
        cout<<"\n 用户 "<<curuser->username<<" 文件夹是空的"<<endl；
    else
    {//存在文件，将所有文件信息打印在终端
        FILE *fp；
        char filename[12]；
        strcpy( filename,curuser->username )；
        strcat( filename,".exe" )；
        if(( fp=fopen( filename,"rb" ))==NULL )//打开用户文件信息管理模块
        {
```

```
        cout<<"\n 无法打开用户:"<<curuser->username<<" 的文件！"<<endl;
        getch( );
        return;
        }
        else
        {//读入并将用户全部文件信息打印在终端
            cout<<"用户:"<<curuser->username<<"目录下的文件:"<<endl;
            UFD *ufd;
            int i=0;
            ufd = getspace( UFD ); //申请存放用户文件模块的空间
            while( 1 )
            {
                fread( ufd,sizeof( UFD ),1,fp );
                if( feof( fp ))//全部输出完毕,结束
                    break;
                else//打印信息
        cout<<ufd->filename<<"\t"<<ufd->length<<"\t"<<ufd->safecode<<endl;
            }
        }
        fclose( fp );


    }
}
//-------------------------------------------------------------------------------------------
void ByeFile( bool BOOL )//注销函数,调用此函数用户可以退出系统
{
    FILE *infile,*outfile;
    char out[50];
    strcpy( out,"outfilelocate.exe" );
    if(( infile=fopen( "LOGIN.exe","rb" ))==NULL )
    {
        cout<<"\n 保存错误。"; //          fclose( infile );
        return;
    }
    else
    {
        if(( outfile=fopen( out,"wb+" ))==NULL )//申请一个缓冲区管理模块
            //存放用户更新后的全部信息
        {
            cout<<"\n 保存错误。";// fclose( outfile );
```

```
                            fclose( infile );return;
                }
                else
                {
                        MFD *mfd = getspace( MFD );
                        while( 1 )
                        {//将旧文件管理信息读出,并保存到新的文件信息管理模块中
                                fread( mfd,sizeof( MFD ),1,infile );
                                if( feof( infile ))
                                        break;
                                if(( strcmp( mfd->username,curuser->username ))==0 )
                                {
                                        if( BOOL )//更新当前用户信息的操作
                                        fwrite( curuser,sizeof( MFD ),1,outfile );
                                        else continue; //如果用户想把自己的注册目录从系
统中彻底删除

                                        //则执行该操作
                                }
                                else
                                fwrite( mfd,sizeof( MFD ),1,outfile );//写入新的模块
                        }
                        fclose( infile );fclose( outfile );
                        remove( "LOGIN.exe" );//将旧的该用户的文件管理模块删除
                        rename( out,"LOGIN.exe" ); //将新的用户的文件管理模块重命名为
用户目录下的管理模块
                }
        }
    flag=0;
}
//-------------------------------------------------------------------------------------
bool ClearUserFile( )//用户要将自己的注册目录从系统彻底删除
//首先将该用户目录下的全部文件删除
{
    FILE *fp;
    char file[50];
    strcpy( file,curuser->username );
    strcat( file,".exe" );
    if(( fp=fopen( file,"rb" ))==NULL )//打开用户文件信息管理模块
    {
    //          fclose( fp );
```

```
            cout<<"\n 该用户不存在! ";return true;
    }
    else
    {//将该用户目录下的文件逐个从磁盘删除
            UFD *ufd = getspace( UFD );
            while( 1 )
            {
                    fread( ufd,sizeof( UFD ),1,fp );
                    if( feof( fp ))
                            break;
                    else
                            remove( ufd->filename );//删除文件
            }
            fclose( fp );
            return true;
    }
}
//------------------------------------------------------------------------------
void ClearUserMes( )//删除用户全部信息
{
    char name[50];
    strcpy( name,curuser->username );
    strcat( name,".exe" );
    remove( name ); //从磁盘中删除用户文件信息管理模块
    ByeFile( false );//更新系统的用户登录信息管理模块
}
//------------------------------------------------------------------------------
void DeleteUser( )//删除用户注册目录的操作
{
    char ch;
    cout<<"\n 该操作将会使你在系统所有信息删除,下次登录时你必须重新申请用户
名! "<<endl;
    cout<<"\n 你确定要删除你在系统中的注册信息吗? Y/N"<<endl;
    cin>>ch;
    switch( ch )//提示用户确认删除
    {
    case 'Y':
    case 'y':
            if( ClearUserFile( ))//如果用户的全部文件已经删除了
                    //则可以将该用户的文件信息管理模块也从磁盘中删除
```

```
                    //以免在没完全删除文件时却删了该文件信息管理模块
                    //使得这些文件无法再进行管理从而造成磁盘空间的浪费
                    ClearUserMes( );//删除文件信息管理模块

            break;
    default:
            cout<<"\n 你取消了此操作！ ";
            break;
    }
}
//-------------------------------------------------------------------------------------------------
void CreatFile( )//在当前用户目录下创建文件
{
    FILE *fp;
    curuser->filepoint=true;

    if((  fp=fopen( buffer,"r" ))==NULL )//如果没有跟用户输入文件名相同的文件
    {
    if(( fp=fopen( buffer,"w" ))==NULL )
            {
            cout<<"\n 创建文件失败！ ";
    //          fclose( fp );
            return;
            }
            fclose( fp );
    }
    else
    {//用户要创建的文件已经存在
            cout<<"\n 该文件已经存在,创建另一个文件？ Y/N";
            char ch;
            cin>>ch;
            switch( ch )
            {
            case 'Y':
            case 'y':
                    cout<<"\n 输入新文件名:";
                    cin>>buffer;
                    strcat( buffer,".txt" );
                    fclose( fp );
            if(( fp=fopen( buffer,"w" ))==NULL )
                    {
```

```
                cout<<"\n 创建文件失败！";
            //          fclose( fp );
        return;
                    }
        fclose( fp );
                break;
        default：
                fclose( fp );
                return;
            }
    }
    strcpy( user, curuser->username );
    strcat( user, ".exe" );
    curfile = getspace( UFD );
    strcpy( curfile->filename, buffer );//文件名
    curfile->length=0；//该文件长度为零
    curfile->safecode=30；//设置该文件的默认权限
      //11 00,文件主有读和写权,其他用户没有读写权
    if(( fp=fopen( user,"ab" ))==NULL )
    {
            cout<<"\n 错误：你可能不是合法用户。"<<endl;
            getch( );
    }
    else
    {
            fwrite( curfile, sizeof( UFD ), 1, fp );//将该文件信息写入用户文件信息管理
模块中
            cout<<"\n 文件 "<<curfile->filename<<" 创建成功！";
    }
    fclose( fp );
}
//--------------------------------------------------------------------------------------
void DeleteFile( )//删除当前目录下一个文件的操作
{
    char ch;
    FILE *infile,*outfile;
    cout<<"\n 确定要删除文件:"<<buffer<<" Y/N"<<endl;
    cin>>ch;//提示用户确认删除
    switch( ch )
    {
```

```
case 'Y':
case 'y'://更新用户文件信息管理模块,这里同样使用缓冲区模块来更新
            //方法与上面讲到的类似
                    char out[50],in[50];
        strcpy( out,"outfilelocate.exe" );
                    strcpy( in,curuser->username );
                    strcat( in,".exe" );
        if(( infile=fopen( in,"rb" ))==NULL )//打开该用户的文件信息管理模块
                {
        cout<<"\n 保存错误。";
        //fclose( infile );
                        return;
                }
        else
                {
        if(( outfile=fopen( out,"wb+" ))==NULL )
                    {
            cout<<"\n 保存错误。";// fclose( outfile );
            fclose( infile );return;
                    }
        else
                    {
            UFD *ufd = getspace( UFD );
            while( 1 )
                        {
            fread( ufd,sizeof( UFD ),1,infile );//从旧模块读出信息
            if( feof( infile ))
            break;
            if(( strcmp( ufd->filename,buffer ))==0 )//要进行更新的信息
            continue;
                    else
                        fwrite( ufd,sizeof( UFD ),1,outfile );//写入新模块
                        }
            fclose( infile );fclose( outfile );
            remove( in );//在磁盘移除旧模块
            rename( out,in );//新模块命名为当前用户文件信息管理模块
                    }
                }
        remove( buffer );//从磁盘中删除该文件
        break;
```

```
        default：
              break；
        }
}
//------------------------------------------------------------------------------------------------
void ListAllFile( )//显示当前用户目录下的文件信息
{
     DisplayUFD( );
}
void WriteLengthToFile( int Len,bool BOOL )；
//------------------------------------------------------------------------------------------------
void OpenFile( )//在 Windows 模式下打开该文件
{
     FILE *fp；
     char ch；
     int i=0；
     system( buffer )；//buffer 为文件名,如 file1.txt
     fp=fopen( buffer,"r" )；
     while( 1 ){//获取新文件的长度
             if( feof( fp ))
                     break；
             ch=fgetc( fp )；
             i++；
     }
     WriteLengthToFile( i,false )；//将修改后的文件长度写入管理表
}
//------------------------------------------------------------------------------------------------

//------------------------------------------------------------------------------------------------
bool WriteRight( int len,bool BOOL )//查看是否已经正确地写入到该文件信息中
//是则返回真值
{

     char user[50],outfile[50]；
     FILE *fp,*fp1；
     strcpy( user,elseuser->username )；
     strcat( user,".exe" )；
     if(( fp=fopen( user,"rb" ))==NULL ){
     //      fclose( fp )；
             return false；
```

```
        }
        else{
            UFD *ufd = getspace( UFD );
            while( 1 ){//在此用户目录下查找匹配文件
                fread( ufd,sizeof( UFD ),1,fp );
                if( feof( fp ) ){
                    fclose( fp );return false;
                }
                if( ( strcmp( ufd->filename,buffer ) )==0 ){//找到要写入新的长度的文件
                    strcpy( outfile,"outfilelocate.exe" );
                    if( ( fp1=fopen( outfile,"wb+" ) )==NULL ){
                        cout<<"\n 错误:写入文件长度出错_3。";
                        //     fclose( fp1 );
                            fclose( fp );return false;
                    }
                    else{
                        fclose( fp );
                        fp=fopen( user,"rb" );//文件指针重新指向此用户文件信
                                              //息管理模块开头
                        while( 1 ){
                            fread( ufd,sizeof( UFD ),1,fp );
                            if( feof( fp ) )
                                break;
                            if( strcmp( ufd->filename,buffer )==0 ){//找到匹配的文件
                            if( BOOL )ufd->length+=len; //在文件末追加内容的操作
                            else ufd->length =len;      //覆盖原文件内容
                            }
                            fwrite( ufd,sizeof( UFD ),1,fp1 );
                        }
                        fclose( fp );fclose( fp1 );
                        remove( user );
                        rename( outfile,user );
                        return true;
                    }
                }
            }
        }
}
//---------------------------------------------------------------------
void WriteLengthToFile( int Len,bool BOOL )//将文件长度写入文件管理模块中
```

```
    {//因为当前用户可以对其他用户的文件进行操作(只要权限允许)
        //所以应该在整个文件系统目录下查找该文件的位置
        FILE *fp;
        if((fp=fopen("LOGIN.exe","rb"))==NULL){//不能打开文件
                cout<<"\n写入文件长度错误_1! ";
//              fclose(fp);
                return;
        }
        else{
                elseuser = getspace(MFD);
                while(1){
                        fread(elseuser,sizeof(MFD),1,fp);
                        if(feof(fp))
                           break;
                        else{
                           if(WriteRight(Len,BOOL)){//查看是否已经正确地写入该文件
                                                    //信息中
                                fclose(fp);return;
                                }
                        }
                }
                cout<<"\n写入文件长度错误_2! ";
                fclose(fp);return;
        }
    }
//-------------------------------------------------------------------------------------
void WriteFile( )//向文件写入信息的操作
{

    char ch;
    int i=0;
    FILE *fp;
    if((fp=fopen(buffer,"r"))==NULL)//查询该文件是否存在
    {
            cout<<"\n该文件不存在,请创建该文件后再写入。";
//          fclose(fp);
            return;
    }
    fclose(fp);
    cout<<"\n请选择写入方式:"<<endl;
```

```
cout<<"1.覆盖原文件　2.在原文件末尾写入　3.取消"<<endl;
cin>>ch;
cout<<"开始输入正文:以#结束输入"<<endl;
switch( ch )
{
case '1'://覆盖原文件
        if(( fp=fopen( buffer,"w" ))==NULL )
                cout<<"\n 文件打开失败。";
        else
        {
                ch=getchar( );
                while( ch! ='#' )//将新的文件内容写入文件的磁盘位置中
                {
                        i++;
                        fputc( ch,fp );
                        ch=getchar( );
                }
        }
        fclose( fp );
        WriteLengthToFile( i,false );//将文件长度写入文件管理模块
        break;
case '2':
        if(( fp=fopen( buffer,"a" ))==NULL )
                cout<<"\n 文件打开失败。";
        else
        {
                ch=getchar( );
                while( ch! ='#' )//将新的文件内容写入文件的磁盘位置中
                {
                        i++;
                        fputc( ch,fp );
                        ch=getchar( );
                }
        }
        fclose( fp );
        WriteLengthToFile( i,true );//将文件长度写入文件管理模块
        break;
default：
        break;
}
```

```
}
//---------------------------------------------------------------------------------------
void ReadFile( )//读文件函数
{
    FILE *fp;
    if(( fp=fopen( buffer,"r" ))==NULL )//打开该文件
    {
            cout<<buffer;
            cout<<"\n 该文件不存在。 ";
            return;
    }
    else{
            char ch;
            ch=fgetc( fp );
            while( ch！=EOF )//将该文件信息逐一输出到终端
            {
                    putchar( ch );
                    ch=fgetc( fp );
            }
            cout<<endl;
    }
    fclose( fp );
}
//---------------------------------------------------------------------------------------
void Execute( int i,int len,int cmdset )//执行命令函数
{
    int j=0;
    for( ;i<len;i++ )
    {
            if( cmd[i]=='>'||cmd[i]==' ' ){
//          buffer[i] = '\0';
                    break;
            }
/*          if( i==len-1 )
            {
                    buffer[j]=cmd[i];
                    buffer[j+1]='\0';
                    break;
            }*/
            buffer[j]=cmd[i];j++;
```

```
    }
    buffer[j]='\0';
    strcat( buffer, ".txt" );
    switch( cmdset )
    {
    case 1: //退出
            ByeFile( true );
        system( "cls" );


            break;
    case 2: //删除用户
      DeleteUser( );
            break;
    case 3: //创建文件
            if( ( strcmp( buffer, ".txt" ) )==0 ){
                    cout<<"\n 输入命令出错! ";
                    return;
            }
            CreatFile( );
            break;
    case 4: //删除文件
            if( ( strcmp( buffer, ".txt" ) )==0 ){
                    cout<<"\n 输入命令出错! ";
                    return;
            }
            DeleteFile( );
            break;
    case 5: //列出该用户所有文件清单
            ListAllFile( );
            break;
    case 6: //打开文件
            if( ( strcmp( buffer, ".txt" ) )==0 ){
                    cout<<"\n 输入命令出错! ";
                    return;
            }
            OpenFile( );
            break;
    case 7: //读文件
            if( ( strcmp( buffer, ".txt" ) )==0 ){
                    cout<<"\n 输入命令出错! ";
```

```
                    return;
                }
            ReadFile( );
            break;
    case 8: //写文件
            if(( strcmp( buffer,".txt" ))==0 ){
                    cout<<"\n 输入命令出错! ";
                    return;
            }
            WriteFile( );
            break;
    default:
            break;
    }
}
//-----------------------------------------------------------------------------
void Command( )//读取用户输入的命令,并将其转换成系统能识别的命令
{
    int len = 0,i,j;
    int cmdset;
    while( flag )
    {
            cmdset = 0;
            cout<<"\n*****************************相关命令介绍**************
****************************"<<endl;
            cout<<"创建文件命令: create>"<<"   "<<"写文件命令: write>"<<"   "<<"读
文件命令:read>"<<endl;
        cout<<"删除文件命令:delete>"<<"   "<<"删除注册用户命令:close"<<endl;
            cout<<"在 Windows 中打开文件命令:open>"<<endl;
        cout<<"*****************************************************************
**********************"<<endl;
            cout<<"\nrun\\";
            cin>>cmd;
            len = strlen( cmd );
            i=0;j=0;
            while( cmd[i]=='>'||cmd[i]==' ' ){i++;}//过滤空格键和'>'
            for( ;i<len;i++ )
            {

                    if( cmd[i]=='>' || cmd[i]==' ' || i==len-1 )
```

```
                {
                        if( cmd[i]=='>' || cmd[i]==' ' )
                                buffer[j] = '\0';
                        else
                                if( i==len-1 )
                                {
                                buffer[j]=cmd[i];
                                buffer[j+1]='\0';
                                }
                        i++;
                        j=0;
                        int low=1,mid,high=keynum-1;
                        bool BOOL = false;
            while( low<=high ){//找到该命令关键字的内部识别码
                                mid=( low+high )/2;
                                if( strcmp( buffer,KWORD[mid] )<0 ) high=mid-1;
                                if( strcmp( buffer,KWORD[mid] )>0 ) low=mid+1;

                                if( strcmp( buffer,KWORD[mid] )==0 ){
                                        BOOL = true;
                                        break;
                                }
                        }
                        if( ! BOOL )
                        {
                                cout<<"\n"<<buffer<<"不是系统定义的命令...";
                                cmdset = 0; break;
                        }
                        else {cmdset = mid;break;}
                }
                else{
                        buffer[j] = cmd[i];
                j++;
                }
        }
        if( cmdset == 0 )continue;
        while( cmd[i]=='>'||cmd[i]==' ' ){i++;}//过滤空格键和'>'
        buffer[0]='\0';
        Execute( i,len,cmdset );  //执行该命令
}
```

```
}
//------------------------------------------------------------------------------------------
void main( )
{
    while( 1 ){
    int SELETE = LoginDisplay( );
            if( SELETE==0 )
                    exit( 0 );
    bool BOOL = Login( SELETE );//用户登录,或者注册函数
    if( BOOL )
            {
            KeyWord( );  //初始化命令关键字
            DisplayUFD( );//打印用户目录下的文件
        Command( );  //命令行操作
            }
    }
}
```

7.5 问题思考

思考 Hash 方法在目录查询中的应用。

实验 8　磁盘调度

8.1　实验目的

磁盘是高速、大容量、旋转型、可直接存取的存储设备。它作为计算机系统的辅助存储器担负着繁重的输入输出工作,在现代计算机系统中往往同时会有若干个要求访问磁盘的输入输出要求。系统可采用一种策略,尽可能按最佳次序执行访问磁盘的请求。由于磁盘访问时间主要受寻道时间的影响,为此需要采用合适的寻道算法,以降低寻道时间。本实验要求学生模拟设计一个磁盘调度程序,观察调度程序的动态运行过程。通过实验让学生理解和掌握磁盘调度的职能。

8.2　预备知识

磁盘是可供多个进程共享的存储设备,但一个磁盘每个时刻只能为一个进程服务。当有进程在访问某个磁盘时,其他想访问该磁盘的进程必须等待,直到磁盘一次工作结束。当有多个进程提出输入输出请求而处于等待状态时,可用磁盘调度算法从若干个等待访问者中选择一个进程,让它访问磁盘。由于磁盘与处理机是并行工作的,所以当磁盘在为一个进程服务时,占有处理机的其他进程可以提出使用磁盘(这里我们只要求访问磁道),即动态申请访问磁道。

掌握四种典型的磁盘调度算法的基本思想及调度过程。

8.3　实验内容

1.实验环境
假设磁盘只有一个盘面,并且磁盘是可移动头磁盘。

分别按先来先服务(FCFS)算法、最短寻道时间优先(SSTF)算法、电梯扫描(SCAN)算法、单向电梯扫描(CSCAN)算法进行磁盘调度。

2.实验要求
完成以上实验内容并写出实验报告,报告应具有实验步骤(包括实验关键内容、程序运行过程中出现的问题及解决方法、程序运行结果,不需要程序全部源代码,可以有部分重要的源代码及注释)。

8.4　实验指导

参考程序源代码如下。
```
#include<iostream>
using namespace std;
```

```
#include<math.h>
#include<iomanip>
int FF[10]={55,58,39,18,90,160,150,38,184};//测试数据:依次提出要访问的磁道号
int F[10];
int z[10]={100};
int Y[9];
float a_l=0;

void FCFS( )
{
    int i=0;
    int temp=100;

    while( i<9 )
    {
            Y[i]=fabs( temp-F[i] );
            temp=F[i];
            i++;
    }
    cout<<"从 100 # 磁道开始"<<endl;
    cout<<"访问到的磁道号"<<setw( 10 )<<"移动距离"<<endl;
    for( i=0;i<9;i++ )
    {
            cout<<setw( 10 )<<F[i]<<setw( 10 )<<Y[i]<<endl;
            a_l+=Y[i];
    }
    cout<<"平均寻道距离:"<<setw( 10 )<<a_l/9<<endl;}
void SSTF( )
{
    int temp,temp1,k,w;
    int j=9;
    int a=0;
    int i;
    while( j>0 )
    {
            temp=fabs( z[a]-F[0] );
            k=temp;
            int c=0;

            for( i=0;i<j;i++ )
```

```
                {
                        temp1=fabs( z[a]-F[i] );
                        if(( k-temp1 )<0 )
                        {k=k;w=c;}
                        else
                        {k=temp1;w=i;c=i;}
                }
                Y[a]=k;
                a++;
                z[a]=F[w];
                for( w;w<9;w++ )
                {
                        F[w]=F[w+1];
                }
                j--;
        }
        int zz[9];
        for( a=0;a<9;a++ )
        {zz[a]=z[a+1];}
        cout<<"从 100 # 磁道开始"<<endl;
        cout<<"访问到的磁道号"<<setw( 10 )<<"移动距离"<<endl;
        a_l=0;
        for( a=0;a<9;a++ )
        {cout<<setw( 10 )<<zz[a]<<setw( 10 )<<Y[a]<<endl;a_l+=Y[a];}
        cout<<"平均寻道距离:"<<setw( 10 )<<a_l/9<<endl;}
void SCAN( )
{
        int aa[9],bb[9];
        int start=z[0];
        int i=0,j=0;
        int ii=0,jj=0;
        int temp;
        int FF[9];while( i<9 )
        {
                if(( F[i]-start )>0 )
                {aa[ii]=F[i];ii++;i++;}
                else {bb[jj]=F[i];jj++;i++;}
        }
        for( i=0;i<( ii-1 );i++ )
        { for( j=i;j<ii;j++ )
```

```
        {
                if( aa[i]>aa[j] )
                {
                        temp=aa[i];
                        aa[i]=aa[j];
                        aa[j]=temp;}
        }
        }
        for( i=0;i<( jj-1 );i++ )
        {
                for( j=i;j<jj;j++ )
                { if( bb[i]<bb[j] )
                {temp=bb[i];
                bb[i]=bb[j];
                bb[j]=temp;}
                }
        }
        temp=z[0];
        for( i=0;i<ii;i++ )
        {
                Y[i]=aa[i]-temp;
                temp=aa[i];
                FF[i]=aa[i];}
        for( j=0;j<jj;j++ )
        {
                Y[i]=fabs( bb[j]-temp );
                temp=bb[j];
                FF[i]=bb[j];
                i++;
        }
        cout<<"从 100 #磁道开始,磁头方向为自外向里"<<endl;
        cout<<"访问到的磁道号"<<setw( 10 )<<"移动距离"<<endl;
        a_l=0;
        for( i=0;i<9;i++ )
        {
                cout<<setw( 10 )<<FF[i]<<setw( 10 )<<Y[i]<<endl;
                a_l+=Y[i];
        }
        cout<<"平均寻道距离:"<<setw( 10 )<<a_l/9<<endl;}
void CSCAN( )
```

```
{
    int aa[9],bb[9];
    int start=z[0];
    int i=0,j=0;
    int ii=0,jj=0;
    int temp;
    int FF[9];
    while( i<9 )
    {
            if( ( F[i]-start )>0 )
            {aa[ii]=F[i];ii++;i++;}
            else {bb[jj]=F[i];jj++;i++;}
    }
    for( i=0;i<( ii-1 );i++ )
    { for( j=i;j<ii;j++ )
    {
            if( aa[i]>aa[j] )
            {
                    temp=aa[i];
                    aa[i]=aa[j];
                    aa[j]=temp;}
    }
    }
    for( i=0;i<( jj-1 );i++ )
    {
            for( j=i;j<jj;j++ )
            { if( bb[i]>bb[j] )
            {temp=bb[i];
            bb[i]=bb[j];
            bb[j]=temp;}
            }
    }
    temp=z[0];
    for( i=0;i<ii;i++ )
    {
            Y[i]=aa[i]-temp;
            temp=aa[i];
            FF[i]=aa[i];}
    for( j=0;j<jj;j++ )
    {
```

```
                Y[i]=fabs( bb[j]-temp );
                temp=bb[j];
                FF[i]=bb[j];
                i++;
        }
    cout<<"从 100 #磁道开始,磁头方向为自外向里"<<endl;
    cout<<"访问到的磁道号"<<setw( 10 )<<"移动距离"<<endl;
            a_l=0;
    for( i=0;i<9;i++ )
    {
                cout<<setw( 10 )<<FF[i]<<setw( 10 )<<Y[i]<<endl;
                a_l+=Y[i];
    }
    cout<<"平均寻道距离:"<<setw( 10 )<<a_l/9<<endl;}
void main( )
{
    int n,i;
  do
  {
    for( i=0;i<9;i++ )
            F[i]=FF[i];
            cout<<"\n 请求访问的磁道号依次为:";
    for( i=0;i<9;i++ )
      cout<<F[i]<<"   ";
    cout<<endl;
    cout<<"请选择算法"<<endl;
    cout<<" 1-FCFS "<<endl;
    cout<<" 2-SSTF "<<endl;
    cout<<" 3-SCAN "<<endl;
    cout<<" 4-CSCAN "<<endl;
    cout<<" 0-exit "<<endl;
    cin>>n;
    switch( n )
    {
    case 1:{FCFS( );break;}
    case 2:{SSTF( );break;}
    case 3:{SCAN( );break;}
    case 4:{CSCAN( );break;}
    //case 0:exit;
    }
```

```
    }while( n! =0 );
}
```

8.5　问题思考

　　读写一个磁盘盘块的时间由以下三部分构成：寻道时间、旋转延迟时间、传输时间，请思考其时间主要花在哪一部分？原因在哪里？

实验9 设备管理模拟

9.1 实验目的

通过 Windows API 提供的函数模拟设备管理功能。

9.2 预备知识

相应 API 函数说明如下。

1.bool SystemParametersInfo(SPI_SETMOUSEBUTTONSWAP,1,0,0)

改变鼠标左右手习惯，SPI_SETMOUSEBUTTONSWAP 代表鼠标,第二个参数值为 1 代表鼠标左手习惯,第二个参数值为 0 代表鼠标右手习惯。

2.int GetKeyboardType(int nTypeFlag)

一个获取系统当前键盘信息的函数，GetKeyboardType 中参数值为 0 表示获取键盘类型,参数值为 2 表示获取键盘功能键数目。当参数值为 0 时,函数返回值对应结果如下:

1)IBM PC/XT 或兼容(83)键盘;

2)Olivertri\' ICO\' (102 键)键盘;

3)IBM PC/AT(84 键)或类型键盘;

4)IBM 增强型(101 或 102 键)键盘;

5)Konia 1050 或类似键盘;

6)Konia 9140 或类似键盘;

7)Japanese 键盘。

9.3 实验内容

1.实验目标

完成如图 9-1 所示的功能设计。

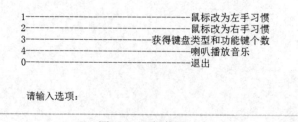

图 9-1 运行截图

2.实验要求

完成以上实验内容并写出实验报告,报告应具有实验步骤(包括实验关键内容、程序运行过程中出现的问题及解决方法、程序运行结果,不需要程序全部源代码,可以有部分重要的源代码及注释)。

9.4 实验指导

参考程序源代码如下。

```c
#include<windows.h>
#include<stdio.h>
#include<stdlib.h>
#include<conio.h>
void menu( );    //显示操作菜单
void quit( );    //退出程序
void error( );    //错误处理
void CheckKeyboard( );//检测键盘
void PlayMusic( );    //喇叭发声
int main( )
{ char UserSelect;
 int iSavecaretBlinkTime=350;
 do{
    menu( );
    UserSelect=getch( );    //获得用户输入
    putchar( UserSelect);   //输出用户输入
    switch( UserSelect )
    {
    case '1':
            SystemParametersInfo( SPI_SETMOUSEBUTTONSWAP, 1, 0, 0 );//鼠标改
为左手习惯, SPI_SETMOUSEBUTTONSWAP 代表鼠标,第二个参数值为 1 代表鼠标左手
习惯
            break;
    case '2':
         SystemParametersInfo( SPI_SETMOUSEBUTTONSWAP, 0, 0, 0 );//鼠标改为右手
习惯,第二个参数值为 0 代表鼠标右手习惯
            break;
    case '3':
            CheckKeyboard( );    //获得键盘消息
            break;
    case '4':
            PlayMusic( );     //喇叭发声
            break;
    case '0':
```

```
                quit( );        //退出
                break;
        default:
                error( );       //错误处理
                break;
        }
    }
while( UserSelect! ='0');
return 1;
}
void menu( )   //显示操作菜单
{
printf( "\n\n\t1--------------------------------鼠标改为左手习惯\n" );
printf( "\t2--------------------------------鼠标改为右手习惯\n" );
printf( "\t3--------------------------获得键盘类型和功能键个数\n" );
printf( "\t4--------------------------------喇叭播放音乐\n" );
printf( "\t0--------------------------------退出\n" );
printf( "\n\n\t 请输入选项:" );
}
void error( )                //错误处理
{
    printf( "\n\n\t 输入出错" );
}
void quit( )
{
    printf( "\n\n\t 退出\n\n" );
}
void CheckKeyboard( ) //获得键盘类型和功能键个数
{
    char sKeyType[256];
    int iFunctionKeynum;
    switch( GetKeyboardType( 0 )) //GetKeyboardType 中参数值为 0 表示获取键盘信息
    {
    case 1:
            strcpy( sKeyType,"\nIBM PC/XT 或兼容( 83 )键盘\n" );
            break;
    case 2:
        strcpy( sKeyType,"\nOlivertri\'ICO\'( 102 键 )键盘\n" );
            break;
    case 3:
```

```
                strcpy( sKeyType,"\nIBM PC/AT( 84 键 )或类型键盘\n" );
                break;
        case 4:
                strcpy( sKeyType,"\nIBM 增强型( 101 或 102 键 )键盘\n" );
                break;
        case 5:
                strcpy( sKeyType,"\nKonia 1050 或类似键盘\n" );
                break;
        case 6:
                strcpy( sKeyType,"\nKonia 9140 或类似键盘\n" );
                break;
        case 7:
                strcpy( sKeyType,"\nJapanese 键盘\n" );
                break;
        default:
                strcpy( sKeyType,"\n 目前无法确定\n" );
                break;
        }
        printf( "%s",sKeyType );
        iFunctionKeynum=GetKeyboardType( 2 ); //GetKeyboardType 中参数值为 2 表示获取
键盘功能键数目
        printf( "\n 功能键个数 %d\n",iFunctionKeynum );
    }
    void PlayMusic( ) //喇叭发声
    {
        int iFreq[24]={784,659,523,784,
                    659,523,880,698,
                    587,880,698,578,
                    1568,1318,1046,1568,
                    1318,1046,1760,1396,
                    1174,1706,1396,1174};
        int i,j;
        for( i=0;i<2;i++ )
        {
                for( j=0;j<24;j++ )
                {
                  Beep( iFreq[j],200 ); //参数 1 表示声音的频率,参数 2 表示声音的时长
                }
        }
    }
```

9.5 问题思考

尝试掌握或了解更多有关设备管理类的 API 函数。

实验 10　音乐程序设计

10.1　实验目的

通过 Windows API 提供的发音函数实现简单音乐程序的设计。

10.2　预备知识

1）Windows API 提供了一个简单的发音函数——Beep 函数。Beep 函数可以通过控制主板扬声器的发声频率和节拍来演奏，具体格式如下：

BOOL Beep（DWORD dwFreq，DWORD dwDuration）；

参数说明如下。

dwFreg：指定要发出的频率（Hz）。

dwDuration：指定发音的时长，以毫秒为单位。

2）音阶如表 10-1、表 10-2 所示。

表 10-1　音阶表 1

音名	C	D	E	F	G	A	B
音符	1	2	3	4	5	6	7
频率	131	147	165	175	196	220	247

表 10-2　音阶表 2

音名	C′	D′	E′	F′	G′	A′	B′	C″
音符	1	2	3	4	5	6	7	i
频率	262	294	330	349	392	440	494	523

例如说要发 do 这个音，do 应该是 523 Hz，且如果要发一拍的话，就相当于 400 毫秒。那这个函数就为 Beep（523，420）。

10.3　实验内容

1.实验环境

利用扬声器发声，完成图 10-1 和图 10-2 任意一首歌曲的演奏设计。

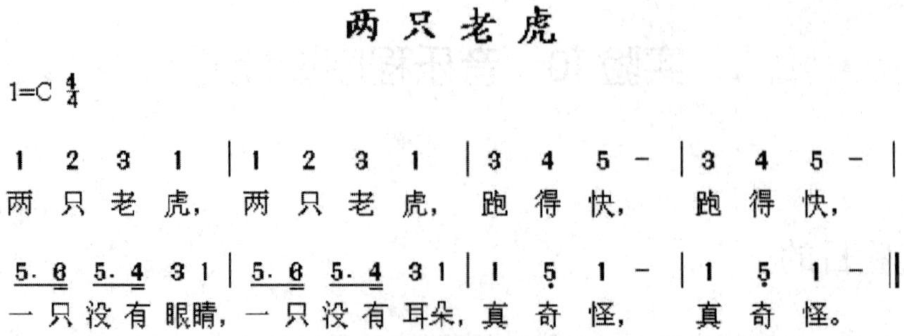

两只老虎

1=C 4/4

1 2 3 1 | 1 2 3 1 | 3 4 5 - | 3 4 5 - |
两 只 老 虎, 两 只 老 虎, 跑 得 快, 跑 得 快,

5.6 5.4 3 1 | 5.6 5.4 3 1 | 1 5 1 - | 1 5 1 - ‖
一 只 没 有 眼 睛, 一 只 没 有 耳 朵, 真 奇 怪, 真 奇 怪。

图 10-1　曲谱 1

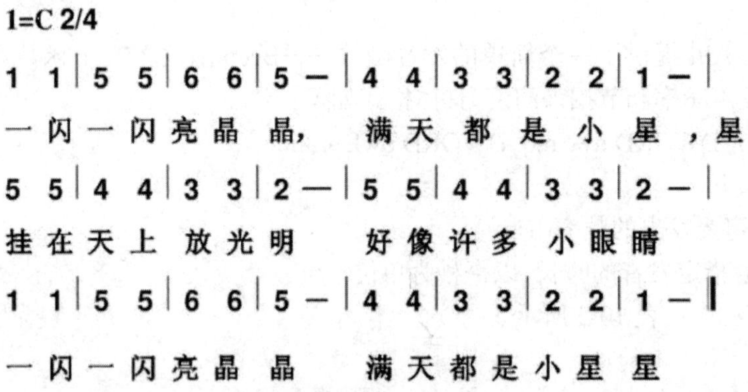

1=C 2/4

1 1 | 5 5 | 6 6 | 5 - | 4 4 | 3 3 | 2 2 | 1 - |
一 闪 一 闪 亮 晶 晶, 满 天 都 是 小 星 ，星

5 5 | 4 4 | 3 3 | 2 - | 5 5 | 4 4 | 3 3 | 2 - |
挂 在 天 上 放 光 明 好 像 许 多 小 眼 睛

1 1 | 5 5 | 6 6 | 5 - | 4 4 | 3 3 | 2 2 | 1 - ‖
一 闪 一 闪 亮 晶 晶 满 天 都 是 小 星 星

图 10-2　曲谱 2

2.实验要求

完成以上实验内容并写出实验报告,报告应具有实验步骤(包括实验关键内容、程序运行过程中出现的问题及解决方法、程序运行结果,不需要程序全部源代码,可以有部分重要的源代码及注释)。

10.4　实验指导

参考程序源代码如下。

```
#include<windows.h>
#include<stdio.h>
#include<stdlib.h>
#include<conio.h>
#include<string.h>
void menu( );     //显示操作菜单
void quit( );     //退出程序
void error( );    //错误处理
void PlayMusic1( );    //喇叭发声
void PlayMusic2( );    //喇叭发声
int main( )
```

```c
{char UserSelect;
 int iSavecaretBlinkTime=350;
 do{
     menu( );
     UserSelect=getch( );    //获得用户输入
     putchar( UserSelect );  //输出用户输入
     switch( UserSelect )
     {
     case '1':
             PlayMusic1( );     //喇叭发声 1
             break;
     case '2':
             PlayMusic2( );     //喇叭发声 2
             break;
     case '0':
             quit( );        //退出
             break;
     default:
             error( );      //错误处理
             break;
     }
    }
 while( UserSelect! ='0' );
 return 1;
}
void menu( ) //显示操作菜单
{
 printf( "\t 输入 1--------------------------------喇叭播放音乐 1\n" );
 printf( "\t 输入 2--------------------------------喇叭播放音乐 2\n" );
 printf( "\t 输入 0--------------------------------退出\n" );
 printf( "\n\n\t 请输入选项:" );
}
void error( )                    //错误处理
{
    printf( "\n\n\t 输入出错" );
}
void quit( )
{
    printf( "\n\n\t 退出\n\n" );
}
```

```
void PlayMusic1（ ）//喇叭发声
{
    char geming[20];
    int F1[7]={262，262，392，392，440，440，392};
    int F2[7]={349，349，330，330，294，294，262};
    int F3[7]={392，392，349，349，330，330，294};
    int i,j;
            for( j=0;j<6;j++ )
            {
                    Beep( F1[j],400 ); //参数 1 表示声音的频率,参数 2 表示声音的时长
            }
        Beep( F1[6],800 );
            for( j=0;j<6;j++ )
        Beep( F2[j],400 );
        Beep( F2[6],800 );
            for( j=0;j<6;j++ )
        Beep( F3[j],400 );
        Beep( F3[6],800 );
        for( j=0;j<6;j++ )
        Beep( F3[j],400 );
        Beep( F3[6],800 );
    printf( "\n 知道这是什么歌吗？请输入你的答案:" );
    scanf( "%s",geming );
    if( strcmp( "一闪一闪亮晶晶",geming )==0 )printf( "恭喜你,答案正确！\n" );
     else printf( "答案错误,这首歌的名字叫做:一闪一闪亮晶晶\n" );
}
void PlayMusic2（ ）//喇叭发声
{
    char geming[20];
    int F1[8]={262，294，330，262，262，294，330，262};
    int F2[3]={330，349，392};
    int F3[6]={392，440，392，349，330，262};
    int F4[3]={262，196，262};
    int i,j;
            for( j=0;j<8;j++ )
            {
                    Beep( F1[j],400 ); //参数 1 表示声音的频率,参数 2 表示声音的时长
            }
            for( j=0;j<2;j++ )
        Beep( F2[j],400 );
```

```
            Beep( F2[2],800 );
                    for( j=0;j<2;j++ )
            Beep( F2[j],400 );
            Beep( F2[2],800 );
                    for( j=0;j<4;j++ )
            Beep( F3[j],200 );
            Beep( F3[4],400 );
                Beep( F3[5],400 );
                    for( j=0;j<4;j++ )
            Beep( F3[j],200 );
            Beep( F3[4],400 );
                Beep( F3[5],400 );
        for( j=0;j<2;j++ )
        Beep( F4[j],400 );
                Beep( F4[2],800 );
                    for( j=0;j<2;j++ )
        Beep( F4[j],400 );
                Beep( F4[2],800 );
                printf( "\n 知道这是什么歌吗？请输入你的答案:" );
    scanf( "%s",geming );
    if( strcmp( "两只老虎",geming" )==0 )printf( "恭喜你,答案正确！\n" );
        else printf( "答案错误,这首歌的名字叫做:两只老虎\n" );
    }
```

10.5　问题思考

通过对以上音乐小程序的理解,你掌握 Beep 函数的使用了吗？能够独立完成一个音乐小程序的设计吗？

参考答案

习题1答案

一、选择题

1.B　2.C　3.C　4.D　5.A　6.A　7.C　8.B　9.B

10.D　11.C　12.C　13.A　14.B　15.B　16.D　17.B　18.B

19.A　20.C　21.D　22.B　23.B　24.B　25.B　26.C　27.B

28.D　29.D　30.A　31.B　32.D　33.B　34.B　35.C　36.D

37.D　38.A　39.C　40.D

二、填空题

1.系统软件,支撑软件,应用软件

2.批处理操作系统,分时操作系统,实时操作系统　3.监督程序

4.内存　5.资源利用率　6.同时性,独立性,及时性,交互性

7.分时,单用户单任务　8.命令接口,系统调用

9.用户和作业间没有交互作用　10.利用系统调用命令　11.数据处理

12.硬件系统,软件系统　13.程序,数据

14.资源管理,控制程序执行的功能　15.没有

16.前台,后台　17.高可靠性,安全性　18.通信,资源

三、简答题

1.【解析】

（1）OS作为用户与计算机硬件系统之间的接口；

（2）OS作为计算机系统资源的管理者；

（3）OS实现了对计算机资源的抽象。

2.【解析】

（1）关键问题:使用户能与自己的作业进行交互,即当用户在自己的终端上键入命令时,系统应能及时接收并及时处理该命令,再将结果返回给用户。

（2）解决方法:①对于及时接收,只需在系统中设置一多路卡,使主机能同时接收用户从各个终端上输入的数据,此外还须为每个终端配置一个缓冲区,用来暂存用户键入的命令（或数据）;②对于及时处理,应使所有的用户作业都直接进入内存,并且为每个作业分配一个时间片,允许作业只在自己的时间片内运行,这样在不长的时间内,能使每个作业都运行一次。

3.【解析】

（1）分时系统是一种通用系统,主要用于运行终端用户程序,因而它具有较强的交互能力;而实时系统虽然也有交互能力,但其交互能力不及分时系统。

（2）实时信息系统对实用性的要求与分时系统类似,都是以人所能接受的等待时间来确定;而实时控制系统的及时性则是以控制对象所要求的开始截止时间和完成截止时间来

确定的,因此实时系统的及时性要高于分时系统的及时性。

(3)实时系统对系统的可靠性要求要比分时系统对系统的可靠性要求高。

4.【解析】

(1)并发性、共享性、虚拟性、异步性。

(2)其中最基本特征是并发性和共享性。(最重要的特征是并发性)

5.【解析】

在多道程序环境下允许多个进程并发执行,但由于资源等因素的限制,进程的执行通常并非一气呵成,而是以走走停停的方式运行。内存中的每个进程在何时执行,何时暂停,以怎样的速度向前推进,每道程序总共需要多少时间才能完成,都是不可预知的,因此导致作业完成的先后次序与进入内存的次序并不完全一致。或者说,进程是以异步方式运行的。但在有关进程控制及同步机制等的支持下,只要运行环境相同,作业经多次运行,都会获得完全相同的结果,因而进程以异步的方式执行是系统所允许的。

习题 2 答案

一、选择题

1.B　2.D　3.D　4.D　5.B　6.D　7.D　8.B　9.D

10.C　11.B　12.B　13.C　14.C　15.B　16.A　17.C　18.C

19.C　20.B　21.B　22.C　23.B　24.D　25.D　26.B　27.B

28.C　29.A　30.B　31.A　32.B　33.A　34.C　35.B　36.C

37.B　38.D　39.B　40.D

二、填空题

1.封闭性,可再现性　2.并发性　3.互斥　4.直接通信,间接通信

5.P 操作,V 操作　6.共享变量,相关临界区　7.运行态,等待态

8.动态性,并发性,独立性,异步性

9.处理机利用率高,系统吞吐量高,平均周转时间短

10.非抢占式,可抢占式　11.先来先服务,优先级调度,时间片轮转调度

12.死锁的避免,安全　13.死锁,解除死锁　14.k>=2&&k<=m

15.提高系统效率,及时　16.释放已占有资源,静态分配资源 | 一次性分配资源

三、简答应用题

1.【解析】

由于程序并发执行时是多个程序共享系统中的各种资源,因而这些资源的状态是由多个程序来改变,致使程序的运行失去了封闭性,而程序一旦失去了封闭性也会导致其再失去可再现性。

2.【解析】

(1)动态性是进程最基本的特性,可表现为由创建而产生,由调度而执行,因得不到资源而暂停执行,以及由撤销而消亡,因而进程由一定的生命期;而程序只是一组有序指令的集合,是静态实体。

(2)并发性是进程的重要特征,同时也是 OS 的重要特征。引入进程的目的正是为了使其程序能和其他建立了进程的程序并发执行,而程序本身是不能并发执行的。

(3)独立性是指进程实体是一个能独立运行的基本单位,同时也是系统中独立获得资

源和独立调度的基本单位。而对于未建立任何进程的程序,都不能作为一个独立的单位来运行。

3.【解析】

若只放入 A 而不放入 B,则 A 产品最多可放入 N 次便被阻塞;若只放入 B,而不放入 A,则 B 产品最多可放入 M 次便被阻塞;每放入一次 A,放入产品 B 的机会也多一次;同理,每放入一次 B,放入产品 A 的机会也多一次。

Semaphore mutex=1, sa=N, sb=M;

产品A进程:

```
while（1）{
    p（sa）;
    p（mutex）;
    A产品入库;
    V（mutex）;
    V（sb）;
    }
```

产品B进程:

```
while（1）{
    p（sb）;
    p（mutex）;
    B产品入库;
    V（mutex）;
    V（sa）;
    }
```

4.【解析】

```
semaphore load=2;
semaphore north=1;
semaphore south=1;

tosouth（）{              tonorth（）{
    P（load）;               P（load）;
    P（north）;              P（south）;
    过北段桥;                 过南段桥;
    到桥中间;                 到桥中间;
    V（north）;              V（south）;
    P（south）;              P（north）;
    过南段桥;                 过北段桥;
    到达南岸;                 到达北岸;
    V（south）;              V（north）;
    V（load）;               V（load）;
    }                       }
```

5.【解析】

由于每个进程最多申请使用 x 个资源,在最坏的情况下,每一个进程都得到了$(x-1)$个资源,并且现在均需申请最后一个资源。这时系统剩余资源数为: $m-n(x-1)$。如果系统剩余资源数大于 1,即系统还有一个资源可以使用,就可以使这几个进程中的一个进程获得所

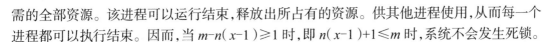

需的全部资源。该进程可以运行结束,释放出所占有的资源。供其他进程使用,从而每一个进程都可以执行结束。因而,当 $m-n(x-1)\geq 1$ 时,即 $n(x-1)+1\leq m$ 时,系统不会发生死锁。

6.【解析】

（1）时间片:A(4)B(4)C(2)D(4)E(4)A(4)B(2)E(4)A(2)

((4+4+2+4+4+4+2+4+2)+(4+4+2+4+4+4+2)+(4+4+2)+(4+4+2+4)+(4+4+2+4+4+4+2+4))/5=21.2

（2）优先级:按优先级从高到低,即 B(6)E(8)A(10)C(2)D(4)

(6+(6+8)+(6+8+10)+(6+8+10+2)+(6+8+10+2+4))/5=20

（3）先来先服务:按 A(10)B(6)C(2)D(4)E(8)的顺序

10+(10+6)+(10+6+2)+(10+6+2+4)+(10+6+2+4+8)/5=19.2

（4）最短作业优先:按运行时间最短的顺序算,即 C(2)D(4)B(6)E(8)A(10)

2+(2+4)+(2+4+6)+(2+4+6+8)+(2+4+6+8+10)/5=14

7.【解析】

（1）该状态是安全的,因为存在一个安全序列<P_0,P_3,P_4,P_1,P_2>。下表为该时刻的安全序列表。

资源情况\n进程	Work\nA B C D	Need\nA B C D	Allocation\nA B C D	Work+Allocation\nA B C D	Finish
P_0	1 6 2 2	0 0 1 2	0 0 3 2	1 6 5 4	true
P_3	1 6 5 4	0 6 5 2	0 3 3 3	1 9 8 7	true
P_4	1 9 8 7	0 6 5 6	0 0 1 4	1 9 9 11	true
P_1	1 9 9 11	1 7 5 0	1 0 0 0	2 9 9 11	true
P_2	2 9 9 11	2 3 5 6	1 3 5 4	3 12 14 17	true

（2）若进程 P_2 提出请求 Request(1,2,2,2)后,系统不能将资源分配给它,若分配给进程 P_2,系统还剩的资源情况为(0,4,0,0),此时系统中的资源将无法满足任何一个进程的资源请求,从而导致系统进入不安全状态,容易引起死锁的发生。

8.【解析】

（1）如果应用先来先服务的作业调度算法,试将下面表格填写完整。

作业	进入系统时间	估计运行时间/分钟	开始时间	结束时间	周转时间/分钟
1	8:00	40	8:00	8:40	40
2	8:20	30	8:40	9:10	50
3	8:30	12	9:10	9:22	52
4	9:00	18	9:22	9:40	40
5	9:10	5	9:40	9:45	35

作业平均周转时间 T=43.4(分钟)

（2）如果应用最短作业优先的作业调度算法,试将下面表格填写完整。

作业	进入系统时间	估计运行时间/分钟	开始时间	结束时间	周转时间/分钟
1	8:00	40	8:00	8:40	40

作业	进入系统时间	估计运行时间/分钟	开始时间	结束时间	周转时间/分钟
2	8:20	30	8:52	9:22	62
3	8:30	12	8:40	8:52	22
4	9:00	18	9:27	9:45	45
5	9:10	5	9:22	9:27	17

作业平均周转时间 T=37.2（分钟）

习题3答案

一、选择题

1.C 2.D 3.A 4.B 5.B 6.B 7.A 8.C 9.C
10.D 11.A 12.A 13.C 14.C 15.B 16.A 17.C 18.B
19.B 20.D 21.C 22.D 23.D 24.B 25.D 26.C 27.B
28.C 29.D 30.C 31.D 32.D 33.A

二、填空题

1.静态重定位,动态重定位　　2.首次适应算法,最佳适应算法

3.寄存器,内存,外存,寄存器

4.逻辑地址｜相对地址｜虚地址,物理地址｜绝对地址｜实地址

5.用户,物理实现　　6.段表寄存器,段地址变换机构　　7.实现,碎片

8.程序段,覆盖技术　　9.请求分页的页表机制,缺页中断机构,地址变换机构

10. 10　　11.预调入策略,请求调入策略　　12.空闲页面,空闲页面

13.段式存储,段式,段页式　　14.虚拟存储技术,虚拟存储

15.逻辑地址空间,物理地址空间　　16.扩充主存容量,程序的局部性原理

三、简答应用题

1.【解析】

（1）程序在运行过程中经常要在内存中移动位置,为了保证这些被移动了的程序还能正常执行,必须对程序和数据的地址加以修改,即重定位;引入重定位的目的就是为了满足程序的这种需要。

（2）要在不影响指令执行速度的同时实现地址变换,必须有硬件地址变换机构的支持,即在系统中增设一个重定位寄存器,用它来存放程序在内存的起始地址;程序在执行时,真正访问的内存地址是相对地址与重定位寄存器中的地址相加而形成的。

2.【解析】

（1）按首次适应分配算法,这五个作业不能全部依次装入主存。因为前2个主存块能依次装入作业: J_a（10 KB）, J_b（15 KB）,第3块 10 KB 无法分配,第4、5块可分配给 J_c（102 KB）, J_d（26 KB）,最后 J_e（180 KB）无法装入主存;

（2）用最佳适应分配算法,能使主存的利用率最高,此时这5个主存块依次装入了5个作业,它们是: J_b（15 KB）, J_d（26 KB）, J_a（10 KB）, J_e（180 KB）, J_c（102 KB）。

3.【解析】

为了描述方便,设页号为 P,页内位移为 W,则对于逻辑地址 1011,P=INT（1011/1024）=0,W=1011 mod 1024=1011,查页表第 0 页在第 2 块,所以物理地址为 $2 \times 1024 + 1011 = 3059$。

对于逻辑地址 2148，P=INT（2148/1024）=2，D=2148 mod 1024=100，查页表第 2 页在第 1 块，所以物理地址为 1×1024+100=1124。

对于逻辑地址 4000，P=INT（4000/1024）=3，D=4000 mod 1024=928，查页表第 3 页在第 6 块，所以物理地址为 6×1024+928= 7072。

对于逻辑地址 5012，P=INT（5012/1024）=4，D=5012 mod 1024=916，因页号超过页表长度，该逻辑地址非法。

4.【解析】

页表指出逻辑地址中的页号与所占主存块号的对应关系。

作用：页式存储管理在用动态重定位方式装入作业时，要利用页表做地址转换工作。

快表就是存放在高速缓冲存储器的部分页表，它起页表相同的作用。

由于采用页表做地址转换，读写内存数据时，CPU 要访问两次主存。有了快表，有时只要访问一次高速缓冲存储器、一次主存，这样可加速查找并提高指令执行速度。

5.【解析】

（1）虚拟存储器的基本特征：

①离散性即不必占用连续的内存空间，而是"见缝插针"，它是虚拟存储器最基本的特征；

②多次性是指一个作业在运行过程被分成多次地调入内存运行，它是虚拟存储器最重要的特征；

③对换性是指允许在作业的运行过程中换进、换出，它能有效地提高内存利用率；

④虚拟性是指能够从逻辑上扩充内存容量，使用户所看到的内存容量远大于实际内存容量，这是虚拟存储器所表现出来的最重要特征，它是实现虚拟存储器的最重要目标。

（2）虚拟存储器的容量主要受到指令中表示地址的字长和外存的容量的限制。

6.【解析】

（1）在分页系统中，访问一个数据需要 2 次内存访问，所以有效访问时间为 2×0.2=0.4 μs。

（2）在增加快表后，访问一个数据时先在快表中查找，若未找到再在页表中查找。快表命中只需 0.2 μs，快表未命中需 0.4 μs，则有效访问时间为 90%×0.2 μs+10%×0.4 μs =0.22 μs。

7.【解析】

在页表中，逻辑页（0，1，2，3）对应物理块（3，4，6，8），页面大小为 1024 字节。

（1）逻辑地址 A1=2100，页号 P1=（int）（2100/1024）=2，页内偏移量 W1=2100 mod 1024=52，对应的物理块号为 6，则逻辑地址 A1 对应的物理地址 E1=6×1024+52=6196。

（2）逻辑地址 A2=3100，页号 P2=（int）（3100/1024）=3，页内偏移量 W2 =3100 mod 1024=28，对应的物理块号为 8，则逻辑地址 A2 对应的物理地址 E2=8×1024+28=8220。

习题 4 答案

一、选择题

1.A 2.D 3.B 4.B 5.B 6.A 7.B 8.A 9.C

10.C 11.D 12.B 13.C 14.B 15.B 16.A 17.D 18.B

19.B 20.B 21.B 22.C 23.D 24.C 25.C 26.B 27.B

28.B　29.D　30.D　31.A　32.D　33.C　34.D　35.B　36.B
37.D　38.B　39.A

二、填空题

1.链接文件,索引文件,直接文件　2.基本文件目录,符号文件目录

3.数据项,文件名　4.无,匹配,不匹配　5.打开,关闭

6.按名存取,目录管理,提高对文件的存取速度

7.文件存储空间的管理,目录管理,文件的读/写管理,文件共享保护

8.247　9.连续分配,链式分配,索引分配　10.2　11.8　12.8

13.流式文件　14.人为因素　15.该目录中所有子目录文件和数据文件的目录

16.用户存取方便　17.记录　18.多级目录结构　19.顺序,随机丨直接

20.离散,链接指针,显式　21.目录,目录项,链接计数

22.顺序结构,链接结构,索引结构,顺序结构,索引结构

23.连续,首个物理块的块号,文件长度

24.离散,索引,逻辑块号,对应的物理块号

25.索引结点的直接地址项,一次间址,索引结点的一次间址项,二次间址

26.空闲盘块,空闲盘区　27.盘块数,所有的盘块号,最后一个,空闲盘块号栈

三、简答应用题

1.【解析】

（1）文件的存取,包括顺序存取和随机存取;

（2）目录管理;

（3）文件组织,物理文件和逻辑文件的转换;

（4）文件存储空间管理;

（5）文件操作,如创建、打开、读、写、关闭等待;

（6）文件的共享与保护。

2.【解析】

（1）逻辑结构是从用户观点看到的文件组织形式,用户可以直接处理的数据及其结构,分为无结构的流式文件和有结构的记录式文件。

（2）物理结构是文件在存储设备上的存储组织形式,有连续式文件、链式文件、串联文件和索引文件。

3.【解析】

（1）顺序存取是严格按照文件中的物理记录排列顺序依次存取;

（2）随机存取则允许随意存取文件中的任何一个物理记录,而不管上次存取了哪一个记录;

（3）对于变长记录式文件,随机存取实际是退化为顺序存取。

4.【解析】

（1）①本题中文件系统采用了多级目录的组织方式,由于目录 D 中没有已命名为 A 的文件,因此在目录 D 中可以建立一个取名为 A 的文件;②因为在文件系统的根目录下已有一个名为 A 的目录,所以目录 C 不能改为 A。

（2）①用户 E 欲共享文件 Q 需要有访问 Q 的权限,在权限许可的情况下,可通过相应的路径来访问文件 Q,若用户 E 当前的目录为 E,则访问路径为../../D/G/K/O/Q;

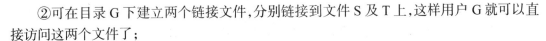

②可在目录 G 下建立两个链接文件,分别链接到文件 S 及 T 上,这样用户 G 就可以直接访问这两个文件了;

③用户 E 可以通过修改文件 I 的存取控制表来对文件 I 加以保护,不让别的用户使用,具体实现方法是在文件 I 的存取控制表中,只留下用户 E 的访问权限,其他用户对该文件无操作权限,从而达到不让其他用户访问的目的。

5.【解析】

因为物理块大小为 1KB,硬盘共有盘块:540 MB/1 KB=540 K,所以需要 20 位 (2^{19}<540K<2^{20})二进制表示,即 FAT 的每个表项应占 2.5 B(1B=8b),2.5 B×540 K=1 350 KB,故其 FAT 要占 1 350 KB 存储空间。

6.【解析】

扇区数:16×100×10 =16 000,用位示图表示扇区数状态需要的位数为 16000b=2000B。因为空白文件目录的每个表目占用 5B,所示位示图需要占用 2 000 B,2 000 B 可存放表目 2 000÷5=400,因此当空白区数目大于 400 时,空白文件目录大于位示图。

7.【解析】

(1)500÷32 = 15.625≈16;

(2)块号 $N = 32×(i-1)+j$。

8.【解析】

(1)该文件系统中一个文件的最大长度可达:

10+170+170×170+170×170×170=4 942 080 块,每块 512 B,共计:

4 942 080×512 B=2 471 040KB

(2)5000/512 得到商为 9,余数为 392,即字节偏移量 5000 对应的逻辑块号为 9,块内偏移量为 392。由于 9<10,故可直接从该文件的 FCB 的第 9 个地址项处得到物理盘块号,块内偏移量为 392。

15000/512 得到商为 29,余数 152,即字节偏移量 15000 对应的逻辑块号为 29,块内偏移量为 152。由于 10<29<10+170,而 29-10=19,故可从 FCB 的第 10 个地址项,即一次间址项中得到一次间址块的地址;读入该一次间址块,并从它的第 19 项(即该块的第 57~59 这三个字节)中获得对应物理盘块号,块内偏移量为 152。

150000/512 得到商为 292,余数为 496,即字节偏移量 150000 对应的逻辑块号为 292,块内偏移量为 496。由于 10+170<292<10+170+170²,而 292-(10+170)= 112, 112/170 得到商为 0,余数为 112,故可从 FCB 的第 11 个地址项,即二次间址项中得到二次间址块的地址,读入二次间址块并从它的第 0 项中获得一个一次间址块的地址,再读入该一次间址块,并从它的第 112 项中获得对应的物理盘块号,块内偏移量为 496。

(3)由于文件的 FCB 已在内存,为了访问文件中某个位置的内容,最少需要 1 次访问磁盘(即可通过直接地址直接读文件盘块),最多需要 4 次访问磁盘(第 1 次是读三次间址块,第 2 次是读二次间址块,第 3 次是读一次间址块,第 4 次是读文件盘块)。

习题 5 答案

一、选择题

1.D 2.A 3.B 4.D 5.D 6.A 7.B 8.D 9.B

10.A 11.C 12.D 13.A 14.A 15.B 16.A 17.C 18.C

19.C　20.C　21.A　22.D　23.A　24.B　25.D　26.A　27.C

28.D　29.C　30.D　31.A　32.C　33.D　34.C　35.C　36.B

37.C　38.B　39.B　40.A　41.D　42.C　43.B　44.C　45.C

二、填空题

1.5046　2.双份目录,双份文件分配表,热修复重定向,写后读校验

3.中断驱动,DMA　4.输入状态,收容状态,执行状态,完成状态

5.字符,块　6.寻找时间,延迟时间

7.最短寻找时间优先(SSTF),先来先服务调度(FCFS),电梯调度(SCAN),单向扫描调度

8.最短寻找时间优先(SSTF),扫描(SCAN)

9.通道地址字(CAW),通道状态字(CSW)　10.柱面号,磁头号,扇区号

11.输入井,输出井　12.双机热备份,双机互为备份,公用磁盘

13.磁盘驱动器和磁盘控制器,磁盘镜像,磁盘双工

三、简答应用题

1.【解析】

(1)SSTF次序:98,97,90,80,108,112,150,162,190,45,32

SSTF总道数=1+7+10+28+4+38+12+28+145+13=286

(2)SCAN次序:98,108,112,150,162,190,97,90,85,45,32

SCAN总道数=10+4+38+12+28+93+7+5+40+13=250

2.【解析】

相同点:都以内存为中心;支持块传输。

二者差别:通道控制器具有自己的指令系统,一个通道程序可以控制完成任意复杂的I/O传输,而DMA并没有指令系统,一次只能完成一个数据块传输。

3.【解析】

分别按算法回答2个问题。

(1)先来先服务调度算法: 0　36 52 68 72 96 106 108 157 159 175 199

实际服务的次序: 68 → 96 → 175 → 52 → 157 → 36 → 159 → 106 → 108 → 72;

因为(175-96)+(175-52)+(157-52)+(157-36)+(159-36)+(159-106)+(108-106)+(108-72)=642

所以移动臂需移动642柱面的距离。

(2)最短寻找时间优先调度算法: 0 36 52 68 72 96 106 108 157 159 175 199

实际服务的次序:68 → 96 → 106 → 108 → 72 → 52 → 36 → 157 → 159 → 175;

因为(106-96)+(108-106)+(108-72)+(72-52)+(52-36)+(157-36)+(159-157)+(175-159)=223

所以移动臂需移动223个柱面的距离。

(3)电梯调度算法: 0 36 52 68 72 96 106 108 157 159 175 199

实际服务的次序:68 → 96 → 106 → 108 → 157 → 159 → 175 → 72 → 52 → 36;

因为(106-96)+(108-106)+(157-108)+(159-157)+(175-159)+(175-72)+(72-52)+(52-36)=218

所以移动臂需移动218个柱面的距离。

(4)单向扫描调度算法: 0 36 52 68 72 96 106 108 157 159 175 199

实际服务的次序:68 → 96 → 106 → 108 → 157 → 159 → 175 → 199 → 0 → 36 → 52 → 72;

因为(106-96)+(108-106)+(157-108)+(159-157)+(175-159)+(199-175)+(36-0)+(52-36)+(72-52)=175

所以除了移动臂由里向外返回所用的时间外,还需移动175个柱面的距离。

4.【解析】

(1)顺序存放:R0 → R9;由 20 ms ÷ 10 = 2 ms 知,每读一个扇区花 2 ms,由 2 ms+6 ms = 8 ms 知,读出并处理完 R0 后,读写磁头已在 R4 的位置,要读 R_1 记录,则要有 14 ms 延迟时间。顺序处理完这十个记录需花费时间为 10×(2+6)+9×(2×7)= 926(ms)。

(2)优化分布:R0 → R5 → R3 → R8 → R1 → R6 → R4 → R9 → R2 → R7,即得逻辑记录的最优分布。此时处理十个记录所花费的时间为 10×(2+6)= 80(ms)。

5.【解析】

屏蔽(禁止)中断:当处理机正在处理一个中断时,将屏蔽掉所有的中断,直到处理机已处理完本次中断,再去检查是否有中断产生。所有中断按顺序处理。优点是简单,但不能用于实时性要求较高的中断请求。

嵌套中断:在设置了中断优先级的系统中,当同时有多个不同优先级的中断请求,CPU优先响应优先级最高的中断请求。高优先级的中断请求可以抢占正在运行的低优先级中断的处理机。

6.【解析】

(1)将接收到的抽象要求转为具体要求;

(2)检查用户 I/O 请求合法性,了解 I/O 设备状态,传递有关参数,设置设备工作方式;

(3)发出 I/O 命令,启动分配到的 I/O 设备,完成指定 I/O 操作;

(4)及时响应由控制器或通道发来的中断请求,根据中断类型调用相应中断处理程序处理;

(5)对于有通道的计算机,驱动程序还应该根据用户 I/O 请求自动构成通道程序。

7.【解析】

(1)顺序存取该文件,需先访问其 FCB,得到首个物理块块号,然后再依次访问文件的所有盘块,故访问顺序依次为 51、20、500、750、900 号盘块,对应磁道号依次为 2、1、27、41,所以寻道距离=(2-2)+(2-1)+(27-1)+(41-27)+(50-41)=50。

(2)磁盘块数量为 1.44 MB/1 KB =1.44 K,故 FAT 表需占用空间为 2.88 KB,即 3 个磁盘块,它们都将位于 0 号磁道上。为了在文件尾部追加数据块 600,需先访问 2 号磁道上的 FCB,获得首块号,然后依次访问 0 号磁道上 FAT 的第 20、500、750 和 900 项以获得文件最后一块的块号 900,再把追加块的块号 600 填入 FAT 的第 900 项内,把结束标记 EOF 填入 FAT 的第 600 项内,然后在 33 号磁道上的 600 号块上追加数据,最后还需访问 FCB 修改文件长度等属性信息。因此,寻道距离=(2-2)+(2-0)+(33-0)+(33-2)=66。

参考文献

[1] 张尧学,宋虹,张高.计算机操作系统教程[M].4 版.北京:清华大学出版社,2013.

[2] 张尧学.计算机操作系统教程习题解答与实验指导[M].4 版.北京:清华大学出版社, 2013.

[3] 汤小丹,梁红兵,哲凤屏,等.计算机操作系统[M].4 版.西安:西安电子科技大学出版社, 2014.

[4] 梁红兵,汤小丹.《计算机操作系统(第四版)》.学习指导与题解[M].3 版.西安:西安电子 科技大学出版社,2015.

[5] 左万历,周长林,彭涛.计算机操作系统教程[M].3 版.北京:高等教育出版社,2010.

[6] 左万历,王英,彭涛,等.计算机操作系统教程(第 3 版)习题与实验指导[M].北京:高等 教育出版社,2013.

[7] 孙钟秀,费翔林,骆斌.操作系统教程[M].4 版.北京:高等教育出版社,2008.

[8] 胡明庆,高巍,钟梅.操作系统教程与实验[M].北京:清华大学出版社,2007.

[9] 张基温.计算机组成原理教程[M].8 版.北京:清华大学出版社,2018.

[10] ANDREW S.TANENBAUM, HERBERT BOS.现代操作系统(英文版·第 4 版)[M].陈 向群,马洪兵,等,译.北京:机械工业出版社,2017.

[11] 郁红英,王磊,武磊,等.计算机操作系统[M].3 版.北京:清华大学出版社,2018.

[12] ABRAHAM SILBERSCHATZ, PETER BAER GALVIN, GREG GAGNE.操作系统概念 (原书第 9 版)[M].郑扣根,唐杰,李善平,译.北京:机械工业出版社,2018.

[13] 庞丽萍,郑然.操作系统原理与 Linux 系统实验[M].北京:机械工业出版社,2011.

[14] ABRAHAM SILBERSCHATZ, PETER BAER GALVIN, GREG GAGNE.操作系统概 念——Java 实现(第七版 翻译版)[M].郑扣根,译.北京:高等教育出版社,2010.

[15] 孔宪君,王亚东.操作系统的原理与应用[M].北京:高等教育出版社,2008.

[16] 秦明,李波.计算机操作系统实验与实践——基于 Windows 与 Linux[M].北京:清华大 学出版社,2010.

[17] 任爱华,王雷,罗晓峰,等.操作系统实用教程[M].3 版.北京:清华大学出版社,2010.

[18] 任爱华,罗晓峰,等.操作系统实用教程(第三版)实验指导[M].北京:清华大学出版社, 2009.

[19] 彭民德,彭浩,等.计算机操作系统[M].3 版.北京:清华大学出版社,2014.

[20] 张丽芬,刘昕,刘利雄,等. 操作系统实验教程及 Linux 和 Windows 系统调用编程[M]. 北京:清华大学出版社,2010.

[21] 范辉,谢青松.操作系统原理与实训教程[M].3 版.北京:高等教育出版社,2015.

[22] Linux 系列教材编写组.Linux 操作系统分析与实践[M].北京:清华大学出版社,2008.

[23] 张明,王煜,刘一凡.操作系统习题解答与实验指导[M].4 版.北京:中国铁道出版社, 2017.

[24] 李冬梅,黄樱,胡荣. 操作系统[M].镇江:江苏大学出版社,2013.

[25] 陈向群,杨芙清. 操作系统教程[M].2 版.北京:北京大学出版社,2006.

[26] 何炎祥,李飞,李宁.计算机操作系统[M].2 版.北京:清华大学出版社,2011.

[27] 何炎祥,李飞,李宁.计算机操作系统学习指导与习题解答[M].北京:清华大学出版社,
2006.

[28] 费翔林,李敏,叶保留.Linux 操作系统实验教程[M].北京:高等教育出版社,2009.

[29] 陈文智,施青松,龙鹏.操作系统设计与实现[M].北京:高等教育出版社,2017.

[30] 庞丽萍,阳富民.计算机操作系统:微课版[M].3 版.北京:人民邮电出版社,2018.

[31] 徐虹,何嘉,王铁军.操作系统实验指导——基于 Linux 内核[M].3 版.北京:清华大学出
版社,2016.